"十四五"普通高等教育系列教材

工 程 训 练

主 编◎陶 俊 成 岗
副主编◎丁粉芹 刘 青 刘 虎

中国铁道出版社有限公司
CHINA RAILWAY PUBLISHING HOUSE CO., LTD.

内 容 简 介

本书为"十四五"普通高等教育系列教材之一,江苏高校品牌专业建设工程资助项目成果,采用最新国家标准,突出实践性、实用性和先进性。全书分为制造技术基础、传统制造技术、现代制造技术三大部分,主要包括机械工程材料概述、金属切削加工基础知识、金属材料热处理、铸造实训、焊接实训、钳工实训、车削加工实训、铣削加工实训、数控车削加工实训、数控铣床/加工中心实训、特种加工实训、智能制造概述等内容。

本书适合作为普通高等学校机械类、非机械类等专业的通用实训教材,也可作为相关技术人员的参考书。

图书在版编目(CIP)数据

工程训练/陶俊,成岗主编. —北京:中国铁道出版社
有限公司,2024.2(2024.12重印)
"十四五"普通高等教育系列教材
ISBN 978-7-113-31015-8

Ⅰ.①工… Ⅱ.①陶…②成… Ⅲ.①机械制造工艺-
高等学校-教材 Ⅳ.①TH16

中国国家版本馆 CIP 数据核字(2024)第 006715 号

书　　名:**工程训练**
作　　者:陶　俊　成　岗

策　　划:何红艳　　　　　　　　　　编辑部电话:(010)63560043
责任编辑:何红艳　包　宁
封面设计:高博越
责任校对:苗　丹
责任印制:赵星辰

出版发行:中国铁道出版社有限公司(100054,北京市西城区右安门西街 8 号)
网　　址:https://www.tdpress.com/51eds
印　　刷:三河市宏盛印务有限公司
版　　次:2024 年 2 月第 1 版　2024 年 12 月第 2 次印刷
开　　本:787 mm×1 092 mm 1/16　印张:18　字数:472 千
书　　号:ISBN 978-7-113-31015-8
定　　价:49.80 元

前　言

党的二十大报告提出："坚持把发展经济的着力点放在实体经济上,推进新型工业化,加快建设制造强国、质量强国、航天强国、交通强国、网络强国、数字中国。实施产业基础再造工程和重大技术装备攻关工程,支持专精特新企业发展,推动制造业高端化、智能化、绿色化发展。""加快建设国家战略人才力量,努力培养造就更多大师、战略科学家、一流科技领军人才和创新团队、青年科技人才、卓越工程师、大国工匠、高技能人才。"

针对目前装备制造业高素质应用型人才紧缺的现状和人才培养可持续发展的要求,特编写本书。工程训练作为高等学校工科专业一门实践性较强的技术基础课程,通过该课程的学习,能使学生认知和了解机械制造工艺的发展历程和常用的机械制造工艺手段、典型机械零件的加工方法和机械制造领域的最新进展。同时,学生在进行实践训练后,能够对常用加工机床有初步了解,并能对简单机械零件进行工艺分析、材料选择、毛坯成形,利用常用加工工具和量具实现机械加工、成品检测等一系列生产流程。最后结合创新思维和创新能力的培养,能够提升学生的工程素养、培养学生的创新意识和动手能力,为培养满足社会需求和创新需求的复合型人才打下基础。

本书为江苏高校品牌专业建设工程资助项目成果,分为制造技术基础、传统制造技术、现代制造技术三大部分,注重联系生产实际和强化应用,同时根据高等教育发展与改革的新形势及最新国家标准,进一步精选和编写教学内容,为培养高素质应用型人才奠定必要的机械制造工艺方面的基础,在培养学生的工程意识、创新思维、运用规范的工程语言、技术信息与解决工程实际问题的能力方面,发挥应有的作用。

本书采用最新国家标准,突出实践性、实用性和先进性,主要特色如下:

1. 编写内容力求少而精,既注重了必要的基本理论知识,又突出了实用性。在介绍常规机械制造方法的基础上,适量增加了常用的机械制造先进技术的内容,如特种加工、智能制造等。

2. 以"任务"为引领,以高等学校机械类岗位能力需要为基点,打破传统学科界限,教学内容加大了整合力度,力图将相关知识进行有机结合。

3. 体现以能力为本的教学理念,以学生的"行动能力"为出发点精选教材内容。删除与学生将来从事的工作相关度不大的纯理论性的教学内容以及繁冗的计算,简化公式的推导过程,加强与生产实践的联系,突出应用性。

4. 书中图文对照,插图多采用结构示意图和实物图,生动直观,简明易懂,便于学生学习。

本书由陶俊、成岗任主编,丁粉芹、刘青、刘虎任副主编,全书由刘青负责统稿。

本书的编写和出版得到了盐城工学院教材基金的资助,在此深表感谢!

限于编者水平和时间,书中难免有不妥之处,敬请广大读者批评指正。特别是希望任课教师能提出批评意见和建议,并及时反馈给我们,在此我们表示真诚的谢意。

编 者

2024 年 1 月

目　录

第三篇　现代制造技术

绪 论

  "工程训练"课程是一门实践性很强的技术基础课,是培养复合型人才和建立多学科知识结构的重要基础课,是机械、材料、管理和工艺类各专业的必修课程。通过本课程的教学与实践训练,结合其他课程,能使学生获得较宽的知识面,较强的工程实践能力;培养学生严谨务实的科学作风,并具有独立学习与掌握新知识的能力,以具备创新能力和竞争意识,适应新时代社会主义市场经济复合型和创新型人才的需求。工程训练是高等院校多数工科专业的技术基础课。它为培养高素质应用型人才奠定了必要的机械制造工艺方面的基础。

  随着社会和科学技术的发展,工程范围不断扩大,工程手段日益丰富更新,但工程强烈的实践性未变,工程必须综合以应变,创造出人工物以满足人的需要。工程的实践性、创造性、综合性已得到广泛认同。工程教育也提出"工程教育工程化",正在产生由"工程实践""工程科学"向"工程综合"的演进。强化工程意识、工程背景、工程师素养,培养创新精神、创新人格和实践能力,强调知识创新、技术创新、管理创新和市场开拓型人才的培养。面向经济建设的工科本科人才培养模式,开展技术创新教育,强化实践能力,培养综合素质,是面向现代化工程教育体系的重要探索。

  随着对外开放的进一步扩大,中国将更加深入地参与国际分工。世界各国的企业和跨国公司纷纷来华投资设厂,越来越多的产品打上"中国制造"的标志而运往世界各地。要提高"中国制造"的竞争力,培养"中国制造"的技术人才就成为关键。

  我国的经济建设既要求机械制造工业担负更艰巨的任务,又为机械制造工业开拓了广阔的天地。但目前我国机械装备制造的整体工艺水平不高,与工业先进国家相比还有一定差距,非常需要工程技术人员深入地研究有关金属材料及其加工工艺理论,不断地学习和认识新技术、新工艺、新设备和新材料,为进一步提高我国机械装备制造工艺水平而努力。

  通过工程训练,要达到下列要求:

  ①使学生了解机械制造的一般过程和机械制造工艺基础知识,建立机械制造生产过程的概念,培养一定的操作技能。让学生养成热爱劳动、遵守纪律的好习惯。在劳动观点、创新能力和理论联系实际的科学作风等工程技术人员的基本素质方面受到培养和锻炼。为后续课程的学习和今后的工作打下一定的实践基础。

  ②熟悉机械零件常用的加工方法及所用设备、生产特点和应用范围、工夹量具的使用及安全操作规程,并具有初步的操作技能,在主要工种上具有独立完成简单零件加工制造的实践能力。

  ③对毛坯和零件的加工工艺过程有一般的了解,具有初步选择加工方法和分析工艺过程的能力。了解新工艺、新技术在机械制造中的应用。

  ④熟悉有关工程术语,了解主要技术文件及技术标准。

第一篇　制造技术基础

项目一　机械工程材料概述

学习目标

1. 熟悉金属材料的力学性能、工艺性能，了解金属材料的物理性能、化学性能。
2. 熟悉铁碳合金相图，了解钢在加热和冷却时的组织转变。
3. 熟悉常用钢的牌号、性能和应用，熟悉铸铁件的牌号、用途。

导入：我国机械工程材料在超大曲轴、核电、水电等领域的应用与发展，从一穷二白，严重依赖进口，直到自主生产，世界领先。在此过程中我国系统攻克了核电、水电、火电、船用柴油机等领域急需的一批大型铸锻件材料制造关键技术，形成了一系列重大产品，打破国外垄断。大型铸锻件材料越来越多地打上"中国制造"标记，这是振奋人心的事件。

任务一　熟悉金属的力学性能

一、金属的力学性能概述

所谓力学性能是指金属在力或能的作用下，材料所表现出来的性能。力学性能包括强度、塑性、硬度、冲击韧性及疲劳强度等，它反映了金属材料在各种外力作用下抵抗变形或破坏的某些能力，是选用金属材料的重要依据，而且与各种加工工艺也有密切关系。

载荷是指金属材料在加工及使用过程中所受的外力。根据载荷作用性质的不同，对金属材料的力学性能要求也不同。载荷按其作用性质不同可分为以下三种：

①静载荷：是指大小不变或变化过程缓慢的载荷。

②冲击载荷：是指在短时间内以较高速度作用于零件上的载荷。

③交变载荷：是指大小、方向或大小和方向随时间作周期性变化的载荷。

机械零件在加工过程或使用过程中，都要受到不同形式外力的作用。如柴油机的连杆在工作时不仅受到拉力和压力的作用，还要受冲击力的作用。起重机上的钢丝绳受到悬吊物体的重力作用。根据作用形式不同，载荷可分为拉伸载荷、压缩载荷、弯曲载荷、剪切载荷和扭转载荷等，如图 1-1 所示。

金属材料受到载荷作用后，产生的几何形状和尺寸的变化、变形按卸除载荷后能否完全消失，分为弹性变形和塑性变形两种。

材料在载荷作用下发生变形，而当载荷卸除后，变形也完全消失。这种随载荷的卸除而消失的变形称为弹性变形。

当作用在材料上的载荷超过某一限度，此时若卸除载荷，大部分变形随之消失（弹性变形部分),但还是留下了不能消失的部分变形。这种不随载荷的去除而消失的变形称为塑性变形,又称永久变形。

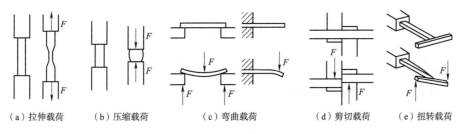

（a）拉伸载荷　　　（b）压缩载荷　　　　（c）弯曲载荷　　　　（d）剪切载荷　　　（e）扭转载荷

图 1-1　载荷的作用形式

材料受外力作用时,为保持自身形状尺寸不变,在材料内部作用着与外力相对抗的力,称为内力。内力的大小与外力相等,方向则与外力相反,和外力保持平衡。单位面积上的内力称为应力。

二、强度

金属材料在静载荷作用下抵抗塑性变形或断裂的能力称为强度。强度的大小通常用应力来表示。

1. 屈服强度

在拉伸试验过程中,载荷不增加(或保持恒定),试样仍能继续伸长时的应力称为屈服强度。分为上屈服强度和下屈服强度。

上屈服强度是指试样发生屈服而载荷首次下降前的最高应力(MPa),用符号 R_{eH} 表示。

下屈服强度是指在屈服期间的恒定应力或不计初始瞬时效应时的最低应力(MPa),用符号 R_{eL} 表示。

材料的屈服强度或规定残余延伸强度都是衡量金属材料塑性变形抗力的指标。机械零件在工作时如受力过大,则因过量的塑性变形而失效。当零件工作时所受的应力,低于材料的屈服强度或规定残余延伸强度,则不会产生过量的塑性变形。材料的屈服强度或规定残余延伸强度越高,允许的工作应力也越高,则零件的截面尺寸及自身质量就可以减小。因此,材料的屈服点或规定残余伸长应力是机械零件设计的主要依据,也是评定金属材料性能的重要指标。

2. 抗拉强度

试样在拉断前所能承受的最大应力称为抗拉强度,用符号 R_m 表示。强度极限表征材料对最大均匀塑性变形的抗力,它在技术上非常重要,工程上把抗拉强度作为设计时的主要依据之一,也是材料的主要力学性能指标之一。零件在工作中所承受的应力,不允许超过抗拉强度,否则会产生断裂。R_m 也是机械零件设计和选材的重要依据。

三、塑性指标及其意义

断裂前金属材料产生永久变形的能力称为塑性。塑性指标也是由拉伸试验测得的,常用断后伸长率和断面收缩率来表示。

1. 断后伸长率

试样拉断后,标距的伸长与原始标距的百分比称为断后伸长率,用符号 A 表示。其计算公式如下:

$$A = \frac{L_u - L_o}{L_o} \times 100\%$$

式中　A——断后伸长率(%)(在旧标准中用 δ 表示);

　　　L_u——试样拉断后的标距(mm);

　　　L_o——试样的原始标距(mm)。

必须说明,同一材料的试样长短不同,测得的伸长率是不同的。长、短试样的伸长率分别用符号 $A_{11.3}$ 和 A 表示。

2. 断面收缩率

试样拉断后,缩颈处横截面积的缩减量与原始横截面积的百分比称为断面收缩率,用符号 Z 表示。其计算公式如下:

$$Z = \frac{S_o - S_u}{S_o} \times 100\%$$

式中　Z——断面收缩率(%)(在旧标准中用 ψ 表示);

　　　S_o——试样原始横截面积(mm^2);

　　　S_u——试样拉断后缩颈处的横截面积(mm^2)。

金属材料的伸长率(A)和断面收缩率(Z)数值越大,表示材料的塑性越好。塑性好的金属可以发生大量塑性变形而不破坏,易于通过塑性变形加工成复杂形状的零件。例如,工业纯铁的 A 可达 50%,Z 可达 80%,可以拉制细丝、轧制薄板等。铸铁的 A 几乎为零,所以不能进行塑性变形加工。塑性好的材料,在受力过大时,首先产生塑性变形而不致发生突然断裂,因此比较安全。

四、硬度

材料抵抗局部变形特别是塑性变形、压痕或划痕的能力称为硬度。它不是一个单纯的物理或力学量,而是代表弹性、塑性、塑性变形强化率、强度和韧性等一系列不同物理量的综合性能指标。

硬度是各种零件和工具必须具备的性能指标。机械制造业所用的刀具、量具、模具等,都应具备足够的硬度,才能保证使用性能和寿命。有些机械零件如齿轮等,也要求有一定的硬度,以保证足够的耐磨性和使用寿命。因此硬度是金属材料重要的力学性能之一。

硬度值又可以间接地反映金属的强度及金属在化学成分、金相组织和热处理工艺上的差异,而与拉伸试验相比,硬度试验简便易行,因而硬度试验应用十分广泛。硬度测试的方法很多,最常用的有布氏硬度试验法、洛氏硬度试验法和维氏硬度试验法三种。

1. 布氏硬度

按国家标准《金属材料　布氏硬度试验　第1部分:试验方法》(GB/T 231.1—2018)规定,布氏硬度测试原理如图1-2所示,使用直径为 D 的硬质合金球,以规定的试验力 F 压入试样表面,经规定保持时间后卸除试验力,然后在两相互垂直方向测得表面压痕直径 d_1、d_2,求得压痕平均直径 d,用压痕表面积 S 除试验力 F,所得应力值即为布氏硬度。

布氏硬度值是用球面压痕单位表面积上所承受的平均压力来表示,符号为 HBW。布氏硬度值按下式计算:

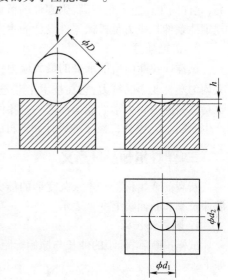

图1-2　布氏硬度试验原理图

$$HBW = \frac{F}{S} = 0.102 \times \frac{2F}{\pi D(D - \sqrt{D^2 - d^2})}$$

式中　HBW——用硬质合金球试验时的布氏硬度值;

F——试验力(N);

S——球面压痕表面积(mm^2);

D——球体直径(mm);

d——压痕平均直径($d = \frac{d_1 + d_2}{2}$,mm)。

从上式中可以看出,当试验力(F)、压头球体直径(D)一定时,布氏硬度值仅与压痕直径(d)的大小有关。d越小,布氏硬度值越大,也就是硬度越高。相反,d越大,布氏硬度值越小,硬度也越低。

2. 洛氏硬度

洛氏硬度试验采用金刚石圆锥体或淬火钢球压头,压入金属表面后,经规定保持时间后卸除主试验力,以测量的压痕深度来计算洛氏硬度值。

洛氏硬度测试过程示意图如图 1-3 所示。测量时,先加初试验力 F_0,压入深度为 h_1,目的是消除因被测零件表面不光滑而造成的误差。然后再加主试验力 F_1,在总试验力($F_0 + F_1$)的作用下,压头压入深度为 h_2。卸除主试验力,由于金属弹性变形的恢复,使压头回升到 h_3 的位置,则由主试验力所引起的塑性变形的压痕深度 $e = h_3 - h_1$。显然,e 值越大,被测金属的硬度越低,为了符合数值越大,硬度越高的习惯,将一个常数 K 减去 e 来表示硬度的大小,并用 0.002 mm 压痕深度作为一个硬度单位,由此获得洛氏硬度值,用符号 HR 表示。即洛氏硬度值按下列公式计算:

$$HR = \frac{K - e}{0.002}$$

式中　HR——洛氏硬度值;

K——常数:用金刚石圆锥体压头进行试验时,K 为 0.2 mm;用钢球压头进行试验时,K 为 0.26 mm;

e——压痕深度(mm)。

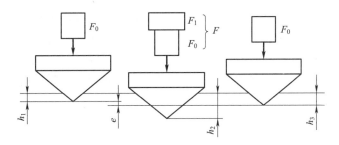

图 1-3　洛氏硬度测试过程示意图

洛氏硬度没有单位,试验时硬度值直接从硬度计的表盘上读出。

3. 维氏硬度

维氏硬度试验原理基本上和布氏硬度试验相同:将相对面夹角为 136°的正四棱锥体金刚石压头以选定的试验力压入试样表面,经规定保持时间后卸除试验力,用测量压痕对角线的长度来计算硬度,如图 1-4 所示。维氏硬度和压痕表面积除试验力的商成比例,维氏硬度值用符号 HV 表示。其计算公式如下:

$$HV = 0.189\ 1 \times \frac{F}{d^2}$$

式中　HV——维氏硬度值；

　　　F——试验力(N)；

　　　d——压痕两对角线长度算术平均值(mm)。

五、冲击韧性

金属材料的强度、塑性和硬度等力学性能是在静载荷作用下测得的。而许多机械零件在工作中，往往要受到冲击载荷的作用，如活塞销、锤杆、冲模和锻模等。制造这类零件所用的材料，其性能指标不能单纯用静载荷作用下的指标来衡量，而必须考虑材料抵抗冲击载荷的能力。金属材料抵抗冲击载荷作用而不破坏的能力称为冲击韧性。目前，常用一次摆锤冲击弯曲试验来测定金属材料的冲击韧性。

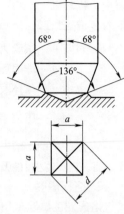

图1-4　维氏硬度试验原理示意图

六、疲劳强度

1. 疲劳的概念

许多机械零件，如轴、齿轮、轴承、叶片、弹簧等，在工作过程中各点的应力随时间作周期性的变化，这种随时间作周期性变化的应力称为交变应力(又称循环应力)。在交变应力作用下，虽然零件所承受的应力低于材料的屈服点，但经过较长时间的工作后产生裂纹或突然发生完全断裂的现象称为金属的疲劳。

疲劳破坏是机械零件失效的主要原因之一。据统计，在机械零件失效中大约有80%以上属于疲劳破坏，而且疲劳破坏前没有明显的变形，所以疲劳破坏经常造成重大事故。

2. 疲劳曲线和疲劳极限

材料的疲劳极限通常都是在旋转弯曲疲劳试验机上测定的，疲劳试验证明在交变载荷作用下，材料承受的交变应力值 σ 与断裂前的应力循环次数 N 之间的关系称为疲劳曲线，如图1-5所示。曲线表明，金属承受的交变应力越小，则断裂前的应力循环次数 N 越多，反之，则 N 越少。从图1-5中可以看出，当应力达到 σ_5 时，曲线与横坐标平行，表示应力低于此值时，试样可以经受无数周期循环而不破坏，此应力值称为材料的疲劳极限。疲劳极限是金属材料在无限多次交变应力作用下而不破坏的最大应力。显然疲劳极限的数值愈大，材料抵抗疲劳破坏的能力愈强。当应力为对称循环时(见图1-6)，疲劳极限用符号 σ_{-1} 表示。

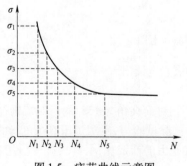

图1-5　疲劳曲线示意图

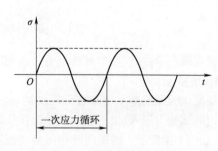

图1-6　对称循环应力图

实际上,测定时金属材料不可能作无数次交变载荷试验。所以一般试验时规定,对于黑色金属应力循环取 10^7 周次,有色金属、不锈钢等取 10^8 周次交变载荷时,而不断裂的最大应力称为该材料的疲劳极限。

金属的疲劳极限受到很多因素的影响,如内部质量、工作条件、表面状态、材料成分、组织及残余内应力等。避免断面形状的急剧变化、改善零件的结构形式、降低零件表面粗糙度及采取各种表面强化的方法,都能提高零件的疲劳极限。

阅读材料　金属的工艺性能

工艺性能是指金属材料在加工过程中是否易于加工成形的能力,它包括铸造性能、锻造性能、焊接性能和切削加工性能等。工艺性能直接影响到零件制造工艺和质量,是选材和制定零件工艺路线时必须考虑的因素之一。

1. 铸造性能

金属及合金在铸造工艺中获得优良铸件的能力称为铸造性能。衡量铸造性能的主要指标有流动性、收缩性和偏析倾向等。金属材料中,以灰铸铁和青铜的铸造性能较好。

(1)流动性

熔融金属的流动能力称为流动性,它主要受金属化学成分和浇注温度等的影响。流动性好的金属容易充满铸型,从而获得外形完整、尺寸精确、轮廓清晰的铸件。

(2)收缩性

铸件在凝固和冷却过程中,其体积和尺寸减小的现象称为收缩性。铸件收缩不仅影响尺寸精度,还会使铸件产生缩孔、疏松、内应力、变形和开裂等缺陷,故用于铸造的金属其收缩率越小越好。

(3)偏析倾向

金属凝固后,内部化学成分和组织的不均匀现象称为偏析。偏析严重时能使铸件各部分的力学性能有很大的差异,降低了铸件的质量。这对大型铸件的危害更大。

2. 锻造性能

用锻压成形方法获得优良锻件的难易程度称为锻造性能。锻造性能的好坏主要与金属的塑性和变形抗力有关,也与材料的成分和加工条件有很大关系。塑性越好,变形抗力越小,金属的锻造性能越好。例如,黄铜和铝合金在室温状态下就有良好的锻造性能;碳钢在加热状态下锻造性能较好;铸铁、铸铝、青铜则几乎不能锻压。

3. 焊接性能

焊接性能是指金属材料对焊接加工的适应性,也就是在一定的焊接工艺条件下,获得优质焊接接头的难易程度。对碳钢和低合金钢,焊接性主要同金属材料的化学成分有关(其中碳的质量分数的影响最大)。如低碳钢具有良好的焊接性,高碳钢、不锈钢、铸铁的焊接性较差。

4. 切削加工性能

金属材料的切削加工性能是指金属材料在切削加工时的难易程度。切削加工性能一般由工件切削后的表面粗糙度及刀具寿命等方面来衡量。影响切削加工性能的因素主要有工件的化学成分、组织状态、硬度、塑性、导热性和形变强化等。一般认为金属材料具有适当硬度(170 ~ 230 HBW)和足够的脆性时较易切削,从材料的种类而言,铸铁、铜合金、铝合金及一般非合金钢都具有较好的切削加工性能。所以铸铁比钢切削加工性能好,一般非合金钢比高合金钢切削加工性能好。改变钢的化学成分和进行适当的热处理,是改善钢切削加工性能的重要途径。

任务二 认识铁碳合金

一、金属的同素异构转变

有些金属在固态下,存在着两种以上的晶格形式,这类金属在冷却或加热过程中,随着温度的变化,其晶格形式也要发生变化。

金属在固态下,随温度的改变由一种晶格转变为另一种晶格的现象称为同素异构转变。具有同素异构转变的金属有铁、钴、钛、锡、锰等。以不同晶格形式存在的同一金属元素的晶体称为该金属的同素异构体。同一金属的同素异构体按其稳定存在的温度,由低温到高温依次用希腊字母 α、β、γ、δ 等表示。

图1-7 为纯铁的冷却曲线。由图可见,液态纯铁在1 538 ℃进行结晶,得到具有体心立方晶格的 δ-Fe,继续冷却到1 394 ℃时发生同素异构转变,δ-Fe 转变为面心立方晶格的 γ-Fe,再冷却到912 ℃时又发生同素异构转变,γ-Fe 转变为体心立方晶格的 α-Fe,如再继续冷却到室温,晶格的类型不再发生变化。这些转变可以用下式表示:

$$\delta\text{-Fe} \xrightleftharpoons{1\,394\ ℃} \gamma\text{-Fe} \xrightleftharpoons{912\ ℃} \alpha\text{-Fe}$$
（体心立方晶格） （面心立方晶格） （体心立方晶格）

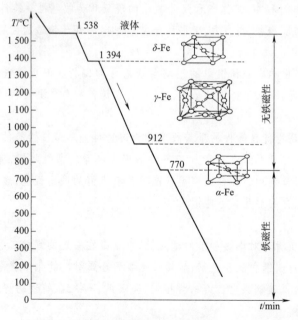

图1-7 纯铁的冷却曲线

金属的同素异构转变与液态金属的结晶过程有许多相似之处:有一定的转变温度,转变时有过冷现象;放出和吸收潜热;转变过程也是一个形核和晶核长大的过程。另一方面,同素异构转变属于固态相变,又具有本身的特点,例如:同素异构转变时,新晶格的晶核优先在原来晶粒的晶界处形核;转变需要较大的过冷度;晶格的变化伴随着金属体积的变化,转变时会产生较大的内应力。例如 γ-Fe 转变为 α-Fe 时,铁的体积会膨胀约 1%,这是钢热处理时引起内应力,导致工件变形和开裂的重要原因。

二、铁碳合金

钢和铸铁是现代工业中极为重要的金属材料。钢和铸铁的产量比其他一切非铁金属的产量的总和还要多。钢和铸铁虽然因成分不同而品种很多,但其最基本的组成是铁和碳两种元素。因此,钢和铸铁又称铁碳合金。

1. 铁碳合金的基本相

在 Fe-Fe$_3$C 系中,可配制多种成分不同的铁碳合金,它们在不同温度下的平衡组织是各不相同的,但它们总是由几个基本相所组成。在液态,铁和碳可以无限互溶。在固态,碳可溶于铁中,形成两种间隙固溶体——铁素体和奥氏体。当含碳量超过其固态溶解度时,则会出现化合物——渗碳体(Fe$_3$C)。因此,在铁碳合金中,碳可以与铁组成化合物,也可以形成固溶体,还可以形成混合物。现将几个固态下出现的基本组织分述如下。

(1)铁素体

碳溶解在 α-Fe 中形成的间隙固溶体称为铁素体,用符号 F 来表示,它仍保持 α-Fe 的体心立方结构。

由于铁素体的含碳量低,所以铁素体的性能与纯铁相似,即具有良好的塑性和韧性,而强度和硬度较低,与纯铁相同,铁素体在 770 ℃ 以上具有顺磁性,而在 770 ℃ 以下时呈铁磁性。在显微镜下观察铁素体为均匀明亮的多边形晶粒。

(2)奥氏体

碳溶解在 γ-Fe 中形成的间隙固溶体称为奥氏体,常用符号 A 来表示。在 1 148 ℃ 时 w_C 可达 2.11% 的最大溶解度;随着温度的下降,溶解度逐渐减小,在 727 ℃ 时 w_C 为 0.77%。

奥氏体是一个软而富有塑性的相,其强度和硬度不高,但具有良好的塑性,其机械性能与含碳量和温度有关。它是绝大多数钢在高温进行锻造和轧制时所要求的组织。与铁素体不同,奥氏体不呈现铁磁性,只具有顺磁性。

(3)渗碳体

渗碳体是 w_C 为 6.69% 的铁与碳的金属化合物,其化学式为 Fe$_3$C。渗碳体是一种间隙化合物,与铁和碳的晶体结构完全不同。渗碳体的熔点为 1 227 ℃,硬度很高(约为 800HB),塑性很差,伸长率和冲击韧度几乎为零,是一个硬而脆的组织。渗碳体在固态下不发生同素异构转变,它在 230 ℃ 以下具有弱铁磁性,在此温度以上则失去铁磁性。

(4)珠光体

珠光体是铁素体和渗碳体的混合物,用符号 P 表示。在放大倍数较高的显微镜下,可清楚地看到它是渗碳体和铁素体片层相间、交替排列形成的混合物。

在缓慢冷却条件下,珠光体的 w_C 为 0.77%。由于珠光体是由硬的渗碳体和软的铁素体组成的混合物,所以其力学性能取决于铁素体和渗碳体的性能。大体上是两者性能的平均值,故珠光体的强度较高,硬度适中,具有一定的塑性。

(5)莱氏体

莱氏体是铁碳合金中的共晶混合物,即 w_C 为 4.3% 的液态铁碳合金,在 1 148 ℃ 时从液相中同时结晶出的奥氏体和渗碳体的混合物。用符号 L$_d$ 表示。由于奥氏体在 727 ℃ 时还将转变为珠光体,所以在室温下的莱氏体由珠光体和渗碳体组成。为区别起见,将 727 ℃ 以上的莱氏体称为高温莱氏体(L_d),727 ℃ 以下的莱氏体称为低温莱氏体(L_d')。

莱氏体的性能和渗碳体相似,硬度很高(相当于 700HBS),塑性很差。

上述五种基本组织中,铁素体、奥氏体和渗碳体都是单相组织,称为铁碳合金的基本相;珠光体、莱氏体则是由基本相混合组成的多相组织。

2. 铁碳合金状态图分析

(1)铁碳合金相图的建立

铁碳合金相图是表示在缓慢冷却(或缓慢加热)的条件下,不同成分的铁碳合金的状态或组织随温度变化的图形。

经简化后的 $Fe\text{-}Fe_3C$ 相图如图 1-8 所示。

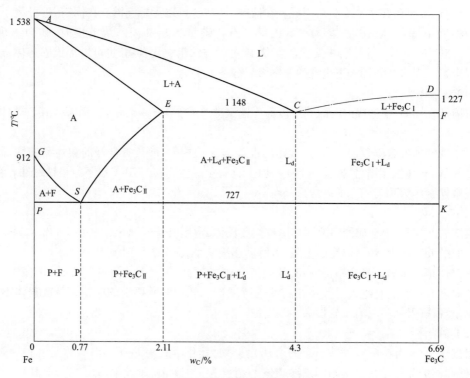

图 1-8 简化后的 $Fe\text{-}Fe_3C$ 相图

(2)铁碳合金状态图上的特性点

$Fe\text{-}Fe_3C$ 相图中几个主要特性点的温度、含碳量及其物理含义见表 1-1。铁碳合金状态图中特性点均采用固定的字母表示。各特性点的成分、温度数据是随着被测材料的纯度提高和测试技术的进步而不断趋于精确的。所以,图中特性点的位置在各种资料中往往略有不同。

表 1-1 $Fe\text{-}Fe_3C$ 相图中的几个特性点

点的符号	温度/℃	含碳量/%	含 义
A	1 538	0	纯铁的熔点
C	1 148	4.3	共晶点

点的符号	温度/℃	含碳量/%	含　义
D	1 227	6.69	渗碳体的熔点
E	1 148	2.11	碳在 γ-Fe 中的最大溶解度
F	1 148	6.69	共晶渗碳体的成分点
G	912	0	α-Fe 向 γ-Fe 的同素异构转变点
K	727	6.69	共析渗碳体的成分点
P	727	0.021 8	碳在铁素体中的最大溶解度

（3）铁碳合金状态图中的特性线

在 Fe-Fe$_3$C 相图上,有若干合金状态的分界线,它们是不同成分合金具有相同含义的临界点的连线。Fe-Fe$_3$C 相图的特性线及其含义归纳见表1-2。

表1-2　Fe-Fe$_3$C 相图的特性线及其含义

特性线	含　义
ACD	液相线:此线以上区域全部为液相,用 L 表示。金属液冷却到此线开始结晶,在 AC 线以下从液相中结晶出奥氏体,在 CD 线以下结晶出渗碳体
$AECF$	固相线:金属液冷却到此线全部结晶为固态,此线以下为固态区
GS	常称 A_3 线。冷却时,从不同含碳量的奥氏体中析出铁素体的开始线
ES	常称 A_{cm} 线。碳在 γ-Fe 中的溶解度线
ECF	共晶线:当金属液冷却到此线时(1 148 ℃),将发生共晶转变,从金属液中同时结晶出奥氏体和渗碳体的混合物,即莱氏体
PSK	共析线:常称 A_1 线。当合金冷却到此线时(727 ℃),将发生共析转变,从奥氏体中同时析出铁素体和渗碳体的混合物,即珠光体

3. 铁碳合金的分类

根据含碳量、组织转变的特点及室温组织,铁碳合金可分为以下几类:

（1）工业纯铁

碳的质量分数 w_C 不大于 0.021 8% 的铁碳合金。

（2）钢

碳的质量分数 w_C 为 0.021 8%~2.11% 的铁碳合金称为钢。根据其含碳量及室温组织的不同,又可分为:

亚共析钢:0.021 8% $< w_C <$ 0.77%;

共析钢:$w_C =$ 0.77%;

过共析钢:0.77% $< w_C <$ 2.11% 。

（3）白口铸铁

碳的质量分数 w_C 为 2.11%~6.69% 的铁碳合金称为白口铸铁。根据其含碳量及室温组织的不同,又可分为:

亚共晶白口铸铁:2.11% $\leqslant w_C <$ 4.3%;

共晶白口铸铁:$w_C =$ 4.3%;

过共晶白口铸铁:4.3% $< w_C <$ 6.69%。

任务三　熟悉机械工程材料

一、非合金钢

非合金钢是指以铁为主要元素,碳的质量分数小于 2.11% 的铁碳合金。非合金钢具有价格低、工艺性能好、力学性能能满足一般使用要求的优点,在工业生产中得到广泛应用。

1. 非合金钢的分类

根据国家标准《钢分类　第 1 部分:按化学成分分类》(GB/T 13304.1—2008),非合金钢的分类"按质量等级和主要性能和使用特性分类"。

1)非合金钢按主要质量等级分类

非合金钢按主要质量等级可分为普通质量、优质和特殊质量非合金钢。

(1)普通质量非合金钢

普通质量非合金钢是指对生产过程中控制质量无特殊规定的一般用途的非合金钢。应用时满足下列条件:①钢为非合金化的;②不规定热处理;③硫或磷的质量分数最高值不大于或等于0.040%;④未规定其他质量要求。

这类钢主要包括:一般用途碳素结构钢,国家标准《碳素结构钢》(GB/T 700—2006)规定的A、B 级钢;铁道用一般碳素钢,如轻轨和垫板用碳素钢;一般钢板桩型钢。

(2)优质非合金钢

优质非合金钢是指除普通质量非合金钢和特殊质量非合金钢以外的非合金钢,在生产过程中需要特别控制质量(例如控制晶粒度,降低硫、磷含量,改善表面质量或增加工艺控制等),以达到普通质量非合金钢特殊的质量要求(如良好的抗脆断性能,良好的冷成形性等),但这种钢生产控制不如特殊质量非合金钢严格(例如不控制淬透性)。

这类钢主要包括:机械结构用优质碳素钢,如国家标准《优质碳素结构钢》(GB/T 699—2015)中规定的优质碳素结构钢中的低碳钢、中碳钢和高碳钢;包括08F~15F、08~65、15Mn 各牌号,但不包括 70~85、65Mn、70Mn 钢,这部分钢强度高,属特殊质量非合金钢;工程结构用碳素钢,如GB/T 700—2006 中规定的 C、D 级钢;冲压薄板的低碳结构钢;镀层板、带用的碳素钢;锅炉和压力容器用碳素钢;造船用碳素钢;铁道用优质碳素钢,如重轨用碳素钢;焊条用碳素钢;冷锻、冷冲压等冷加工用非合金钢;优质铸造碳素钢。

(3)特殊质量非合金钢

特殊质量非合金钢是指在生产过程中需要特别严格控制质量和性能(例如,控制淬透性和纯洁度)的非合金钢。特别是在化学成分上有特别严格的要求;对夹杂物规定有严格的限制,比优质钢更纯洁;对性能规定特殊的要求比优质钢更严更高。特殊质量非合金钢应符合下列条件,钢材要经热处理并至少具有下列一种特殊要求的非合金钢(包括易切削钢和工具钢);要求淬火和回火状态下的冲击性能;有效淬硬层深度或表面硬度;限制表面缺陷;限制钢中非金属夹杂物含量和(或)要求内部材质均匀性;限制磷和硫的含量(成品 w_P 和 w_S 均 ≤0.025%);限制残余元素Cu、Co、V 的最高含量等方面的要求。特殊质量非合金钢主要包括:保证淬透性非合金钢,如国家标准《保证淬透性结构钢》(GB/T 5216—2014)中的 45H;碳素弹簧钢,如国家标准《弹簧钢》(GB/T 1222—2016)中的非合金钢和 GB/T 699—2015 标准中的 70~85、65Mn~70Mn 钢;铁道用特殊非合金钢,如车轴坯、车轮、轮箍钢;核能用非合金钢;其他,如航空、兵器等专用非合金结构钢,特殊焊条用非合金钢以及电磁纯铁、原料纯铁等。

2）按主要性能及使用特性分类

按主要性能和使用特性，非合金钢分为：以规定最高强度（或硬度）为主要特性的非合金钢，例如冷成形用钢；以规定最低强度为主要特性的非合金钢，例如压力容器用钢；以限制碳的质量分数为主要特性的非合金钢，例如弹簧钢、调质钢；非合金工具钢，例如 T13A 钢；非合金易切削钢；其他，如电磁纯铁、原料纯铁等。

国家标准 GB/T 13304.1—2008 中已用"非合金钢"一词取代"碳素钢"，由于许多技术标准是在新的国家标准钢分类实施之前制定的，钢产品在过去标准中和实际生产中，常使用"低碳钢""中碳钢""高碳钢"等术语。大致划分是：低碳钢 $w_C < 0.25\%$；中碳钢 $w_C = 0.25\% \sim 0.60\%$；高碳钢 $w_C > 0.60\%$。

2. 非合金钢的牌号及用途

1）普通质量非合金钢

普通质量非合金钢中的碳素结构钢的牌号由屈服点字母、屈服强度数值、质量等级符号、脱氧方法等四部分按顺序组成。屈服点字母以"屈"字汉语拼音字首"Q"表示；脱氧方法用 F、Z、TZ 分别表示沸腾钢、镇静钢、特殊镇静钢，在牌号中"Z"和"TZ"可以省略。质量等级分 A、B、C、D 四级，从左至右质量依次提高。例如 Q235-A·F，表示屈服强度 $R_{eL} \geqslant 235$ MPa，质量为 A 级的沸腾碳素结构钢。

碳素结构钢的质量分数较低，焊接性能好，塑性、韧性好，价格低，常热轧成钢板、钢带、型钢、棒钢，用于桥梁、建筑等工程结构和要求不高的机器零件。

2）优质非合金钢

优质非合金钢中的优质碳素结构钢的牌号用两位数字表示，两位数字表示该钢的平均碳的质量分数的万分之几。例如 45 钢，表示钢中平均碳的质量分数为 0.45% 的优质碳素结构钢；08钢表示钢中平均碳的质量分数为 0.08% 的优质碳素结构钢。优质碳素结构钢中锰的质量分数较高（$w_{Mn} = 0.70\% \sim 1.00\%$）时，在其牌号后面标出元素符号"Mn"，如 15Mn、20Mn 等。若为沸腾钢与半镇静钢，则在数字后分别加"F"与"b"，如 08F 与 08b 等。

优质碳素结构钢必须同时保证化学成分和力学性能，主要用于制造机器零件。一般都要经过热处理以提高力学性能。根据碳的质量分数不同，有不同的用途。

08、08F、10、10F 钢碳的质量分数低，塑性、韧性好，冷成形性能和焊接性能好，主要是制作薄板，用于制造冷冲压件和焊接件，如汽车车身、仪表外壳等。

15～25 钢强度较低，但塑性、韧性较高，冷冲压性能和焊接性能很好，可以制造各种受力不大，韧性要求高的冲压件和焊接件，如焊接容器、螺钉、杆件、轴套等。这类钢经渗碳淬火后，表面硬度可达 60 HRC 以上，耐磨性好，而心部具有一定的强度和韧性，常用于制造要求表面硬度高、耐磨并承受冲击载荷的零件。

30～55 钢、40Mn、50Mn 属于调质钢，经过热处理后具有良好的综合力学性能，主要用于制作要求强度、塑性、韧性都较高的机件，如齿轮、连杆、轴类零件。其中 40、45 钢在机械制造中应用广泛。

60～85 钢、60Mn、65Mn、70Mn 属于弹簧钢，经过热处理后可获得高的弹性极限，足够的韧性及一定的强度，主要用于制造负荷不大、尺寸较小的弹簧、弹性零件及耐磨零件。

3. 特殊质量非合金钢

特殊质量非合金钢中的碳素工具钢的牌号以"T"（"碳"的汉语拼音字首）开头，其后的数字表示平均碳的质量分数的千分数，例如 T8 表示平均碳的质量分数为 0.80% 的碳素工具钢。若为高级优质碳素工具钢,则在牌号后面标以字母 A,如 T12A 表示平均碳的质量分数为 1.20% 的高级优质碳素工具钢。

由于大多数工具都要求高硬度和耐磨性好,故碳素工具钢碳的质量分数都在 0.7% 以上,而且此类钢都是优质钢和高级优质钢,有害杂质元素(S、P)含量较少,质量较高。碳素工具钢经热处理后具有高硬度,用于制造尺寸较小且要求耐磨性高的刀具、模具和量具。碳素工具钢随着碳的质量分数的增加,硬度和耐磨性提高,而韧性下降,其应用场合也分别不同。T7、T9 一般都用于要求韧性稍高的工具,如冲头、錾子、简单模具、木工工具等;T10 用于要求中等韧性、高硬度的工具,如手工锯条、丝锥、板牙等,也可用作要求不高的模具;T12 具有较高的硬度和耐磨性,但韧性低,用于制造量具、锉刀、钻头、刮刀等。高级优质碳素工具钢含杂质和非金属夹杂物少,适于制造重要的、要求较高的工具。

二、低合金钢

低合金钢是一类可焊接的低碳低合金结构用钢,大多都在热轧或正火状态下使用。

1. 低合金钢的分类

低合金钢是按其主要质量等级和主要性能或使用特性分类的。

1)按主要质量等级分类

低合金钢按主要质量等级可分为普通质量、优质和特殊质量低合金钢。

(1)普通质量低合金钢

普通质量低合金钢是指不规定生产过程中需要特别控制质量要求的、供作一般用途的低合金钢。

普通质量低合金钢主要包括:一般用途低合金钢($R_{eL} \leqslant 360$ MPa);低合金钢筋钢;铁道用一般低合金钢,如低合金轻轨钢;矿用一般低合金钢(调质处理的钢号除外)。

(2)优质低合金钢

优质低合金钢是指除普通质量低合金钢和特殊质量低合金钢以外的低合金钢,在生产过程中需要特别控制质量(如降低硫、磷含量,控制晶粒度,改善表面质量,增加工艺控制等),以达到比普通质量低合金钢特殊的质量要求(如良好的抗脆断性能和良好的冷成形性等),但这种钢的生产控制和质量要求不如特殊质量低合金钢严格。

优质低合金钢主要包括:可焊接的低合金高强度钢;锅炉和压力容器用低合金钢;造船用低合金钢;汽车用低合金钢;桥梁用低合金钢;自行车用低合金钢;低合金耐候钢;铁道用低合金钢,如低合金钢轨钢、异型钢;矿用低合金钢;输油、输气管线用低合金钢。

(3)特殊质量低合金钢

特殊质量低合金钢是指在生产过程中需要特别严格控制质量和性能(特别是严格控制硫、磷等杂质含量和纯洁度)的低合金钢。

特殊质量低合金钢主要包括:核能用低合金钢;保证厚度方向性能用低合金钢;铁道用特殊低合金钢,如车轮用低合金钢;低温用低合金钢;舰船、兵器等专用特殊低合金钢。

2)按主要性能或使用特性分类

低合金钢按主要性能及使用特性可分为可焊接的低合金高强度结构钢、低合金耐候钢、低合金钢筋钢、铁道用低合金钢、矿用低合金钢和其他低合金钢。

2. 低合金高强度结构钢的牌号

低合金高强度结构钢的牌号由代表屈服点的汉语拼音首位字母、屈服点数值、质量等级符号

（A、B、C、D、E）、脱氧方法符号（F、b、Z 和 TZ，其中 Z 和 TZ 可省略）等四部分按顺序组成。例如 Q390A 表示屈服强度 R_{eL}≥390 MPa，质量为 A 级的低合金高强度结构钢。

3. 常用低合金钢

1）低合金高强度结构钢

低合金高强度结构钢是在低碳非合金钢的基础上加入少量合金元素而制成的钢。合金元素以锰为主，此外，还有钒、钛、铝、铌等元素。低合金高强度结构钢强度高，具有较好的塑性、韧性、焊接性、冷成形性和耐腐蚀性，而且价格与非合金钢接近，适合冷弯和焊接。

低合金高强度结构钢广泛用于制造桥梁、车辆、船舶、建筑钢筋等。

2）低合金耐候钢

耐候钢是指耐大气腐蚀钢，它是在低碳非合金钢的基础上加入少量铜、铬、钼等合金元素，使其在金属表面形成一层保护膜的钢材。为了进一步改善性能，还可再加微量的铌、钛、钒、锆等元素。我国目前使用的耐候钢分为焊接结构用耐候钢和高耐候性结构钢两大类。第一类，如 12MnCuCr，适用于桥梁、建筑及其他要求耐候性的钢结构；第二类，如 09CuPCrNi-A，适用于机车车辆、建筑、塔架和其他要求高耐候性的钢结构。

三、合金钢

1. 合金钢的分类

合金钢是按其主要质量等级和主要性能或使用特性分类的。

1）按主要质量等级分类

合金钢按主要质量等级可分为优质合金钢和特殊质量合金钢。

（1）优质合金钢

优质合金钢是指在生产过程中需要特别控制质量和性能，但其生产控制和质量要求不如特殊质量合金钢严格的合金钢。

优质合金钢主要包括：一般工程结构用合金钢；合金钢筋钢；不规定磁导率的电工用硅（铝）钢；铁道用合金钢；地质、石油钻探用合金钢；耐磨钢和硅锰弹簧钢。

（2）特殊质量合金钢

特殊质量合金钢是指在生产过程中需要特别严格控制质量和性能的合金钢。除优质合金钢以外的所有其他合金钢都为特殊质量合金钢。

特殊质量合金钢主要包括：压力容器用合金钢；经热处理的合金钢筋钢；经热处理的地质石油钻探用合金钢；合金结构钢；合金弹簧钢；不锈钢；耐热钢；合金工具钢；高速工具钢；轴承钢；高电阻电热钢及其合金；无磁钢；永磁钢。

2）按主要性能或使用特性分类

合金钢按主要性能及使用特性，可分为工程结构用合金钢（如一般工程结构用合金钢、合金钢筋钢、高锰耐磨钢等）；机械结构用合金钢（如调质处理合金结构钢、表面硬化合金结构钢、合金弹簧钢等）；不锈、耐蚀和耐热钢（如不锈钢、耐酸钢、抗氧化钢和热强钢等）；工具钢（如合金工具钢、高速工具钢）；轴承钢（如高碳铬轴承钢、不锈轴承钢等）；特殊物理性能钢（如软磁钢、永磁钢、无磁钢等）；其他，如铁道用合金钢等。

2. 合金钢（包括部分低合金结构钢）的牌号

我国合金钢的编号是按照合金钢中碳的质量分数及所含合金元素的种类（元素符号）和其质量分数来编制的。一般牌号的首部都是表示其平均碳的质量分数的数字，数字含义与优质碳素结构钢是一致的。对于结构钢,数字表示平均碳的质量分数的万分之几,对于工具钢,数字表示平均碳的质量的千分之几。当钢中某合金元素(Me)的平均质量分数 $w_{Me} < 1.5\%$ 时,牌号中只标出元素符号,不标明含量;当 $1.5\% \leqslant w_{Me} < 2.5\%$ 时,在该元素后面相应地用整数 2 表示其平均质量分数,依此类推。

（1）合金结构钢的牌号

例如 60Si2Mn,表示平均 $w_C = 0.60\%$、$w_{Si} = 2\%$、$w_{Mn} < 1.5\%$ 的合金结构钢;09Mn2 表示平均 $w_C = 0.09\%$、$w_{Mn} = 2\%$ 的合金结构钢。钢中钒、钛、铝、硼、稀土等合金元素虽然含量很低,但仍应标出,例如 40MnVB、25MnTiBRE 等。

（2）合金工具钢的牌号

当钢中平均 $w_C < 1.0\%$ 时,牌号前数字以千分之几(一位数)表示;当 $w_C \geqslant 1.0\%$ 时,为了避免与合金结构钢相混淆,牌号前不标数字。例如 9Mn2V 表示平均 $w_C < 0.9\%$、$w_{Mn} = 2\%$、$w_V < 1.5\%$ 的合金工具钢;CrWMn 表示钢中平均 $w_C \geqslant 1.0\%$、$w_W = 1.5\%$、$w_{Mn} < 1.5\%$ 的合金工具钢;高速工具钢牌号不标出碳的质量分数值,如 W18Cr4V。

（3）滚动轴承钢的牌号

滚动轴承钢牌号前面冠以汉语拼音字母"G",其后为铬元素符号 Cr,铬的质量分数以千分之几表示,其余合金元素与合金结构钢牌号规定相同,如 GCr15SiMn 钢。

（4）不锈钢和耐热钢的牌号

不锈钢和耐热钢的牌号表示方法与合金工具钢基本相同,只是 $w_C \leqslant 0.08\%$ 及 $w_C \leqslant 0.03\%$ 时,在牌号前分别冠以"0"及"00",如 0Cr21Ni5Ti、00Cr30Mo2 等。

3. 常用工程结构用合金钢

工程结构用合金钢包括一般工程用合金钢、压力容器用合金钢、合金钢筋钢、地质石油钻探用钢、高锰钢等。主要用于制造工程结构,如建筑工程钢筋结构、压力容器、承受冲击的耐磨铸钢件等。

对于工作时承受很大压力、强烈冲击和长久摩擦的机械零件,目前工业中多采用高锰耐磨钢来制造。高锰耐磨钢是指在强大压力和严重冲击力作用下才能发生硬化的钢。由于高锰钢极易冷变形强化,很难进行切削加工,大多数高锰钢件采用铸造成形,其铸态组织为奥氏体和网状碳化物,脆性大又不耐磨,故不能直接使用。必须将钢加热到 1 000~1 100 ℃,保温一段时间,使碳化物全部溶解到奥氏体中,然后在水中冷却,由于冷却迅速,碳化物来不及从奥氏体中析出,从而获得单一的奥氏体组织。这种处理方法称为水韧处理。水韧处理后耐磨钢的韧性与塑性好,硬度（180~230 HBW）低,它在较大的压力或冲击力的作用下,由于表面层的塑性变形,迅速产生冷变形强化,同时伴随有马氏体转变,使表面硬度急剧提高,可达 52~56 HRC,耐磨性也大大提高,而心部仍保持奥氏体的良好韧性和塑性,有较高的耐冲击能力。

高锰耐磨钢主要用于制造受强烈冲击和巨大压力,并要求耐磨的零件。如坦克和拖拉机履带板、球磨机衬板、挖掘机铲齿、破碎机颚板、铁路道岔等。常用的耐磨钢牌号有 ZGMn13-1、ZGMn13-2、ZGMn13-3 和 ZGMn13-4 等。其中 1、2、3、4 表示品种代号,适用范围分别是低冲击件、普通件、复杂件和高冲击件。

4. 常用机械结构用合金钢

机械结构用合金钢主要用于制造机械零件,如轴、连杆、齿轮、弹簧、轴承等,按其用途和热处理特点又分为合金渗碳钢、合金调质钢、合金弹簧钢和超高强度钢等。

（1）合金渗碳钢

合金渗碳钢主要用于制造承受强烈冲击、摩擦和磨损的重要机械零件,如齿轮、轴、活塞销等,这类零件往往都要求表面具有高的硬度和耐磨性,心部具有较高的强度和足够的韧性。采用合金渗碳钢可以克服低碳钢渗碳后淬透性低和心部强度低的弱点。

合金渗碳钢中碳的质量分数较低,一般在0.10%~0.25%,以保证零件心部具有足够的塑性和韧性,加入合金元素有铬、锰、镍等,主要是提高其淬透性,保证钢在渗碳、淬火后,提高其强度和韧性,加入适量的碳化物形成元素铬、钒、钛、钨、钼等,有利于改善碳化物的分布,提高渗碳层的硬度及耐磨性,同时可以阻止奥氏体晶粒长大,起细化晶粒的作用。

合金渗碳钢按淬透性可分为低、中、高淬透性三类。

①低淬透性合金渗碳钢。这类钢合金元素较少,淬透性较差,心部强度较低,只适用于制造冲击载荷较小、截面尺寸不大的耐磨件,如小轴、活塞销、小齿轮等。常用牌号为20Cr、20MnV。

②中淬透性合金渗碳钢。这类钢淬透性较好,淬火心部强度高,有较良好的力学性能和工艺性能。常用于制造承受高速中载、要求抗冲击和耐磨的零件,特别是汽车、拖拉机上的重要齿轮。常用牌号是20CrMnTi。

③高淬透性合金渗碳钢。这类钢含有较多的Cr、Ni等元素,淬透性很好,甚至在空冷时也可得到马氏体组织,具有很高的韧性,特别是低温冲击韧度。主要用于制造大截面、高载荷的重要耐磨件,如飞机、坦克中的曲轴和重要齿轮等。

（2）合金调质钢

合金调质钢是指经调质后使用的合金结构钢,又称调质处理合金结构钢。

合金调质钢的w_c=0.25%~0.50%。碳的质量分数过低,则淬硬性不足而使钢的强度、硬度过低;碳的质量分数过高,则塑性韧性不够。合金调质钢在退火或正火状态下使用时,其力学性能与相同碳的质量分数的碳钢差别不大,只有通过正确的热处理,才能获得优于非合金钢的性能。

按淬透性高低,合金调质钢分为以下三类:

①低淬透性合金调质钢。合金元素含量较少,淬透性较差,但力学性能和工艺性能较好。主要用于制作一般尺寸的重要零件。常用的牌号为40Cr钢。为节约铬,常用40MnB钢或42SiMn钢代替40Cr钢。

②中淬透性合金调质钢。合金元素含量较多,淬透性较高,主要用来制造截面较大、承受较大载荷的调质件。如曲轴、连杆等。常用牌号为40CrMn钢、35CrMo钢、38CrMoAl钢。

③高淬透性合金调质钢。合金元素含量比前两类调质钢多,淬透性高,主要用于制造大截面、承受重载荷的重要零件。如汽轮机主轴、航空发动机主轴等。常用牌号有40CrNiMo钢、40CrNiMoA钢、25Cr2Ni4WA钢等。

（3）合金弹簧钢

合金弹簧钢是一种专用结构钢,主要用来制作各种机械和仪表中的弹簧和弹性元件。

弹簧是利用弹性变形来存储能量,减缓振动和冲击。弹簧一般在交变载荷下工作,受到反复弯曲或拉、压应力,常产生疲劳破坏。因此,要求弹簧钢具有较高的弹性极限、屈强比、疲劳强度,足够的韧性,良好的淬透性和不易脱碳等性能。

合金弹簧钢碳的质量分数较高,w_c=0.5%~0.7%,目的是保证合金弹簧钢具有较高的弹性极限和高的疲劳极限。常加入的合金元素有锰、硅、铬、钼、钒等。合金弹簧钢其硬度为43~48 HRC,具有最好的弹性。弹簧的表面质量对使用寿命影响很大,微小的表面缺陷如脱碳、裂纹、夹杂等均降低疲劳强度。为进一步提高钢的疲劳寿命,可对弹簧进行喷丸处理。经热处理后,合金弹簧钢具有较高的弹性极限和屈服极限,同时具有足够的塑性、冲击韧性和疲劳极限,可满足弹簧的使用性能要求。

合金弹簧钢按所含合金元素大致分为两类:

①含 Si、Mn 元素的合金弹簧钢。典型代表为 60Si2Mn,用于制造截面尺寸 ≤25 mm 的弹簧,如汽车、拖拉机、火车的板弹簧和螺旋弹簧等。

②含 Cr、V 元素的合金弹簧钢。典型代表为 50CrVA,用于制造截面尺寸 ≤30 mm,并在 350 ~ 400 ℃ 温度下工作的重载弹簧,如阀门弹簧、内燃机的气阀弹簧等。

(4)超高强度钢

超高强度钢一般都是指 $R_{eL} > 1\ 380$ MPa、$R_m > 1\ 500$ MPa 的特殊质量合金结构钢。兼有适当韧性的合金钢。它是在合金调质钢的基础上加入多种元素而形成和发展起来的,在航空、航天工业中使用较为广泛,主要用来制造飞机起落架、机翼大梁、火箭发动壳体、高压容器及常规武器的炮筒等。

我国常用的超高强度钢 30CrMnSiNi2A 是在 30CrMnSiA 合金调质钢的基础上添加约 2% 的镍而成的,油淬直径可达 80 mm,用来制造飞机的主梁、起落架、接合螺栓等极为重要的零件。

(5)滚动轴承钢

滚动轴承钢主要用于制造滚动轴承的滚动体和内外圈,并在量具、模具、低合金刃具等方面被广泛应用。滚动轴承的内外圈及滚动体在工作时承受很大的交变载荷和极大的接触应力,各部分之间因相对滑动而产生强烈摩擦,摩擦磨损严重,要求具有很高的硬度和耐磨性,高的耐压强度和接触疲劳强度,足够的韧性和耐腐蚀性。

滚动轴承钢中碳的质量分数较高($w_C = 0.95\% \sim 1.15\%$),保证硬度及耐磨性,钢中铬的加入量为 0.4% ~ 1.65%,目的在于增加钢的淬透性,并使碳化物呈均匀而细密的分布,使钢的强度、接触疲劳强度和耐磨性提高。对于大型轴承用钢,还加入 Si、Mn 等合金元素进一步提高淬透性。最常用的滚动轴承钢是 GCrl5。

四、工具钢

工具钢主要用来制造刀具、模具和量具等各种工具。包括合金工具钢与高速工具钢。

1. 合金工具钢

合金工具钢分为合金刃具钢、量具钢和合金模具钢等。

1)合金刃具钢

合金刃具钢化学成分的特点是碳的质量分数都较高($w_C = 0.8\% \sim 1.5\%$),以保证高的硬度和耐磨性。常加入的元素有铬、锰、硅、钨、钒等,加入合金元素铬、锰、硅等以提高淬透性;加入钨、钒等特殊碳化物形成元素,以提高热硬性和耐磨性,并细化晶粒,从而改善钢的韧性。

这类钢主要用于制造金属切削刀具(刃具),如车刀、铣刀、铰刀、丝锥、板牙等各种刀具。这些工具在进行切削加工时,刀刃与工件及切屑之间会发生强烈的摩擦,并产生切削热,使刃部温度升高和磨损,此外,还要承受切削力、冲击和振动。因此合金刃具钢应具有高的热硬性(刃具受热时仍能保持高硬度的能力),高的硬度(大多数 >60 HRC)和耐磨性,足够的强度及韧性。

2)量具钢

量具钢质量分数都较高($w_C = 0.9\% \sim 1.5\%$),保证其高硬度、高耐磨性,加入铬、钨、锰等合金元素以提高其尺寸稳定性。

这类钢主要用来制造各种测量工具,如千分尺、块规、塞尺、样板等。量具在使用过程中常与被测量工件接触,主要受摩擦磨损,承受外力较小。要求具有高的硬度、耐磨性和尺寸稳定性。

量具钢没有专用钢种。精度较低、尺寸较小、形状简单的量具(如样板、塞规等)可用 10 钢、15 钢、20 钢制造,也可用 60 钢、65 钢制造。高精度、形状复杂的量具(如块规等)常用轴承钢($GCr15$)、合金刀具钢($CrWMn$、$9SiCr$)制造,经淬火、低温回火处理。$CrWMn$ 钢具有淬透性好,淬火变形小等特点,故又称"微变形钢"。

3)合金模具钢

合金模具钢是用来制造模具的一类钢。模具是使金属材料或非金属材料成形的工具,其工作条件及性能要求,与被成形材料的性能、温度及状态等有着密切的关系。按使用条件不同分为冷作模具钢、热作模具钢和塑料模具钢。下面主要介绍冷作模具钢和热作模具钢。

(1)冷作模具钢

冷作模具钢的 $w_c = 1.0\% \sim 2.0\%$,冷作模具钢用于制造在常温状态下使工件成形的模具,如冷挤压模、冷镦模、拉丝模、落料模等。这类模具工作过程中主要受挤压、弯曲、冲击及摩擦作用,工作时承受很大的压力、弯曲应力、冲击等载荷,其主要损坏形式是磨损、断裂、崩刃和变形。因此冷作模具钢要求有高的硬度和耐磨性,足够的强度和韧性。大型模具用钢还应具有淬透性好,热处理变形小等特点。

在冷作模具钢中,应用较广泛,最具代表性的钢种是 Cr12 型钢,其中最常用的是 Cr12 和 Cr12MoV。Cr12 适于制作高耐磨性、尺寸较大的模具。Cr12MoV 强度、韧性都比 Cr12 钢好,且热处理变形小,但耐磨性不如 Cr12 钢,主要用于制作截面较大、形状复杂的冷作模具。

(2)热作模具钢

热作模具钢的 $w_c = 0.3\% \sim 0.6\%$,热作模具钢用于制造在热态下使工件成形的模具,如热锻模、压铸模等。热作模具工作时受到强烈的摩擦、较大的冲击力或压力,模膛受炽热金属和冷却介质交替反复作用,易产生热疲劳裂纹。因此,要求模具在高温下应有较高的强度、韧性、足够的硬度和耐磨性,良好的热导性和耐热疲劳性。对尺寸较大的模具还要求有好的淬透性,热处理变形小等性能。

5CrNiMo 钢和 5CrMnMo 钢是最常用的热作模具钢,它们具有较高的强度、耐磨性和韧性,优良的淬透性和良好的耐热疲劳性。5CrNiMo 钢是典型的热作模具钢,5CrMnMo 钢是 5CrNiMo 钢的代用钢种,5CrMnMo 钢淬透性相对较低,所以只用于制造中小型热锻模,而 5CrNiMo 钢用于制造大型热锻模。

2. 高速工具钢

高速工具钢简称高速钢,主要用来制造高速切削刃具。因制作的刃具锋利又称锋钢。

高速工具钢的 $w_c = 0.7\% \sim 1.65\%$,较高的碳的质量分数可提高钢的硬度和耐磨性。高速钢含有钨、钼、铬、钒、钴等贵重元素,合金元素总量大于 10%,属高合金工具钢,配以合理的热加工工艺(锻造加工和热处理),使其具有突出的性能特点:高的红硬性(刃具温度升至 600 ℃时,其硬度大于 60 HRC);很好的淬透性;高的硬度和耐磨性,足够的强度等。合金元素钨、钼可在钢中形成很稳定的合金碳化物,提高钢的热硬性和耐回火性;铬可提高淬透性;钒可形成稳定的碳化物 VC,具有极高的硬度,并呈细小颗粒,分布均匀,故可提高钢的硬度和耐磨性。

W18Cr4V 钢是发展最早、应用广泛的高速工具钢,主要用于制造中速切削刀具,或低速切削但结构复杂的刀具(如拉刀、齿轮刀具)。W6Mo5Cr4V2 钢可作为 W18Cr4V 钢的代用品,由于钼的碳化物细小,故使钢具有较好的韧性。另外,这种钢含有较高的碳和钒,可提高耐磨性,但热硬性比 W18Cr4V 钢略差,过热及脱碳倾向较大。这种钢适于制造要求耐磨性和韧性较好的刀具,尤其适于制作热轧麻花钻等薄刃刀具。

高速工具钢都有较高的热硬性(约600 ℃)、耐磨性、淬透性及足够的强韧性,主要用于制造各种切削刀具,也可用于制造某些重载冷作模具和结构件(如柴油机的喷油嘴偶件)。但是,高速钢价格高,热加工工艺复杂,因此,应尽量节约使用。

五、不锈钢与耐热钢

1. 不锈钢

不锈钢是指能抵抗大气或其他介质腐蚀的钢。

不锈钢除用于制作要求高硬度、高耐磨性的刀具、量具以及不锈钢轴承外,大多数不锈钢碳的质量分数为 0.1% ~ 0.2%,甚至更低。耐蚀性要求愈高,碳的质量分数应愈低。不锈钢中的主要合金元素是铬和镍。铬的质量分数高,$w_{Cr} \geq 13\%$。铬在钢中的主要作用有:提高基体电极电位;铬在氧化介质中能形成一层具有保护作用的 Cr_2O_3 薄膜,可防止钢的表面被氧化和腐蚀。镍在钢中的主要作用是获得单相奥氏体不锈钢。

(1)马氏体不锈钢

典型钢种是 Cr13 型钢,因可淬火获得马氏体组织而称为马氏体不锈。由于铬的质量分数不低于 12%,它们都有足够高的耐腐蚀性,但因只用铬进行合金化,它们也只在氧化性介质中耐蚀,在非氧化性介质中不能获得良好的钝化,耐蚀性较低,并随碳的质量分数的增加,强度、硬度上升,塑性、冲击韧度下降,耐蚀性减弱。

碳的质量分数较低的 1Cr13、2Cr13 钢耐蚀性较好,且有较好的化学性能,主要用作耐蚀结构零件,如汽轮机叶片、热裂设备配件等。

碳的质量分数较高的 3Cr13、4Cr13 钢强度和耐磨性较高,主要用作防锈的手术器械及刀具。

(2)铁素体不锈钢

典型钢种是 Cr17 型钢,由于铬的质量分数高,使钢成为单相铁素体组织,故称为铁素体不锈钢。Cr17 型钢的耐蚀性优于 Cr13 型钢,由于不能利用马氏体强化,强度较低,但塑性很高,主要用作耐蚀性要求很高而强度要求不高的构件。

(3)奥氏体不锈钢

奥氏体不锈钢中铬、镍的质量分数高,由于奥氏体不锈钢固态下无相变,所以不能热处理强化,只能采用冷变形强化的方式强化。为进一步提高钢的耐蚀性,通常采用固溶处理,即将钢加热到 1 000 ℃以上,使铬的碳化物充分溶解,提高固溶体中铬的质量分数,获得单一奥氏体组织。从而使其具有良好的耐腐蚀性、焊接性、冷加工性及低温韧性。这类钢常用于制作耐腐蚀性能要求较高及冷变形成形的低载荷零件,如吸收塔、酸洗槽、管道等。

典型钢种是 Cr18Ni9 型钢(即 18-8 钢),由于钢的组织为单相奥氏体,故称为奥氏体不锈钢。奥氏体不锈钢无磁性,耐蚀性能优良,塑性、冲击韧度、焊接性能优于其他钢种,是应用最广泛的一类不锈钢。

2. 耐热钢

耐热钢是指在高温下具有高的抗氧化性和热强性的合金钢。

抗氧化性是指钢在高温下对各类介质化学腐蚀的抗力。在钢中加入铬、硅、铝等合金元素,这些元素在高温下与氧作用,在钢的表面形成一层致密的高熔点氧化膜(Cr_2O_3、Al_2O_3、SiO_2),能有效地保护钢在高温下不被继续氧化。

热强性是指钢在高温下的强度性能。加入 Mo、Ti 等元素是为了阻碍晶粒长大,提高钢的高温强度。

耐热钢可分为抗氧化钢、热强钢和气阀钢。

①抗氧化钢主要用于长期在高温下工作,有一定强度的零件,如各种加热炉的构件、渗碳炉构件、加热炉传送带料盘等。常用抗氧化钢有 3Cr18Mn12Si2N、2Cr20Mn9Ni2Si2N 等。

②热强钢不仅要求在高温下具有良好的抗氧化性,而且要求具有较高的高温强度。常用的热强钢如 15CrMo 是典型的锅炉钢,可制造在 350 ℃ 以下工作的零件。1Cr11MoV、1Cr12WMoV 有较高的热强性、良好的减振性及组织稳定性,用于汽轮机叶片、螺栓紧固件等。

③气阀钢是热强性较高的钢,主要用于高温下工作的气阀,如 4Cr9Si2 钢用于制造 600 ℃ 以下工作的汽轮机叶片、发动机排气阀;4Cr14Ni14W2Mo 钢是目前应用最多的气阀钢,用于制造工作温度不高于 650 ℃ 的内燃机重载荷排气阀。

六、铸铁

铸铁是碳的质量分数 w_C 大于 2.11%(一般为 2.5% ~ 4%)的铁碳合金。它是以铁、碳、硅为主要组成元素并比碳钢含有较多的锰、硫、磷等杂质的多元合金。有时为了提高铸铁的力学性能或物理、化学性能,还可加入一定量的合金元素,得到合金铸铁。

铸铁的生产工艺和设备简单,成本低,性能良好。与钢相比,其具有优良的铸造性能、切削加工性能、耐磨性、减振性和耐蚀性,并且价格较低。因此广泛应用于机械制造、石油化工、交通运输、基本建设及国防工业等方面。

1. 灰铸铁

铸铁中石墨呈片状存在。灰铸铁的牌号由 HT + 三位数字组成。其中"HT"是"灰铁"二字汉语拼音的大写字头,数字代表铸铁的抗拉强度。如 HT200 表示最低抗拉强度为 200 MPa 的灰铸铁。最小的灰铁是 HT100,往上以 50 为间隔递增,最大为 HT350。

2. 可锻铸铁

铸铁中石墨呈团絮状存在。它是由一定成分的白口铸铁经高温长时间退火后获得的。其力学性能(特别是韧性和塑性)较灰口铸铁高,故习惯上称为可锻铸铁。可锻铸铁牌号中的"KT"表示"可铁"二字汉语拼音的大写字头,"H"表示"黑心","Z"表示珠光体基体。牌号后面的两组数字分别表示最低抗拉强度和最低延伸率。

3. 球墨铸铁

铸铁中石墨呈球状存在。它是在铁水浇注前经球化处理后获得的。这类铸铁不仅力学性能比灰口铸铁和可锻铸铁高,生产工艺比可锻铸铁简单,而且还可以通过热处理进一步提高其机械性能,所以在生产中的应用日益广泛。牌号中的"QT"表示"球铁"二字汉语拼音的大写字头,在"QT"后面两组的数字分别表示最低抗拉强度和最低延伸率。

4. 蠕墨铸铁

蠕墨铸铁是近年来发展起来的一种新型工程材料。它是由液体铁水经变质处理和孕育处理随之冷却凝固后所获得的一种铸铁。牌号中"RuT"是"蠕铁"两字汉语拼音的字头,在"RuT"后面的数字表示最低抗拉强度。

5. 合金铸铁

工业上要求铸铁除了有一定的机械性能外,有时还要有较高的耐磨性以及耐热性、耐蚀性。为此,在普通铸铁的基础上加入一定量的合金元素,制成特殊性能铸铁(合金铸铁)。

（1）耐磨铸铁

耐磨铸铁是指不易磨损的铸铁,实践证明,具有细片状珠光基体和细小均匀分布的石磨铸铁有较好的耐磨性。

在灰口铸铁中加入少量合金元素(如磷、钒、铬、钼、锑、稀土等)可以增加金属基体中珠光体数量,且使珠光体细化,同时也细化了石墨。由于铸铁的强度和硬度升高,显微组织得到改善,使得这种灰口铸铁具有良好的润滑性和抗咬合、抗擦伤的能力。耐磨灰口铸铁广泛用于制造机床导轨、气缸套、活塞环、凸轮轴等零件。

在稀土-镁球铁中加入 w_{Mn} 为 5.0% ~ 9.5%,控制 w_{Si} 为 3.3% ~ 5.0%;其组织为马氏体 + 奥氏体 + 渗碳体 + 贝氏体 + 球状石墨,具有较高的冲击韧性和强度,适用于同时承受冲击和磨损条件下使用,可代替部分高锰钢和锻钢。中锰球铁常用于农机具耙片、犁铧、球磨机磨球等零件。

（2）耐热铸铁

耐热铸铁是指在高温下具有良好的抗氧化和抗生长能力的铸铁。在高温下工作的铸铁,如炉底板、换热器、坩埚、热处理炉内的运输链条等,必须使用耐热铸铁。加入 Al、Si、Cr 等元素,一方面在铸件表面形成致密的氧化膜,阻碍继续氧化;另一方面提高铸铁的临界温度,使基体变为单相铁素体,不发生石墨化过程,从而改善铸铁的耐热性。

（3）耐蚀铸铁

耐蚀铸铁主要用于化工部件,如阀门、管道、泵、容器等。普通铸铁的耐蚀性差,因为组织中的石墨和渗碳体促进铁素体腐蚀。加入 Si、Cr、Al、Mo、Cu、Ni 等合金元素形成保护膜,或使基体电极电位升高,可以提高铸铁的耐蚀性能。常用耐蚀铸铁有高硅、高硅钼、高铝、高铬等耐蚀铸铁。

思考与实训

1. 什么是金属材料的力学性能? 金属材料的力学性能包含哪些方面?
2. 碳素钢是如何分类的?
3. 碳素钢是如何编号的?
4. 铸铁是如何分类的?

项目二　金属切削加工基础知识

学习目标

1. 了解金属切削刀具的材料与几何形状。
2. 掌握金属切削过程、切屑种类、切削运动、切削用量。
3. 了解切削力、切削温度与切削液。
4. 熟悉金属材料的可切削性。

导入：随着制造技术的发展，金属切削已呈现出高速、高效、高加工要求和刀具技术发展的特点。我国在 2015 年提出了坚持"创新驱动、质量为先、绿色发展、结构优化、人才为本"的基本方针。"笔尖钢"的突破是近几年来我国制造创新发展的一个缩影。由中国科学院、太原钢铁集团及相关企业联合，成功研发出圆珠笔头球座体所用的"超易切削钢丝"，工艺技术及产品质量达到国际先进水平，打破了我国圆珠笔头原材料依赖进口的局面。

任务一　认识切削加工

一、切削加工概述

利用刀具和工件做相对运动，从工件上切除多余金属材料的加工方法称为金属切削加工。其目的是保证工件的加工精度和表面质量，达到图样规定的要求。

切削加工的具体方法主要有车削、刨削、钻削、铣削、拉削和磨削等。由于它们都是用刀具切去工件上多余的金属层，因此上述各种加工的方式虽然不同，但它们的本质都是一样的。它们都有着共同的特征，在切削过程中会出现同样的现象和规律。

二、切削运动

切削运动是指切削过程中刀具与工件之间的相对运动。切削运动必须具备主运动和进给运动。

切削运动分类：

（1）主运动

主运动是指机床或人力提供的主要运动，从而使刀具表面进入工件，导致切削层转变为切屑。

（2）进给运动

由机床或人力提供的运动，它使刀具与工件之间产生附加的相对运动，从而使新的材料不断投入切削。

（3）合成切削运动

由主运动与进给运动合成的运动，如图 2-1 所示。

三、加工中的工件表面

切削过程中，工件上切削层不断被刀具切除，从而在工件上形成三个不断变化的表面，如图 2-1 所示。

待加工表面是指工件上有待切除的表面。

已加工表面是指工件上经刀具切削后产生的表面。

过渡表面是指工件上由切削刃直接形成的那部分表面。在切削过程中它不断变化着，并且位于上述两表面之间，它在下一切削行程，刀具或工件的下一转里被切削，或由下一切削刃切除。

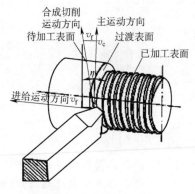

图 2-1　合成切削运动

四、切削用量

切削用量是切削过程中切削速度 v_c、进给量 f（或进给速度 v_f）和背吃刀量 a_p 的总称。它是调整机床、计算切削力、切削功率和工时定额的重要参数。

1. 切削速度 v_c

指刀具切削刃上选定点相对于工件主运动的瞬时速度。其计算公式为

$$v_c = \pi dn/1\ 000 \tag{2.1}$$

式中　d——工件或刀具上选定点的直径（mm）；

　　　n——工件或刀具转速（r/min）。

切削刃上不同选定点的切削速度不等，由于切削速度较大的部位，切削时产生的热量多、刀具磨损快，因此，如无特殊说明，切削速度是指作用在主切削刃上的最大切削速度。

2. 进给量 f 和进给速度 v_f

进给量 f 指刀具在进给方向上相对于工件的位移量。可用工件或刀具每转或每行程位移量来表述，如图 2-2 所示。

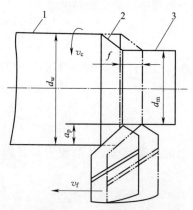

图 2-2　切削用量

1—待加工表面；2—过渡表面；3—已加工表面

进给速度 v_f 指刀具切削刃上选定点相对于工件进给运动的瞬时速度。计算公式为

$$v_f = f \times n \tag{2.2}$$

式中　　v_f——进给速度（mm/min）；

　　　　f——进给量（mm/r）；

　　　　n——主运动的转速（r/min）。

3. 背吃刀量 a_p

背吃刀量是指工件上待加工表面与已加工表面之间的垂直距离,如图2-2所示。

车削圆柱面时计算公式为

$$a_p = (d_w - d_m)/2 \tag{2.3}$$

式中　　a_p——背吃刀量（mm）；

　　　　d_w——待加工表面直径（mm）；

　　　　d_m——已加工表面直径（mm）。

铣削和刨削时则为该次切削的切除余量。

任务二　掌握金属切削刀具基础知识

一、刀具材料

1. 对刀具切削部分材料的基本要求

在切削时,刀具要承受很大的压力、摩擦力、冲击力和很高的切削温度,因此刀具切削部分材料应满足一定的要求。

（1）高的硬度

硬度是指材料表面抵抗局部变形的能力。刀具材料硬度必须高于工件硬度,一般要求硬度大于或等于60 HRC。

（2）高的耐磨性

耐磨性是指材料抵抗磨损的能力。耐磨性与材料硬度、化学成分、显微组织有关。一般而言,刀具材料硬度越高,耐磨性越好。刀具材料组织中的硬度点的硬度越高、数量越多,分布越均匀,耐磨性越好。

（3）足够的强度和韧性

指刀具材料承受冲击而不碎断的能力。

（4）高的热硬性

指刀具在高温下保持其高硬度、高耐磨性的能力。一般用热硬性的温度表示。

（5）良好的工艺性

工艺性是指材料的切削加工性、锻造、焊接、热处理等性能。刀具材料有良好的工艺性,便于刀具制造。

刀具材料除以上性能外,还应具备良好的导热性、刃磨性和经济性。

2. 常用刀具材料

1）工具钢

包括碳素工具钢和合金工具钢。

（1）碳素工具钢

碳素工具钢耐热性差,在200～250 ℃时硬度开始降低。用于制造低速手用刀具,如锉刀、刮刀和锯条等。牌号有T10A、T12A等。

（2）合金工具钢

其耐热温度为 350 ~ 400 ℃，淬透性好，热处理变形小，用于制造丝锥、板牙、拉刀等形状复杂、切削速度 10 m/min 以下的刀具。常用牌号有 CrWMn、9CrSi 等。

2）高速钢

高速钢指含有较多钨、铬、钼、钒等合金元素的合金工具钢，俗称锋钢或白钢。高速钢有较高的硬度（63 ~ 66 HRC）、耐磨性和耐热性（600 ~ 660 ℃）；有足够的强度和韧性，有较好的工艺性。目前，高速钢已作为主要刀具材料之一，广泛用于制造形状复杂的刀具，如铣刀、钻头、拉刀和齿轮刀具等。

3）硬质合金

硬质合金是由高硬度、高熔点的金属碳化物和金属黏结剂用粉末冶金的方法制成的。常用的有：

（1）钨钴类硬质合金（K 类）

其代号是 YG，由 C 和基体材料 WC 组成，常用牌号是 YG3、YG6 等。牌号中数字表示 Co 的质量分数（含钴量），其余为 WC 的质量分数（含 WC 量），如 YG3 表示 $w_{Co} = 3\%$，$w_{WC} = 97\%$；钴的含量越高，其韧度越大，抗弯强度越高，越不怕冲击，但其硬度和耐热性下降。钨钴类硬质合金适用于加工铸铁、青铜等脆性材料。

（2）钨钴钛类硬质合金（P 类）

其代号是 YT，由 WC、TiC 和 Co 组成，常用牌号为 YT14、YT30。钨钴钛类硬质合金适用于加工碳钢、合金钢等塑性材料。

（3）钨钽（铌）钴类硬质合金

其代号是 YA，由 WC、TaC(Nbc) 和 Co 组成，适用于加工铸铁、青铜等脆性材料，也可加工碳钢与合金钢。

（4）钨钛钽（铌）钴类硬质合金（M 类）

其代号是 YW，由 WC、TiC、TaC 和 Co 组成，适用于切削碳钢、合金钢等塑性材料，也可用于加工脆性材料。

二、刀具几何形状

金属切削刀具的种类很多，但其切削部分的形状和几何参数具有本质上的共性。所以，无论哪种复杂刀具，其切削部分均可近似地视为外圆车刀切削部分演变的结果。因此，研究金属切削刀具均从外圆车刀的切削入手。

1. 车刀的组成

任何一种车刀都是由刀柄和刀头所组成。刀柄是刀体上的夹持部分，刀头是刀具的切削部分，如图 2-3 所示。

①前刀面 A_γ。切屑流出的表面。

②主后刀面 A_α。与工件上过渡表面相对的面。

③副后刀面 A_α'。与工件已加工表面相对的面。

④主切削刃 S。前刀面与主后刀面的交线，担负着主要的切削工作。

⑤副切削刃 S'。前刀面与副后刀面的交线，配合主切削刃最终形成已加工表面。

⑥刀尖。主切削刃与副切削刃的连接部分。一般形式如图 2-4 所示。图 2-4（a）所示为尖角，图 2-4（b）所示为修圆刀尖，图 2-4（c）所示为倒角刀尖。后两种可增加刀尖强度与耐磨性。

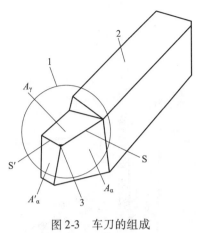

图 2-3 车刀的组成

1—刀头；2—刀柄；3—刀尖面

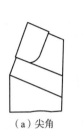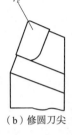

（a）尖角　　（b）修圆刀尖　　（c）倒角刀尖

图 2-4 刀尖形式

2. 刀具标注角度

1）确定刀具角度的辅助平面（见图 2-5）。

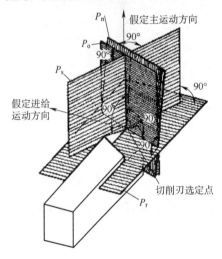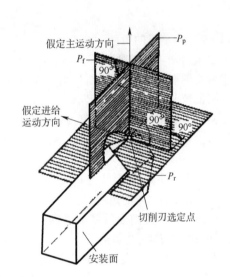

图 2-5 刀具静止参考系

①基面 P_r。通过切削刃上选定点且垂直于假定主运动方向的平面。

一般基面应平行于（垂直）刀具在制造、刃磨和测量的某一安装平面或轴线。

②主（副）切削平面 P_s（P'_s）。通过主（副）切削刃选定点与主（副）切削刃相切削并垂直于基面的平面。

通过切削刃选定点并垂直于切削刃的平面称为法平面，以 P_n 表示。

③正交平面 P_o。通过切削刃上选定点，并同时垂直于基面和切削平面的平面。

④假定工作平面 P_f。通过切削刃上选定点，平行于假定进给运动方向，并垂直于基面的平面。

2）刀具标注角度

刀具标注角度有 5 个，即前角 γ_o、后角 α_o、主偏角 κ_r、副偏角 κ'_r、倾角 λ_s，如图 2-6 所示。

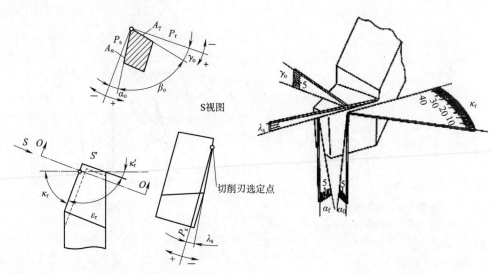

图 2-6　刀具的标注角

（1）基面内测量的角度

①主偏角 κ_r。是切削平面 P_s 与假定工作平面 P_f 之间的夹角，只有正值。

主偏角影响切削力的分配、切削条件和刀具寿命。

②副偏角 κ_r'。副切削平面与假定工作平面之间的夹角，只有正值。

副偏角影响工件表面粗糙度，减小副偏角可减小表面粗糙度。

③刀尖角 ε_r。主切削平面 P_s 与副切削平面 P_s' 之间的夹角，只有正值。

$$\varepsilon_r = 180° - (\kappa_r + \kappa_r')$$

它是一个派生角度，其大小由 κ_r 和 κ_r' 决定。

（2）在正交平面内的角度

①前角（γ_o）。前刀面与基面之间的夹角称为前角。规定前刀面与主切削平面夹角为锐角时，为正值；为钝角时，为负值。

前角影响切削刃的锋利程度及切削力和排屑。车刀前角参考值见表 2-1。

表 2-1　车刀前角参考值

工　件　材　料		前　　　角	
		高速钢刀具	硬质合金刀具
铝和铝合金		25°～30°	25°～30°
纯铜和铜合金（软）		25°～30°	25°～30°
铜合金（脆性）	粗加工	5°～10°	5°～10°
	精加工	10°～15°	10°～15°
结构钢	$R_m \leqslant 800\ \text{MPa}$	20°～25°	15°～20°
	$R_m = 800 \sim 1\ 000\ \text{MPa}$	15°～20°	10°～15°
灰铸铁及可锻铸铁	HBW≤220	20°～25°	15°～20°
	HBW>220	10°	8°

续表

工 件 材 料	前　角	
	高速钢刀具	硬质合金刀具
铸、锻件及断续切削灰铸铁	10°~15°	5°~10°

注:表列硬质合金车刀的前角数值指刃口磨有倒棱的情况。

②后角(α_o)。在正交平面内测量的后面与切削平面之间的夹角。

后角的作用是减小后面与工件之间的摩擦。后角大小:粗加工为5°~8°,精加工时为8°~12°。硬度大时后角取大值,反之取小值。

③楔角(β_o)。前面与后面之间的夹角,是派生角度,只有正值。三者满足如下关系:

$$\beta_o = 90° - (\gamma_o + \alpha_o)$$

(3)在切削平面内测量的角度

刃倾角(λ_S)。主切削刃与基面之间的夹角。刃倾角对切削过程的影响及选择见表2-2。

表2-2　刃倾角对切削过程的影响及选择

刃倾角	刀具强度	切屑流向	适用场合
正值	较差	待加工表面	精加工
负值	较好	已加工表面	粗加工

任务三　熟悉金属切削过程及其物理现象

一、切削过程和切屑种类

1. 切削过程

切削过程实际上就是切屑形成的过程,它可用图2-7来表示。

当刀具压入工件上所要切除的金属层时,被切层受到挤压而产生弹性变形[见图2-7(a)];随着刀具继续切入,应力不断增加,金属层就由弹性变形发展到塑性变形阶段,靠近刀具处被切层的金属晶格就沿着滑移角的方向滑移[见图2-7(b)];刀具再继续切入,滑移变形愈来愈大,当应力达到材料的强度极限时,被切层就沿着挤裂角β_2的方向产生裂纹[见图2-7(c)],从而形成屑片。当刀具继续前进时,新的循环又重新开始,直到整个被切层切完为止。

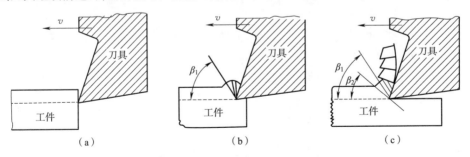

图2-7　切削(切屑形成)过程

上述切削过程的3个阶段是比较典型的。实际上,由于加工材料等条件不同,变形三个阶段并不完全显示出来,其中有的很明显,有的则很不明显,甚至某些阶段几乎没有。例如,切削铸铁、青铜等脆性材料时,由于它们塑性很低,滑移阶段就很不明显,被切层在弹性变形后,很快就形成切屑切离了母体;而切削塑性很好的钢材时,滑移阶段就特别明显。

2. 切屑种类

由于工件材料和切削条件不同,切削过程中材料变形程度也不同,因而产生了各种不同的切屑(见图2-8)。

(a)带状切屑　　　　　　(b)节状切屑　　　　　　(c)崩碎切屑

图2-8　切屑种类

(1)带状切屑[见图2-8(a)]

切屑呈连续的带状或螺旋状,紧靠车刀的一面很光滑,而背面则呈毛茸状。带状切屑一般在切削较软的塑性金属时,采用高切削速度和小进给量时得到;或采用小的切削速度,而车刀的前角较大时形成。

(2)节状切屑[见图2-8(b)]

切屑与带状切屑的区别是在背刀的切屑面上有明显的裂痕,呈一节一节的形状。当裂痕贯穿切屑时,又称粒状切屑。一般在粗加工较硬钢材时,采用大的进给量和较大的切削速度,而刀具的前角较小时形成这种切屑。

(3)崩碎切屑[见图2-8(c)]

在加工脆性材料(如灰铸铁、青铜)时,因这些材料的断裂强度很小,切削时由弹性变形不经塑性变形即突然崩裂,形成崩碎状切屑。

不同形状的切屑对工件、刀具有不同的影响。如带状切屑的形成过程较平稳,因而工件表面较光洁。但带状切屑延展很长,易伤人或刮伤工件表面,所以切削时需考虑断屑。而崩碎状切屑是断续产生的,因而会使刀具产生振动,增大工件表面的粗糙度。崩碎状切屑对刀尖的冲击较大,并且压力集中在刀刃附近(见图2-9),刀刃容易损坏。

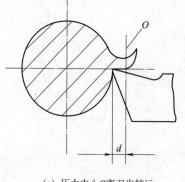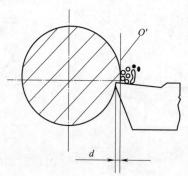

(a) 压力中心O离刀尖较远　　　　　　(b) 压力中心O′离刀尖较近

图2-9　不同种类切屑对刀具的影响

二、切削力、切削温度与切削液

(一)切削力

切削加工时,工件材料抵抗刀具切削所产生的阻力称为切削力。

1. 来源

(1)变形区的变形力

切削时,在刀具的作用下,切削层、切屑和工件要产生弹性变形和塑性变形,这些变形产生的力分别作用于刀具的前刀面与后刀面上,产生变形力。

(2)摩擦力

切屑与刀具前刀面、工件与刀具后刀面有相对运动,在正压力作用下,会产生摩擦力,作用于刀具的前刀面和后刀面上。

将两类力合成为合力 F,就是切削力。

2. 切削力的分解

根据生产实际的需要及测量方便,通常将切削力 F 分解为三个互相垂直的分力,即主切削力 F_c、背向力 F_p、进给力 F_f,如图 2-10 所示。

(1)主切削力 F_c

是总切削力在主运动方向上的分力。

(2)背向力 F_p

是总切削力在垂直于进给方向上的分力。

(3)进给力 F_f

是总切削力在进给运动方向上的分力。

总切削力 F 与三个互相垂直的分力 F_c、F_p、F_f 的关系如图 2-10 所示,表达式为

$$F^2 = F_c^2 + F_p^2 + F_f^2$$

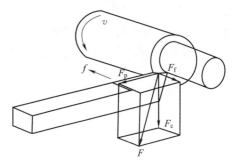

图 2-10　切削力的分解

3. 影响切削力的因素

(1)工件材料的影响

工件材料的强度、硬度越高,切削力就越大;在强度、硬度相近的情况下,工件材料塑性越大,切削力越大。

(2)切削用量的影响

①吃刀量 a_p。a_p 增大一倍,切削力增大一倍。

②进给量的影响。进给量增大一倍,切削力增大约75%。

③切削速度 v_c。一般钢材,切削速度大,切削力小,影响较小。对于铸铁等脆性材料,无明显影响。

(3)刀具几何参数影响

①前角。前角越大,切削力越小。

②主偏角。主偏角大小对主切削力、背向力和进给力都有影响,对进给力和背向力影响较大,加大主偏角,背向力大,进给力减小。

(4)切削液

合理选用有较强润滑作用的切削液,可减小切削力。

（二）切削温度

1．切削温度的定义

切削温度指刀具前刀面与切屑接触区域的平均温度。

2．切削温度对切削过程的影响

（1）对刀具的影响

切削温度升高，使刀具温度升高，当超过刀具材料所能承受的温度时，刀具材料硬度降低，迅速丧失切削性能，使刀具磨损加快，寿命降低。

（2）对工件的影响

切削温度高，使工件温度升高产生热变形，影响工件的加工精度和表面质量。

3．影响切削温度的主要因素

切削温度的高低主要是产生热和热传导两方面综合影响的结果，其主要影响因素是工件材料、切削用量、刀具几何角度和切削液的影响。

（1）工件材料的影响

工件材料是通过其强度、硬度、热传导等性能不同而影响切削温度的。切削强度、硬度高的材料消耗的功与产生的热量较多，切削温度较高，材料导热性好，可使切削温度降低。

（2）切削用量的影响

切削速度对切削温度影响最大，切削速度增大一倍，温度增加 20%～35%；进给量增大一倍，温度增加 10%；背吃刀量对切削温度影响最小，当背吃刀量增大一倍时，切削温度上升 3%。

（3）刀具几何角度的影响

①前角。前角增大，切削变形小，产生切削热少，使切削温度下降，但前角过大，楔角减小，刀具散热面积减少，提高切削温度。

②主偏角。在背吃刀量相同条件下，增大主偏角，主切削刃与切削层的接触长度减短，刀尖角减小，使散热条件变差，会提高切削温度。

（4）切削液的影响

合理选用切削液，能使切削过程中金属滑移变形容易，切屑变形小，能减小刀具与切屑、工件表面间的摩擦和带走大量的切削热，所以能降低切削温度。

（三）切削液

合理选用切削液，能减少切削过程中的摩擦，改善散热条件，从而减小切削力、切削功率、切削温度，减轻刀具磨损，并能提高已加工表面质量与生产效率。

1．切削液的作用

（1）冷却作用

切削液能带走切削区大量的切削热，改善了刀具等的散热条件，因此降低了切削温度，提高了刀具寿命。

（2）润滑作用

切削液能渗透到工件表面与刀具之间、切屑与刀具之间的微小间隙中，形成一层薄薄的吸附膜，减少了摩擦系数，因此减少了切削力和切削热，减少了刀具磨损，并能限制积屑瘤的生长，改善加工表面质量。对精加工来说，润滑作用就显得更重要了。

（3）清洗作用

为防止切削过程中产生的细小切屑或磨削中的砂粒、磨屑黏附在工件、刀具和机床上，影响工件表面质量和机床精度，要求切削液有良好的清洗作用，同时在使用中，增加一定压力，提高冲洗能力，将切屑冲走。

2. 切削液的分类

（1）水溶液

主要成分是水，并加入防腐剂等添加剂，冷却性能好，润滑性能差。

（2）乳化液

用乳化剂稀释而成，具有良好的流动性和冷却作用，也有一定的润滑作用，应用广泛。

低浓度乳化液用于粗车和磨削；高浓度乳化液用于精车、钻孔和铣削。

（3）切削油

主要是矿物油，少量采用动、植物油或混合油，它的润滑性能好，但冷却性能差。其主要作用是减少刀具磨损和降低工件表面粗糙度值。主要用于齿轮加工、铣削加工和攻螺纹。

3. 切削液的选用

应根据工件材料、刀具材料、加工要求和加工方式合理选用。按具体情况，对切削液的冷却、润滑、清洗等作用，有所侧重考虑。

（1）粗加工

粗加工时切削用量大，切削时产生大量切削热，容易导致刀具的磨损，尤其是导致高速钢刀具磨损。此时应降低切削温度，宜选用以冷却作用为主的切削液，如乳化液或水溶液。硬质合金刀具耐热性好，一般不用。如要用，则必须连续地、充分地浇注，切勿时断时续，以免冷热不均导致刀具产生裂纹。

（2）精加工

精加工时切削液的主要作用是润滑，以提高工件表面加工精度和减小表面粗糙度值。

一般钢件，要求切削液具有良好的渗透性、润滑性和一定的冷却性。在较低切削速度时（6～30 m/min），为减小刀具与工件之间的摩擦，抑制积屑瘤，宜选用极压切削油或10%～20%的极压乳化液或离子型切削液。精加工铜及合金、铝及其合金或灰铸铁时，可选择离子型切削液或10%～20%的乳化液，也可采用煤油作切削液。因硫对铜有腐蚀作用，加工铜时不宜用含硫的极压乳化液。

（3）难加工材料

材料中含有铬、镍、锰、钛、钒、钨、铝、铌时，难以切削加工，宜选用极压切削油或极压乳化液进行切削加工。

（4）磨削加工

磨削加工温度高，产生大量的细碎磨屑，影响加工质量，因此磨削用液应有较好的冷却和清洗作用，并有一定的润滑和防锈作用。磨削时一般选用乳化液或极压切削油。

4. 切削液的使用方法

通常是浇注，尽量直接浇注到切削区，但这种方法压力低、流速慢，难以渗透到最高温度区。

用高速钢成形刀具切削难加工材料时，可用高压喷射冷却法，以改善渗透性，增强冷却效果。

喷雾冷却法是一种较好的使用方法，用于难切削加工材料的切削和高速切削，可以显著提高刀具寿命。

任务四　金属材料的可切削性分析

金属材料进行切削加工时的难易程度称为材料的可削性或切削加工性。不同的金属材料，加工时的难易程度也不相同。比如切削铜、铝等有色金属时，切削力小，切削很轻快；切削碳素钢就比合金钢容易些；切削不锈钢和耐热钢等就很困难，刀具的磨损也比较严重。

金属材料的可切削性好坏，按不同的加工性质有不同的标准。粗加工时，可切削性主要表现在生产率或刀具耐用度的高低；精加工时，以是否容易达到规定的加工精度和表面质量来衡量。

金属材料的可切削性，主要取决于它们的物理机械性能。

一、金属材料的物理机械性能对可切削性的影响

1. 强度和硬度

金属材料的强度和硬度越高，切削力越大，产生的切削热也越多，刀具磨损也越快。因此，在一般情况下可切削性随着金属材料强度和硬度的提高而降低。

2. 塑性

塑性好的材料，切削时的变形和摩擦都比较严重，切削力较大和切削热较多，刀具容易磨损，在一定的条件下还容易产生积屑瘤，断屑也较困难，可切削性差。脆性材料的可切削性要好些，如切削铸铁时的切削力要比切削钢料小 $1/2 \sim 1/3$，但若材料太脆，容易产生崩碎切屑，切削力和切削热集中在切削刃附近，导致刀具的磨损。

3. 导热性

导热性好的材料，切削时所产生的热量大部分由切屑带走，传到工件上的热量散发也快，因此集中在工件和刀具加工区域的热量就大幅度减少，有利于提高刀具耐用度和减小工件的热变形，可切削性就好，反之就差。

二、改善金属材料可切削性的途径

1. 调整化学成分

碳素钢的强度、硬度随着含碳量的增加而提高，而塑性、韧性则降低。低碳钢塑性和韧性较高，高碳钢的强度和硬度较高，都给切削加工带来一定困难。中碳钢的强度、硬度、塑性和韧性都居于高碳钢与低碳钢之间，故可切削性较好。

钢中加入硫、铅等元素对改善切削性是有利的。这类元素会产生一种有润滑作用的金属夹杂物（如硫化锰）而减轻钢对刀具的擦伤能力，从而改善可切削性。一般易切钢常含有这类元素，但造成钢的强度降低。

钢中加入铬、镍、钨、钼、钒等合金元素时，强度和硬度都提高，会使切削力增大，切削热多；其中镍、钨、钼的加入会使导热性下降，切削更加困难。很多合金钢，特别是耐热钢、不锈钢等加工困难的主要原因就是加入了这些元素。

铸铁的可切削性取决于游离态石墨的多少。当碳的质量分数为一定时，游离态石墨多，则渗碳体就少。渗碳体很硬，会加速刀具的机械磨损；而石墨很软，且有润滑作用。所以铸铁的化学元素中，凡能促进石墨化的元素越多，如硅、铝等都能改善铸铁的可切削性；反之，凡是阻碍石墨化的元素越多，如锰、硫、磷等，就会降低铸铁的可切削性。

2. 进行热处理

同样成分的材料，当其显微组织不同时，它们的机械性能就不一样，因而可切削性就有差别。

对于非合金钢和合金钢,退火和正火处理后的显微组织是铁素体和珠光体;调质处理后的显微组织是铁素体和粒状的渗碳体所组成的回火索氏体;淬火及低温回火后的显微组织是回火马氏体。它们的硬度依次递增,可切削性依次下降。

显微组织对可切削性影响的另一方面是它的形状和大小。如珠光体有片状、球状和针状等形态。其中针状的硬度最高,对刀具磨损最大;球状的硬度最低,对刀具磨损最小。所以对过共析钢进行球化退火,可以改善其可切削性。

低碳钢可通过正火提高的硬度、降低塑性,从而提高允许的切削速度、减少出现积屑瘤的可能性,因此可减小已加工表面的粗糙度值,改善低碳钢的可切削性。加工 2Cr13 不锈钢时,可通过调质处理提高其硬度至 28 HRC,降低塑性,可减小已加工表面的粗糙度值。白口铸铁可通过在 950~1 000 ℃下长期退火而变成可锻铸铁,从而使切削加工较易进行。

由此可知,通过热处理改变材料的显微组织和机械性能,是改善材料可切削性的主要方法。

总之,在具体加工时,一方面要根据工件要求,合理选择刀具、切削量和切削液;另一方面也应从工件材料着手,在工艺允许的范围内选择合适的热处理工艺,改善材料的可切削性,以提高工件的加工质量和刀具的使用寿命。

思考与实训

1. 刀具前角、后角和刃倾角对切削有什么影响?
2. 钻孔、扩孔时背吃刀量如何确定?
3. 切削用量三要素中对切削力影响最大的是什么?
4. 车削加工的工件具有什么共同特征?
5. 什么是金属材料的可切削性?如何判断粗加工、精加工时金属材料可切削性的好坏?

項目 三 金属材料热处理

学习目标

1. 掌握钢的退火、正火、淬火和回火知识,熟悉钢的表面热处理、化学热处理。

2. 熟悉常用钢的牌号、性能和应用,熟悉铸铁件的牌号、用途。

3. 具有操作电阻炉进行热处理的基本技能。

导入:以铜和铁作为时代标志的金属材料,蕴含着唯物史观的科学理论。在热处理原理和工艺部分,关于材料成分、组织、结构与性能之间的相互关系,包含着唯物辩证法中联系的观点,是科学理论的范畴;关于热处理工艺对材料性能和使用安全性的影响,蕴含着工匠精神、职业道德和社会责任。关于我国钢铁行业的发展和各类工业用钢的特点与应用,包含着我国政治制度的显著优势,行业产业的使命追求和钢铁企业的社会责任以及从业人员的职业道德。在有色金属材料部分,结合我国有色金属资源现状、技术水平、环保压力和生产能力,可引入"创新、协调、绿色、开放、共享"的新发展理念。

任务一 了解金属材料热处理

钢的热处理就是在固态下采用适当的方式进行加热、保温和冷却,改变其组织,从而获得所需性能的一种工艺。热处理工艺方法较多,但都由加热、保温、冷却三阶段组成。因此,热处理工艺可用以温度-时间为坐标的曲线图来表示,如图3-1所示,该曲线称为热处理工艺曲线。

热处理工艺种类很多,根据其加热、冷却方法的不同及钢组织和性能变化特点可分为:

①普通热处理。主要包括退火、正火、淬火和回火等。

②表面热处理。主要包括表面淬火和化学热处理(渗碳、渗氮、碳氮共渗、渗金属等)。

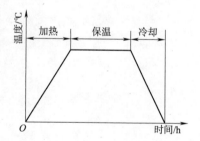

图3-1 热处理工艺曲线示意

目前,热处理在机床、汽车、拖拉机、航空、冶金等工业中应用很广泛。如各种工具、模具、轴承、齿轮等几乎都需要热处理。

一、钢的普通热处理

1. 退火

将钢加热到适当的温度,保温一定的时间,然后缓慢冷却(一般随炉冷却)至室温,这样的热处理工艺称为退火。

退火的目的为:

①降低钢的硬度、提高塑性,以利于切削加工。

②细化晶粒、均匀钢的组织,改善钢的性能,为以后的热处理做好准备。

③消除钢中的残余应力,以防止工件变形开裂。

根据钢的成分及退火的目的不同,常用的退火方法有完全退火、球化退火、去应力退火、再结晶退火。常用退火方法及应用见表3-1。

表3-1　常用退火方法及应用

类　别	主要目的	应用范围
完全退火	细化组织、降低硬度、改善切削加工性能、去除内应力	中碳钢、中碳合金钢的铸、轧、锻焊件等
球化退火	降低硬度,改善切削加工性、改善组织、为淬火做好准备	碳素工具钢、合金钢等,在锻压加工后,必须进行球化退火
去应力退火	消除内应力、防止变形开裂	铸、锻、轧、焊接件与机械加工工件等
再结晶退火	工件经过一定量的冷塑变形(如冷冲和冷轧等)后,产生加工硬化现象及残余的内应力,经过再结晶退火后,消除加工硬化现象和残余应力,提高塑性	冷形变钢材(如冷拉、冷轧、冷冲等)和零件

2. 正火

将钢加热到一定温度,保温一段时间,然后在空气中冷却下来的热处理工艺称为正火。

正火的目的与退火基本相同,其目的是:细化晶粒、调整硬度;消除内应力,为后续加工及球化退火、淬火等做好组织准备。

正火与退火相比,所得室温组织同属珠光体,但正火的冷却速度比退火要快,过冷度较大。因此,正火后的组织比退火组织要细小些,钢件的强度、硬度比退火高一些。同时正火与退火相比具有操作简便,生产周期短,生产效率较高,成本低等特点。在生产中的主要应用范围如下:

①改善切削加工性。因低碳钢和某些低碳合金钢的退火组织中铁素体量较多,硬度偏低,在切削加工时易产生"粘刀"现象,增加表面粗糙度值。采用正火能适当提高硬度,改善切削加工性。

②消除网状碳化物,为球化退火做好组织准备。对于过共析钢或合金工具钢,因正火冷却速度较快,可抑制渗碳体呈网状析出,并可细化层片状珠光体,有利于球化退火。

③用于普通结构零件或某些大型非合金钢工件的最终热处理,以代替调质处理。

④用于淬火返修零件,消除内应力,细化组织,以防重新淬火时产生变形和开裂。

3. 淬火

淬火是将钢加热到一定温度,经保温后在水(或油中)快速冷却的热处理工艺。也是决定零件使用性能最重要的热处理工艺。

1)淬火加热温度的选择

钢的淬火加热温度根据 Fe-Fe₃C 相图选择,如图3-2所示。

钢只有奥氏体能够转变成马氏体,所以淬火时首先需把钢加热至临界温度以上,使钢变为奥氏体组织。亚共析钢的淬火温度必须超过临界温度 A_{c3} 以上 $30 \sim 50 \ ℃$,这样才能使钢全部转变成奥氏体,淬火后才有可能全部获得马氏体组织。

2)淬火冷却介质

淬火操作难度比较大,主要因为淬火时要求得到马氏体,冷却速度必须大于钢的临界冷却速度(v_k),而快冷总是不可避免地要造成很大的内应力,往往会引起钢件的变形与开裂。怎样才能既得到马氏体又最大限度地减小变形与避免开裂呢? 主要可以从两方面着手:其一是寻找一种比较理想的淬火介质;其二是改进淬火冷却方法,常用的淬火冷却介质有水、矿物油、盐水溶液等。

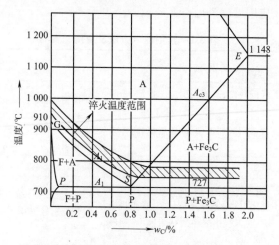

图 3-2　碳钢的淬火加热温度

3)淬火冷却方法

由于淬火介质性能不能完全符合理想,故需配以适当的冷却方法进行淬火,才能保证零件的热处理质量。常用的淬火冷却方法如图 3-3 所示。

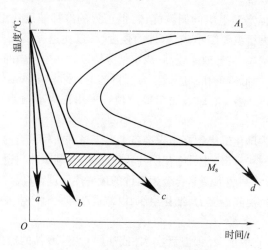

图 3-3　常用的淬火方法示意图

(1)单液淬火(见图 3-3 中的 a)

单液淬火就是将加热后的钢件,在一种冷却介质中进行淬火操作的方法。通常碳钢用水冷却,合金钢用油冷却。单液淬火应用最普遍,碳钢及合金钢机器零件在绝大多数情况下均用此方法,它操作简单,易于实现机械化和自动化。但水和油对钢的冷却特性都不够理想,某些钢件(如外形复杂的中、高碳钢工件)水淬易变形、开裂,油淬易造成硬度不足。

(2)双液淬火(见图 3-3 中的 b)

将工件加热到淬火温度后,先在冷却能力较强的介质中冷却至 300～400 ℃,再把工件迅速转移到冷却能力较弱的冷却介质中继续冷却至室温的淬火方法,称为双液淬火。

双液淬火可减少淬火内应力,但操作比较困难,主要用于高碳工具钢制造的易开裂工件,如丝锥、板牙等。

(3)分级淬火(见图 3-3 中的 c)

分级淬火就是把加热成奥氏体的工件,放入温度为 200 ℃ 左右(M_s 附近)的热介质(熔化的盐类物质或热油)中冷却,并在该介质中作短时间停留,然后取出空冷至室温。

零件在 M_s 点附近停留保温,使工件内外的温度差、壁厚处和壁薄处的温度差减到最小,以减小淬火应力,防止工件变形和开裂。而马氏体转变又是在空冷条件下进行的,因此分级淬火是避免和减小零件开裂和变形的有效措施。但对于碳钢零件,分级淬火后会出现珠光体组织。所以分级淬火主要适用于合金钢零件或尺寸较小、形状复杂的碳钢工件。

(4)等温淬火(见图 3-3 中的 d)

把奥氏体化的钢,放入稍高于 M_s 温度的盐浴中,保温足够时间,使奥氏体转变为下贝氏体的工艺操作称为等温淬火。它和一般淬火的目的不同,是为了获得下贝氏体组织,故又称贝氏体淬火。

等温淬火产生的内应力很小,所得到的下贝氏体组织具有较高的硬度和韧性,故常用于处理形状复杂,要求强度、韧性较好的工件,如各种模具、成形刀具等。

4. 回火

钢件淬火后,在硬度、强度提高的同时,其韧性却大为降低,并且还存在很大的内应力(残余应力),使用中很容易破断损坏。为了提高钢的韧性,消除或减小钢的残余内应力必须进行回火。

在生产中由于对钢件性能的要求不同,回火可分为下列三类:

(1)低温回火

淬火钢件在 250 ℃ 以下的回火称为低温回火。低温回火主要是消除内应力,降低钢的脆性,一般很少降低钢的硬度,即低温回火后可保持钢件的高硬度。如钳工实习时用的锯条、锉刀等一些要求使用条件下有高硬度的钢件,都是淬火后经低温回火处理。

(2)中温回火

淬火钢件在 250～500 ℃ 的回火称为中温回火。淬火钢件经中温回火后可获得良好的弹性,因此弹簧、压簧、汽车中的板弹簧等,常采用淬火后的中温回火处理。

(3)高温回火

淬火钢件在高于 500 ℃ 的回火称为高温回火。淬火钢件经高温回火后,具有良好综合力学性能(既有一定的强度、硬度,又有一定的塑性、韧性)。所以一般中碳钢和中碳合金钢常采用淬火后的高温回火处理。轴类零件应用最多。淬火 + 高温回火称为调质处理。

二、钢的表面热处理

1. 表面淬火

所谓表面淬火,顾名思义就是仅把零件需耐磨的表层淬硬,而中心仍保持未淬火的高韧性状态。表面淬火必须用高速加热法使零件表面层很快地达到淬火温度,而不等其热量传至内部,立即迅速冷却使表面层淬硬。

表面淬火用的钢材必须是中碳(0.35%)以上的钢,常用 40、45 钢或中碳合金钢 40Cr 等。

(1)火焰加热表面淬火

用高温的氧-乙炔火焰或氧与其他可燃烧(煤气、天然气等)的火焰,将零件表面迅速加热到淬火温度,然后立即喷水冷却。

(2)感应加热表面淬火

这是利用感应电流,使钢表面迅速加热而后淬火的一种方法。此方法具有效率高、工艺易于操作和控制等优点,所以目前在机床、机车拖拉机以及矿山机器等机械制造工业中得到了广泛应用。常用的有高频和中频感应加热两种。

2. 化学热处理

化学热处理是通过改变钢件表层化学成分,使热处理后,表层和心部组织不同,从而使表面获得与心部不同的性能,将工件放在一定的活性介质中加热,使某些元素渗入工件表层,以改变表层化学成分和组织,从而改善表层性能的热处理工艺,称为化学热处理。

化学热处理的方法很多,已用于生产的有渗碳、渗氮、碳氮共渗(提高零件的表面硬度增加耐磨性和疲劳强度等)以及渗金属等多种。不论哪一种方法都是通过以下三个基本过程完成的。①分解:介质在一定的温度下,发生化学分解,产生渗入元素的活性原子。②吸收:活性原子被工件表面吸收。例如,活性炭原子溶入铁的晶格中形成固溶体、与铁化合成金属化合物。③扩散:渗入的活性原子,在一定温度下,由表面向中心扩散,形成一定厚度的扩散层(渗层)。

(1)渗碳

为了增加钢表面的含碳量,将钢件放入含碳的介质中,加热并保温,使钢件表层提高含碳量,这一工艺称为渗碳。

低碳钢或低碳合金钢可采用渗碳处理,如15Cr、20Cr等钢。渗碳件经淬火和低温回火后,表面具有高硬度、高耐磨性及较高的疲劳强度。而心部仍保持良好的韧性和塑性。

(2)渗氮

在一定温度下,使活性氮原子渗入工件表面的化学热处理工艺称为渗氮。和渗碳相比,渗氮层有更高的硬度、耐磨性和疲劳强度、耐蚀性。

专用的渗氮钢为38CrMoAlA,经渗氮后,表面硬度可达950~1 200 HV。渗氮是在较低的温度下完成的,渗氮后无须淬火,因此变形小,但渗氮生产周期长、工艺复杂、成本高、需用专用渗氮钢。

(3)碳氮共渗

在一定温度下,将碳、氮同时渗入工件表层,并以渗碳为主的化学热处理工艺称为碳氮共渗。碳氮共渗与渗碳相比,不仅加热温度低,零件不易过热、变形小,而且渗层有较高的硬度、耐磨性和疲劳强度。适用钢种:低、中碳钢及合金钢。

常用的热处理工艺与作用见表3-2。

表3-2　常用的热处理工艺与作用汇总表

热处理种类		热处理方法	作　用
退火		将钢加热到500~600 ℃,保温后随炉冷却	消除铸件、锻件、焊接件、机加工工件中的残余应力,改善加工性能
正火		将钢加热到500~600 ℃,在炉外空气中冷却	改善铸件、锻件、焊接件的组织,降低工件硬度,消除内应力为后续加工做好准备
回火	高温回火(调质)	淬火后,加热到500~650 ℃,经保温后再冷却到室温	获得良好的力学性能,用于重要零件,如轴、齿轮等
	中温回火	淬火后,加热到350~500 ℃,经保温后再冷却到室温	获得较高的弹性和强度,用于各种弹簧的制造
	低温回火	淬火后,加热到150~250 ℃,经保温后再冷却到室温	降低内应力和脆性,用于各种工模具及渗碳或表面淬火工件

热处理种类		热处理方法	作　用
淬　火		将工件加热到一定温度,保温后在冷却液(水、油)中快速冷却	提高钢件的硬度和耐磨性,是改善零件使用性能的最主要热处理方法
表面热处理	火焰淬火	用"乙炔-氧"或"煤气-氧"混合气体燃烧的火焰,直接喷射在工件表面快速增温,再喷水冷却的淬火方法	获得一定的表面硬度,淬硬层深度一般为2~6 mm。适用于单件和小批量及大型零件的表面热处理,如大齿轮、钢轨等
	感应加热淬火	中碳合金钢材料的零件,利用感应电流,将零件表面迅速加热后,立即喷水冷却的热处理方法	加热速度快,加热温度和淬硬层可控,能防止表层氧化和脱落,工件变形小。但设备较贵,维修调整困难,不适用于形状复杂的零件,适用于大批量生产
化学热处理	渗碳	将低碳钢,低碳合金钢(0.1%~0.25%)放入含碳的介质中,加热并保温。渗碳后的工件还需要进行淬火和低温回火处理	经渗碳的工件提高了表面硬度和耐磨性,同时保持心部良好的塑性和韧性。主要用于承受较大冲击载荷和易磨损的零件,如轴、齿轮等
	渗氮	将氮原子渗入钢件表层的热处理方法	提高零件表面的硬度、耐磨性。用于精密机床的主轴、高速传动的齿轮等
	碳氮共渗	钢的表面同时渗入碳和氮,常用的是气体碳氮共渗	与渗碳相比,其加热温度低,零件变形小,生产周期短,而且渗层有较高的硬度、耐磨性和疲劳强度

随着科技的发展,在金属热处理中,还有变形热处理及真空热处理等方法,近年来在冶金和机械制造业中已获得广泛应用。

任务二　熟悉热处理常用设备

热处理设备按其在热处理生产中的作用,可分为主要设备与辅助设备两大类。主要设备用于完成热处理的主要操作,以加热设备和冷却设备为主,其中加热设备包括热处理炉(电阻炉、盐浴炉、燃料炉等)及热处理加热装置(感应加热装置、激光加热装置、电接触加热装置等),冷却设备包括淬火槽、淬火机、淬火压床等。辅助设备用于完成各种辅助工序、生产操作、动力供应及保证生产安全等任务,主要包括:清理设备(喷砂机、抛光机、清洗机、酸洗槽等)、矫正设备、可控气氛制作设备、液体原料(燃料)储存及分配装置、油循环装置、动力设备、计量仪表、起重运输机械等。

一、电阻炉

热处理电阻炉的基本工作原理是利用电流通过电热元件(如电阻丝、带、棒)时,由于电流的热效应而产生热能,借辐射或对流的作用将热量传至工件中,使工件加热。电阻炉主要分为箱式电阻炉和井式电阻炉等。

1. 箱式电阻炉

箱式电阻炉结构简单、操作容易,成本低,且能完成多种热处理工艺和多品种的小批量生产,但这类炉子都存在着热效率低、热损失大、升温慢、炉温不均、炉子密封性差、加热时氧化脱碳严重以及装卸大型零件不方便等缺点。箱式电阻炉一般按工作温度可分为高温炉、小温炉及低温炉,其中以中温箱式电阻炉应用最广泛。高温箱式电阻炉有 1 200 ℃ 和 1 300 ℃（最高工作温度）两种,主要用于高合金钢件热处理加热,其高温箱式炉的结构如图 3-4 所示。中温箱式电阻炉,最高工作温度是950 ℃,属于通用性炉,使用十分广泛,可用于碳钢和合金钢的退火、正火、调质、渗碳、淬火、回火等,同时还可作为简易保护气氛炉对工件进行热处理,结构图如图 3-5 所示。低温箱式电阻炉多用于回火,也可用于有色金属材料的热处理。由于低温炉主要是靠对流传热,炉中要有风扇装置,以强迫气体流动,提高传热效应,缩短加热时间和提高加热均匀性,它的应用远不及低温井式电阻炉广泛。

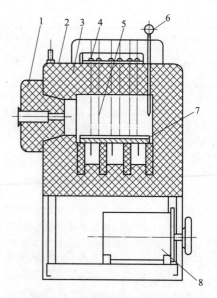

图 3-4　高温箱式电阻炉结构图

1—炉门;2—外壳;3—炉衬;4—电源接头;
5—电热元件;6—热电偶;7—炉底板;8—变压器

2. 井式电阻炉

井式电阻炉炉口开在顶面,可直接利用多种起吊设备垂直装卸工件,工件在炉内垂直悬挂加热,可避免由于工件自重而变形。由于炉体较高,为操作方便,一般都将井式电阻炉放在地坑中,常用的有中温井式电阻炉、低温井式电阻炉和气体渗碳井式电阻炉等。中温井式电阻炉最高工作温度是 950 ℃,主要用于长形工件的退火、正火和淬火加热,以及高速钢工件(如拉刀)的淬火预热及回火等。结构如图 3-6 所示。低温井式电阻炉最高工作温度为 650 ℃,在结构上和中温井式电阻炉相似,所不同的是低温炉的热传递以对流为主,为了强迫炉气流动,在炉盖上安装有风扇,以促使炉气均匀流动循环。井式气体渗碳炉除用于气体渗碳外,还可用于渗氮、碳氮共渗等化学热处理。它的结构与井式电阻炉相似,是由炉壳、炉衬、炉盖及提升机构、风扇、炉罐、电热元件、滴量器、温度控制及碳势控制装置组成,如图 3-7 所示,在炉盖上装置风扇的目的,是让炉内的活性介质均匀分布。

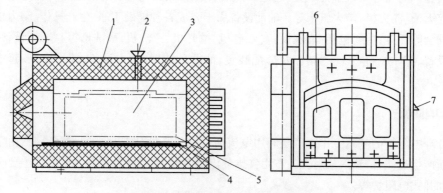

图 3-5　中温箱式电阻炉的结构简图

1—炉衬;2—热电偶;3—工作室;4—炉底板;5—电热元件;
6—炉门;7—炉门提升装置

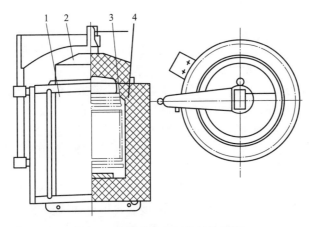

图 3-6 中温井式电阻炉结构简图
1—炉壳；2—炉盖；3—电热元件；4—炉衬

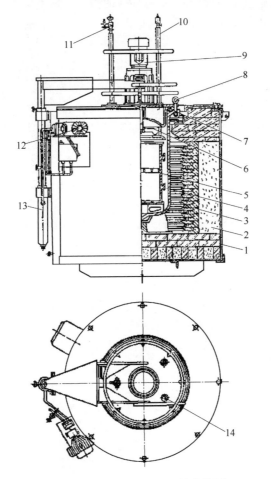

图 3-7 井式气体渗碳炉的结构简图
1—炉壳；2—炉衬；3—电热元件；4—炉罐；5—料筐；6—风叶；7—炉盖；8—吊环螺钉；
9—电动机；10—气管；11—滴量器；12—油泵；13—油缸；14—试样管

二、浴炉

浴炉是利用液体作为介质进行加热的一种热处理炉。按所用液体介质的不同,浴炉有盐浴炉、碱浴炉、油浴炉、铅浴炉等,其中以盐浴炉最为普遍。

盐浴炉用中性盐作为加热介质,根据盐的种类和比例,可在 150 ~ 1 350 ℃ 范围内应用,能完成多种热处理工艺,如淬火、回火、分级淬火、等温淬火、局部加热以及多种化学热处理。工件在盐浴炉中加热具有很多优点,如加热速度快、温度均匀、工件氧化和脱碳较轻(注意仍然要添加脱氧剂)、变形小等。缺点是:劳动条件较差、操作不够安全、水滴入炉中会引起熔盐飞溅,易发生事故。

盐浴炉按加热方式可分为内热式和外热式两种。内热式盐浴炉是以熔盐本身作为发热体,当低电压(36 V 以下)、大电流的交流电经电极通过电极间的熔盐时(熔盐是导电的,并有较大的电阻值),会产生大量的热,把熔盐加热到所要求的温度,用以加热工件。外热式盐浴炉结构主要由炉体和坩埚组成,工作时,给放在电炉中的坩埚加热,坩埚受热使盐熔化,加热放在熔盐中的工件。在这里盐只是一种介质,不起导体的作用。这种炉子可用于碳钢、合金钢的预热、等温淬火、分级淬火和化学热处理等。其优点是热源不受限制,不需要变压器。缺点是坩埚寿命较短。

三、其他热处理炉

1. 燃料炉

以燃料作为热源的加热炉称为燃料炉,这是其与电阻炉最大的不同。燃料炉根据使用的燃料不同分为固体燃料炉、液体燃料炉和气体燃料炉。

2. 可控气氛炉

可控气氛炉是指为达到一定的工艺要求,向热处理炉中通入某种可控制在预定范围内的混合气氛,使工件在该气氛中进行热处理的炉型。其优点有:①能防止工件加热时的氧化脱碳;②对脱碳的工件,可使其表面复碳;③能进行渗碳、渗氮、碳氮共渗等工艺,并可严格控制表面碳含量和渗层厚度;④机械化、自动化程度高。

3. 真空炉

真空热处理炉是指在加热时,炉内被抽成真空的热处理炉型。它用于热处理具有很多优点:①可以使工件进行光亮热处理,起到净化、脱脂、脱氧的作用,使工件的质量得到显著提高;②真空炉不需要保护气体发生装置,设备的使用及维护比较方便,工作环境得到了改善;③可达到其他电阻炉不能达到的高温。其缺点是:加热速度慢、设备复杂、投资较高。

四、冷却设备

由于热处理工件的工艺要求不同,在热处理过程中所采用的冷却方法也不同,常用的冷却方法有空冷、水冷、油冷及深冷处理等,因此,所用的冷却设备也不同。如有缓冷设备(冷却用热处理炉、冷却坑、冷却室等)、急冷设备(淬火槽、喷浴淬火设备、冷却板等)以及淬火机床等。

1. 水槽

淬火水槽通常用钢板焊接而成,槽的内外涂有防锈油漆,水槽的形状有长方形、正方形和圆形几种,以长方形应用最多。一般淬火槽都设有溢流装置,通常称为溢流槽。溢流槽与淬火槽焊在一起,可将热的淬火介质溢流到此再集中到排出管排出。常见溢流槽形状和位置如图 3-8 所示。

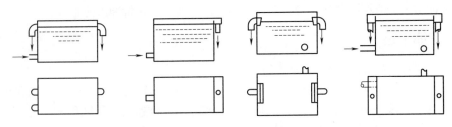

图 3-8　常见溢流槽的形状和位置

2. 油槽

油槽与水槽不同之处在于油槽底部或靠近底部的侧壁上,开有事故放油孔,以便当车间发生火灾或淬火槽需要清理时,将油迅速放出。另外,淬火油槽常配有适当的冷却装置。图 3-9 所示为油循环冷却系统示意图。

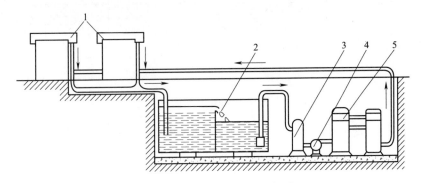

图 3-9　油循环冷却系统示意图
1—淬火油槽;2—集油槽;3—过滤器;4—液压泵;5—冷却器

任务三　典型零件的热处理工序分析

一、机床齿轮

机床齿轮工作平稳无强烈冲击,负荷不大,转速中等,对齿轮心部强度和韧性的要求不高,一般选用 40 或 45 钢制造。经正火或调质处理后再经高频感应加热表面淬火,齿面硬度可达 52 HRC 左右,齿心硬度为 220～250 HBW,完全可以满足性能要求。对于一部分性能要求较高的齿轮,可用中碳低合金钢(如 40Cr、40MnB、45Mn2 等)制造,齿面硬度提高到 58 HRC 左右,心部强度和韧性也有所提高。

机床齿轮的加工工艺路线为:

下料→锻造→正火→粗加工→调质→半精加工→高频感应加热表面淬火＋低温回火→精磨→成品

正火处理可使组织均匀化,消除锻造应力,调整硬度改善切削加工性。对于一般齿轮,正火也可作为高频感应加热表面淬火前的最后热处理工序;调质处理可使齿轮具有较高的综合力学性能,提高齿心的强度和韧性使齿轮能承受较大的弯曲应力和冲击载荷,并减小淬火变形;高频感应加热表面淬火可提高齿轮表面硬度和耐磨性,提高齿面接触疲劳强度;低温回火是在不降低表面硬度的情况下消除淬火应力、防止产生磨削裂纹和提高轮齿抗冲击的能力。

二、车床主轴

图 3-10 所示为 CA6140 车床主轴,工作时受交变弯曲和扭转复合应力作用,载荷和转速不高,冲击载荷也不大,具有一般综合力学性能即可满足要求,但大端的轴颈、锥孔与卡盘、顶尖之间有摩擦,这些部位要求有较高的硬度和耐磨性,大多选用 45 钢制造(载荷较大时选用 40Cr 钢制造),但并不能完全满足使用要求,需如何进行工艺处理才能满足其使用性能?

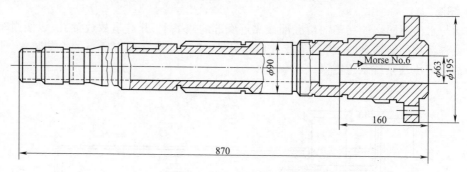

图 3-10　CA6140 车床主轴

CA6140 车床主轴是典型的受扭转、弯曲复合作用的轴件,它受的应力不大(中等载荷),承受的冲击载荷也不大,轴颈处耐磨性要求较高。因此大多采用 45 钢制造,并进行调质处理,轴颈处由表面淬火来强化。

车床主轴的工艺路线为:

下料→锻造→正火→粗加工→调质→半精加工→局部表面淬火 + 低温回火→精磨→成品

在主轴加工过程中,安排足够的热处理工序,以保证主轴机械性能及加工精度要求。正火处理可细化组织,调整硬度改善切削加工性;在粗加工后,安排第二次热处理——调质处理,获得均匀细致的回火托氏体组织,提高零件综合机械性能和获得高的疲劳强度,以便在表面淬火时,得到均匀致密硬化层,使硬化层的硬度由表面向中心逐步降低,同时,索氏体晶粒结构的组织,经加工后,表面粗糙度较小;局部表面淬火及低温回火可获得局部高硬度和耐磨性。

思考与实训

1. 何谓钢的热处理? 常用热处理方法有哪些? 简述热处理在机械制造中的作用。

2. 甲、乙两厂同时生产一批 45 钢零件,硬度要求 220~250 HBW。甲厂采用调质,乙厂采用正火,均可达到硬度要求。试比较甲、乙两厂产品在组织和性能方面的差异。

3. 有一传动齿轮,用 20 钢制作,要求齿表面具有高的硬度(60 HRC)和耐磨性,心部具有良好的韧性,试编制其热处理工艺。

第二篇　传统制造技术

项目四　铸造实训

学习目标

1. 熟悉铸造的工艺过程。
2. 掌握砂型手工造型(芯)的常用方法,能独立完成简单的手工造型(芯)。
3. 了解特种铸造主要铸造原理和特点。
4. 了解铸铁、铸钢、铝合金的熔炼方法。
5. 能对铸件进行简单的质量分析。

导入:传统铸造业流行一句老话——"差一寸、不算差",意思是说,在铸造产品中,一寸以内的误差都可以忽略不计。而中国铸造走向世界的新标准则是"零缺陷、零误差"。从"土法上马"到"精雕细琢",中国铸造正在不断以技术创新应对着全球市场的升级换代。

铸造实训时将所浇注的铸件进行质量分析,启发学生将合金、铸造工艺、造型材料对铸件质量的影响进行综合分析,让学生学会正确的思维方式,建立科学的世界观和方法论,学会全面质量管理,培养团队协作的工作作风,培养经济观点和质量意识,提高综合能力,培养工程素养。

精雕国际标准的铸造大师——中车集团大连机车车辆厂的高级技师毛正石,他可以通过看铁水花的大小将 1 400 ℃的铁水温差控制在 10 ℃以内。

任务一　熟悉铸造工艺过程

铸造是将熔炼后的液态金属,浇注到具有一定形状的铸型型腔中,经过凝固、冷却和清理,获得所需形状和精度的零件或毛坯(合称"铸件")的成形方法。我国应用铸造技术已有几千年的历史,从殷商时期的青铜器铸造,到明朝永乐青铜大钟的铸造,以及大量出土文物证明铸造技术凝聚了中华民族的勤劳和智慧,铸造技术发展史就是一部中华民族文明的发展史。

铸造是指用型砂紧实成形的铸造方法。砂型铸造工艺过程如图 4-1 所示。图 4-2 所示为齿轮毛坯的砂型铸造简图。

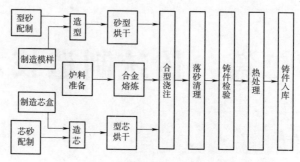

图 4-1　砂型铸造工艺过程

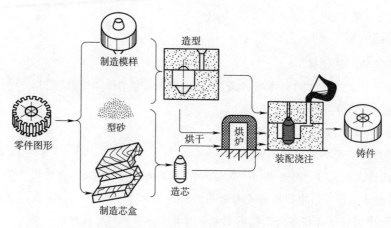

图 4-2　齿轮毛坯的砂型铸造简图

任务二　砂型铸造实训

一、砂型铸造工艺装备及材料

1. 模样、型芯盒及砂箱

（1）模样

模样用来形成铸件外部轮廓，模样的外形尺寸与铸件外形相适应。制造模样的材料可用木材、金属或其他材料。

（2）型芯盒

芯盒是制造型芯的专用模具，型芯盒的空腔与铸件的相应空腔是相似的，制造型芯时用型芯砂充满型芯盒的空腔，脱去型芯盒后形成与型芯盒空腔一致的型芯。型芯盒与型芯的关系如图 4-3 所示，这是对开式型芯盒，每个型芯盒各有一个半圆柱内腔，合在一起注入型砂，再分开后制成一个圆柱形的型芯。

小芯盒常用铝合金铸造，大型芯盒多用灰口铸铁制造。

（3）砂箱

砂箱用来容纳、支承、固定和运输砂型。浇注小型铸件用

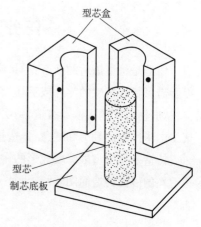

图 4-3　型芯盒与型芯的关系

小砂箱(见图4-4),浇注大型铸件用大砂箱(见图4-5)。砂箱应尽可能结构简单、便于操作、易于制造。根据生产实际情况,合理选用砂箱。

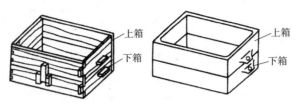

图4-4 小砂箱

设计和选用砂箱的基本原则是:满足铸造工艺要求,如砂箱和模样之间应有足够的吃砂量;定位装置的公差配合应保证铸件的尺寸精度等;尺寸和结构应符合造型机、起重设备、烘干设备的要求,砂箱的吊轴、吊环要稳定可靠;有足够的强度和刚度,使用中保证不断裂或发生过大变形;使用中不掉砂或塌箱,但又要便于落砂;经久耐用,应尽可能标准化、系列化和通用化。

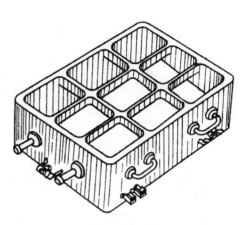

图4-5 大砂箱

2. 手工造型常用工具

手工造型是借助造型工具完成的,常用的手工造型工具如图4-6所示,主要有:

①春砂锤[见图4-6(a)]。一端是尖圆头,另一端是平板头,尖圆头用于每加入一层砂而击实砂粒,主要用于春实模样周围、砂箱内壁处、狭窄部分的型砂。当填入砂箱内的型砂已满时,可用平板头将砂箱顶部型砂紧实。

②通气针[见图4-6(b)]。造型时在砂型上适当位置扎通气孔,以弥补型砂透气性的不足,使砂型浇注时产生的大量气体及时逸出,防止铸件产生气孔。

③起模针[见图4-6(c)]。工作端为尖锥形,起模时,用锤子将起模针钉进模样的适当位置,并左右轻轻地敲击起模针、松动模样,然后小心地提起模样,完成起模工作。

④皮老虎[见图4-6(d)]。用双手握住两个手把一张一收来回摆动,产生气体把模型上散落的砂粒及杂物吹散,使砂型表面干净平整。使用时,不能用力过猛或碰到砂型,以免损坏砂型。

⑤半圆刀[见图4-6(e)]。修整圆弧形内壁和型腔内圆角。使用时,用手握住其柄部,压迫砂型修整部分内壁即可。

⑥刮砂板[见图4-6(f)]。主要是用于刮去高出砂箱上平面的型砂和修整大平面。

⑦镘刀[见图4-6(g)]。又称砂刀或刮刀,修整砂型较大表面或在砂型表面上挖沟槽、浇注系统、冒口、台阶等。

⑧压勺[见图4-6(h)]。在砂型上修补凹的曲面。

⑨砂勾[见图4-6(i)]。在砂型上修整底部或侧面,铲出砂型中散砂或其他杂物。

⑩排笔和掸刷[见图4-6(j)和图4-6(k)]。用于刷涂料和掸杂物。

⑪浇口棒[见图4-6(l)]。造型时埋在型砂中,造型结束后取出,形成浇道。

⑫底板[见图4-6(m)]。具有光滑平整的工作表面。造型时,用它托住模样、砂箱和砂型。小型的底板是用硬木制成,较大的是用铸铁、铸钢或铝合金等材料制成。

⑬筛子[见图4-6(n)]。用于筛选砂粒,去除砂内的夹杂物。

⑭铁锹[见图4-6(o)]。用于手工翻动砂粒和铲运砂粒。

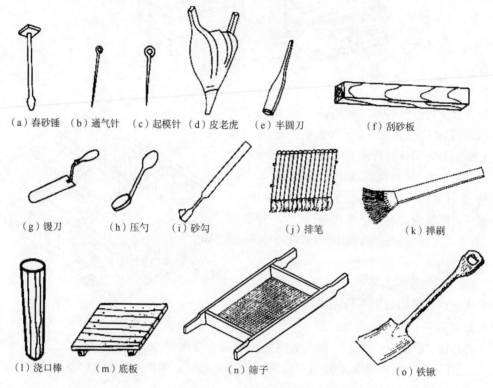

(a)舂砂锤 (b)通气针 (c)起模针 (d)皮老虎 (e)半圆刀 (f)刮砂板

(g)馒刀 (h)压勺 (i)砂勾 (j)排笔 (k)掸刷

(l)浇口棒 (m)底板 (n)筛子 (o)铁锹

图4-6 手工造型常用工具

3. 造型材料

制造铸型或型芯用的材料,称为造型材料。造型材料包括型砂、芯砂及涂料等。合理地选用和配制造型材料,对提高铸件质量,降低成本具有决定性的作用。因此型砂和芯砂应具备以下基本性能:

①可塑性。目的是在铸型中得到清晰的模样印迹,以便得到合格的铸件。

②强度。砂型承受外力作用而不易破坏的性能称为强度。铸型必须具有足够的强度,以便在修整、搬运及液体金属浇注时受冲击和压力作用下,不致变形或毁坏。若型砂强度不足,会造成塌箱、冲砂和砂眼等缺陷。

③耐火性。型砂在高温液体金属注入时,不熔化、不软化、不易烧结并黏附在铸件表面上的性能,称为耐火性。若型砂耐火性不足,会形成黏砂,黏砂严重时,不但难以清理,而且使切削加工困难,甚至使铸件成为废品。

④透气性。型砂由于内部砂粒之间存在空隙,能够通过气体的能力,称为透气性。当高温液体金属注入铸型后,会产生气体,砂型和型芯中也会产生大量气体。若型砂透气性差,部分气体会留在液态金属内不能排出,造成气孔等缺陷。

⑤退让性。铸件冷却收缩过程中,砂型和砂芯的体积也能随之缩小的性能,称为退让性。退

让性差,铸件收缩时阻力增大,使铸件产生内应力,甚至造成裂纹等缺陷。

4. 砂型

铸型是指按照铸件(或模样)的形状预先制成的、用以注入熔融金属,待凝固后形成铸件的装备,用砂粒作为主要材料制成的铸型称作砂型,制造砂型的过程称为造型。图 4-7 所示为两箱砂型的结构简图,主要结构有:

①型腔。造型时,模样取出后在砂型上留下的空间,型腔空间的形状与铸件外形相近。浇注时金属熔液充满型腔,凝固形成所需铸件。

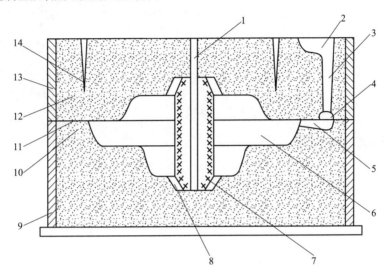

图 4-7　两箱砂型的结构简图

1—型芯出气孔;2—浇口杯;3—直浇道;4—横浇道;5—内浇道;6—型腔;
7—型芯;8—型芯座;9—下砂箱;10—下砂型;11—分型面;12—上砂型;
13—上砂箱;14—砂型通气孔

②上砂型和下砂型。上砂箱中的砂型称为上砂型,上砂型中除了含有型腔的一部分外,还有浇注通道、通气孔、上型芯座等。下砂箱中的砂型称为下砂型,下砂型中除了含有型腔的一部分外,还含有浇注通道、下型芯座等。

③型芯座。分别位于上砂型和下砂型中,上、下型芯座用于固定和定位型芯。

④浇注系统。是金属液进入型腔的通道,浇注时,金属液经外浇道(浇口杯)、直浇道、横浇道、内浇道进入型腔并充满型腔。

⑤分型面。上下砂型的分界面称为分型面,一般设在铸件的最大截面上。

⑥砂型通气孔。浇注时,型腔和型砂中会产生大量气体,气体如不及时排出,会进入铸件中而产生气孔等缺陷,气体可经通气孔排出。

⑦砂箱。砂箱用来容纳、支撑、固定和运输砂型。

5. 型芯

型芯是用来形成铸件内腔(如孔)或局部外形的,是用芯砂在制芯盒中制成的。在铸型中,型芯按照一定的空间位置安放在砂型的型腔中(见图 4-8)。浇注时型芯被金属液包围,金属液凝固后去掉型芯形成铸件的内腔或孔洞,这是型芯用得最多的一种情况;对于一些外形结构比较复杂的铸件,由于单独使用模样造砂型有困难,这时也可用型芯与砂型构成铸件的局部外形。型芯的主要结构有:

①型芯体。是型芯的主体,浇注时,金属液不能充入这部分空间,从而形成铸件内腔或局部,如图4-8所示。

②型芯头。是型芯的辅助部分,在砂型装配过程中,型芯头对整个型芯起定位和支撑作用(见图4-8)。为了在造型和造芯时,便于起模和脱芯,同时也为了下芯和合箱的方便,型芯头和型芯座都带有一定斜度,型芯头与型芯座的配合间隙必须合理。

③型芯骨。是包在型芯的内部、对型芯起支撑和稳固作用的金属骨架,能增加型芯的整体强度,便于吊装和运输,但不影响型芯的形状和尺寸。

④通气孔。如图4-8所示,在浇注过程中,必须快速排出型芯中的气体,大部分气体是通过型芯头上预先开出的通气孔排到大气中去的,所以必须保证通气孔是通畅的。

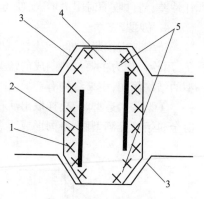

图4-8　型芯的结构

1—型芯体;2—型芯骨;

3—型芯座;4—通气孔;5—型芯头

二、砂型铸造基本训练

1. 造型

造型就是用型砂和模样制造铸型的过程。造型方法分手工造型和机器造型两大类。一般单件和小批量生产都用手工造型。在大量生产时,主要采用机器造型。

(1)手工造型

全部用手工或手动工具完成的造型工序称为手工造型。手工造型的特点是操作灵活,无论铸件大小、结构复杂程度如何,都能适应,模样成本低,生产准备简单。但劳动强度大,生产效率低。常用的造型方法有以下几种:

①整模造型。整模造型是将模样做成与零件形状对应的整体结构进行造型的方法,模样只在一个砂箱内(下箱),分型面是平面,如图4-9所示。整个铸件在一个砂箱内完成,造型方便,铸件不会由于上下砂型错位而产生错型缺陷,它用于制造形状比较简单且最大截面在端部的铸件。

②分模造型。将木模沿最大截面处分成两半,并用销钉定位,造型时模样分别在上、下砂型内进行造型的方法,如图4-10所示。分模造型操作简便,应用最广,适用于生产形状复杂,带孔的、最大截面在中部的铸件。

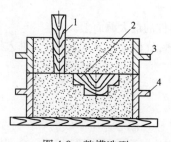

图4-9　整模造型

1—浇口棒;2—模样;3—上砂型;4—下砂型

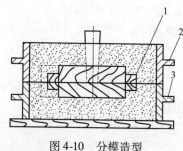

图4-10　分模造型

1—模样;2—上砂型;3—下砂型

③挖砂造型。挖砂造型的模样是整体的,但分型面为曲面,为了能起出模,造型时用手工将

阻碍起模的型砂挖去,如图4-11所示。挖砂造型费工,生产率低,只适用于单件小批量生产,分型面不是平面的铸件。

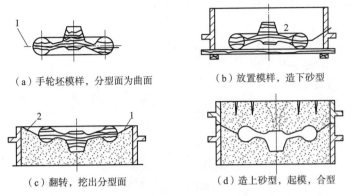

（a）手轮坯模样,分型面为曲面　　（b）放置模样,造下砂型

（c）翻转,挖出分型面　　（d）造上砂型,起模,合型

图4-11　挖砂造型
1—分型面;2—最大截面

④假箱造型。利用预先制备好的半个铸型简化造型操作的方法,此半型称为假箱,其上承托模样,可供造另半型,但不用来组成铸型,如图4-12所示。其特点是比挖砂造型操作简便,且分型面整齐,生产率大大提高。适用于小批或成批生产需要挖砂的铸件。

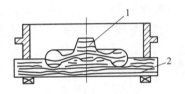

图4-12　假箱造型
1—模样;2—假箱

⑤刮板造型。造型时不用模样而用一个与铸件截面形状相应的刮板代替,来刮出所需铸型的型腔,称为刮板造型。图4-13所示为一圆盖铸件的刮板造型过程:刮板绕轴线旋转造出上、下砂型,最后合型浇注。刮板造型模样制造简化,可以显著地降低模样制作成本,缩短生产准备时间,但造型费工,要求工人操作技术水平较高,只适用于等截面的大、中型回转体铸件的单件、小批量生产,如带轮、大齿轮、飞轮、弯管等。

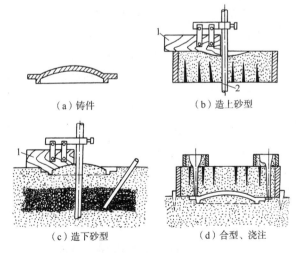

（a）铸件　　（b）造上砂型

（c）造下砂型　　（d）合型、浇注

图4-13　刮板造型
1—刮板;2—木桩

⑥ 活块造型。制模时将妨碍起模部分(如小的凸台、肋条等)做成活块,起模时先将主体模样起出,再从侧面取出活块的造型方法,如图 4-14 所示。活块造型费工,要求工人操作技术较高,适用于单件小批量生产带有突出部分,难以起模的铸件。

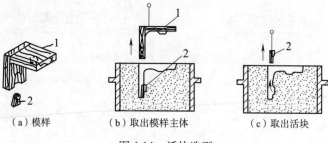

（a）模样　　　　　（b）取出模样主体　　　　　（c）取出活块

图 4-14　活块造型
1—模样主体;2—活块

⑦ 三箱造型。如果模样的外形两端截面大而中间截面小,只用一个分型面取不出模样时,需要从小截面处分开模样,并用两个分型面,三个砂箱进行造型,这种方法称为三箱造型,如图 4-15 所示。三箱造型操作比较烦琐,操作技术要求较高。适用于单件小批量生产具有两个分型面的铸件。

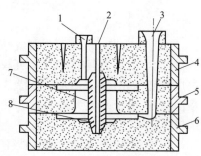

图 4-15　三箱造型
1—出气口;2—排气口;3—浇口杯;4—上型;
5—中型;6—下型;7—型芯;8—型腔

（2）机器造型

机器造型用机器全部完成或至少完成紧砂操作的造型工序。机器造型的实质就是用机器代替手工紧砂和起模,它是现代化铸造生产的基本方法,随着铸造生产向着集中和专业化方向发展,机器造型的比重将日益增加。它与手工造型相比,改善了劳动条件,提高了生产率,铸件尺寸精度高,表面质量好。适用于成批大量生产。

机器造型两个主要工序是紧砂和起模。

①紧砂方法。常用的紧砂方法有:振实、压实、振压、抛砂、射压等几种形式,其中以振压式应用最广。图 4-16(a)、(b)所示为振压式紧砂方法。

②起模方法。常用的起模方法有顶箱、漏模、翻转三种。图 4-16(c)所示为顶箱起模方法。随着生产的发展,新的造型设备将会不断出现,使整个造型和造芯过程逐步实现自动化。

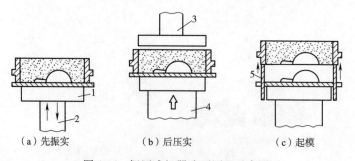

（a）先振实　　　　　（b）后压实　　　　　（c）起模

图 4-16　振压式机器造型原理示意图
1—工作台;2—振实活塞;3—压板;4—压实活塞;5—顶杆

2. 造芯

制造型芯的过程称为造芯,型芯用来形成铸件内部轮廓,制造型芯采用芯盒,用芯盒的内腔形状应与铸件内腔形状相适应制造型芯,用芯盒制造型芯的工艺同造型过程相似。为了增加型芯强度,在型芯中应放置型芯骨(可用铁丝或铁钉做型芯骨)。为进一步提高型芯的强度和透气性,型芯须在专用的烘干炉内烘干,以提高它的耐火度、强度和透气性。型芯可采用手工造芯,也可采用机器造芯。手工造芯时主要采用型芯盒造芯;单件、小批量生产,大、中型回转体型芯时,可采用刮板造芯。其中用芯盒造芯(见图4-17)是最常用的方法,它可以造出形状比较复杂的型芯。

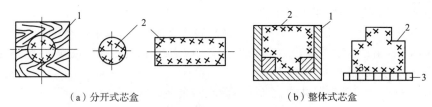

（a）分开式芯盒 （b）整体式芯盒

图 4-17 芯盒造芯

1—芯盒;2—砂芯;3—烘芯板

3. 浇注系统

为填充型腔和冒口而开设在铸型中的一系列通道,称为浇注系统。通常浇注系统由浇口杯、直浇道、横浇道和内浇道组成,如图4-18所示。浇口杯的作用是承接并导入液态金属,并使液态金属在浇口杯内有短暂的停留,减弱对砂型的冲击,同时使熔渣上浮,阻止熔渣进入型腔。直浇道是浇注系统中的垂直通道,引导液态金属流入型腔,其高度可使金属液产生静压力,以便迅速充满型腔。横浇道是浇注系统中的水平通道,截面常为梯形,一般设在内浇道上面,起到挡渣和分配金属液流进内浇道的作用。内浇道与型腔直接相连可控制金属液流入型腔的速度和方向。若浇注系统的设计不合理,铸件易产生冲砂、砂眼、夹渣、浇不足、气孔和缩孔等缺陷。

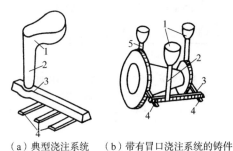

（a）典型浇注系统 （b）带有冒口浇注系统的铸件

图 4-18 浇注系统

1—浇口杯;2—直浇道;3—横浇道;4—内浇道;5—冒口

4. 熔炼

金属熔炼质量的好坏对能否获得优质铸件有着重要的影响。如果金属液的化学成分不合格,就会降低铸件的力学性能和物理性能。金属液的温度过低,会使铸件产生冷隔、浇不足、气孔和夹渣等缺陷;金属液的温度过高会导致铸件总收缩量增加,吸收气体过多、黏砂等缺陷;铸造生产常用的熔炼设备有冲天炉(适于熔炼铸铁)、电弧炉(适于熔炼铸钢)、坩埚炉(适于熔炼有色金属)、感应加热炉(适于熔炼铸钢和铸铁)等。

5. 合型、浇注、落砂、清理

合型是指将铸型的各个组元,如上型、下型、型芯、浇口杯等组合成一个完整铸型的操作过程。合型后要保证铸型型腔几何形状、尺寸的准确性和型芯的稳固性。型芯放好并经检验后,才能扣上上型和放置浇口杯。合型后应将上、下型两型紧扣或用压铁压住,以防金属液抬起上砂箱流出型外。

将金属液从浇包注入铸型的操作,称为浇注。金属液的浇注温度对铸件质量有很大影响。若浇注温度过高,金属液吸气多,液体收缩大,铸件容易产生气孔、缩孔、裂纹及黏砂等缺陷。若浇注温度过低,金属液流动性变差,会产生浇不足、冷隔等缺陷。

落砂是指用手工或机械使铸件和型砂(芯砂)、砂箱分开的操作过程。浇注后,必须经过充分的凝固和冷却才能落砂。落砂过早,铸件易产生较大应力,从而导致变形或开裂;此外,铸铁件还会形成白口组织,从而使铸件切削加工困难。

落砂后,从铸件上清除表面黏砂、型砂(芯砂)、多余金属等操作称为清理。清理主要是去除铸件上的浇口、冒口、型芯、黏砂以及飞边毛刺等部分。

三、典型零件铸造训练

1. 两箱造型

轴承座的整模造型如图 4-19 所示,其中,(a)图为轴承座零件,(b)图为轴承座模样,(c)图为轴承座铸件。表 4-1 所示为轴承座手工整模造型工艺过程实例,这是一个两箱造型,以轴承座底平面为分型面,模样全部安装在下砂箱的砂型中,上砂箱的砂型主要布置浇注系统。

(a)轴承座零件　　　　　(b)轴承座模样　　　　(c)轴承座铸件

图 4-19　轴承座的整模造型

表 4-1　轴承座手工整模造型的工艺过程

操作步骤	操作要领	示意图
1. 准备工作	准备型砂、底板、砂箱、模样,选择造型工具。底板摆放在平坦的平面上,在底板中间位置放置模样	
2. 确定模样在下砂箱中的位置	在底板上再放置下砂箱,模样与砂箱内壁及箱顶面之间必须留有 30~100 mm 距离,称为吃砂量。吃砂量不宜太大,也不能过小	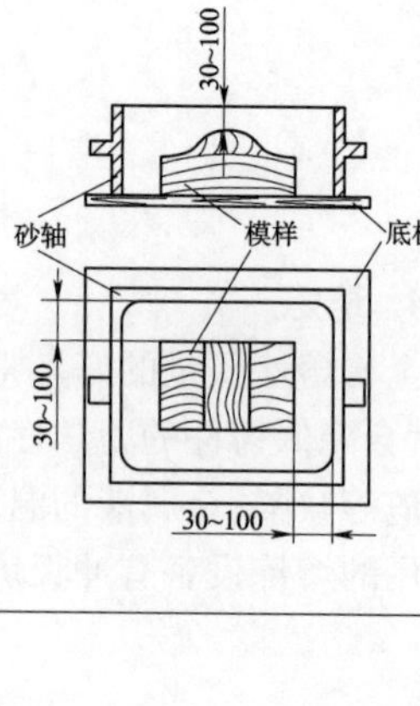

操作步骤	操作要领	示意图
3. 在模样表面撒面砂	在模样表面上撒均匀的一薄层面砂,主要是起模时便于模样和砂型分开	
4. 在下砂箱中逐层填型砂并紧实	填入型砂,填砂时应分批加入。应注意:①靠近砂箱内壁应舂紧,以防塌箱;靠近型腔部分型砂应较紧,使其具有一定强度;其余部分砂层不宜过紧以利于透气。②每加入一次砂,这层砂都应舂紧,然后才能再次加砂,依此类推,直至把砂箱填满	
5. 刮平下砂箱上平面	用刮砂板刮去高出下砂箱的砂粒,保证砂面平整和下砂箱翻转时没有砂粒掉下	
6. 翻转下砂箱	砂箱上下翻转调面,露出模样的平面朝上,并清理砂型平面	
7. 放上砂箱,撒分型砂,放置浇口棒	在下砂箱上面放置空的上砂箱,保证两个砂箱对齐,并将两者固定好。在分型面上撒均匀的一薄层分型砂,分型砂是无黏结剂、干燥的原砂。应注意的是模样的分模面上不应有分型砂,如有可用皮老虎吹去。在上砂箱合适位置固定浇口棒,注意浇口棒大头在上,小头在下,垂直放置	
8. 在上砂箱中逐层填型砂并紧实	同步骤4,注意浇口棒应固定	
9. 刮平上砂箱上平面	用刮砂板刮去高出上砂箱的砂粒,保证砂面平整和砂箱翻转时没有砂粒掉下	
10. 扎通气孔,取出浇道棒并开外浇道	在木模上方用通气针扎通气孔。通气孔应分布均匀,深度不能穿过整个砂型。轻轻垂直向上取出浇口棒,并在相应位置开外浇道	
11. 划合箱线,开箱	合箱线是上、下砂箱合箱的基准,应清楚准确、便于识别。划合箱线完备后,才能轻轻移动上砂箱并翻转放置,不能碰撞	
12. 起模	从下砂型中取出模样称为起模。起模前应将分型面清理干净,用工具轻轻敲击模样,使其与周围的型砂分开。应做到胆大心细,手不能抖动,起模方向应尽量垂直于分型面	
13. 挖内浇道	内浇道应大小合适,保证熔融的金属液通畅平稳,充满型腔	

续表

操作步骤	操作要领	示意图
14. 修整砂型	型腔如有损坏,可用造型工具修复	
15. 合型,做好浇注准备工作	合箱时应找正定位销或对准两砂箱的合箱线,防止错箱,两砂箱应紧固在一起,防止浇注时"抬箱",砂型应放置在合适位置,保证浇注时方便安全	

2. 三箱造型

图 4-20 所示为法兰盘的分模两箱造型,只有一个分模面,造型时两半面模样分别位于两个砂型中,造型比较方便,分模两箱造型方法与整模造型方法相似。分模三箱造型时,有两个分模面,造型时模样分别位于三个砂型中,造型比较复杂,生产效率低,分模三箱造型主要用外形比较复杂或有特殊要求的铸件的造型,图 4-21 所示为带轮的分模三箱造型。

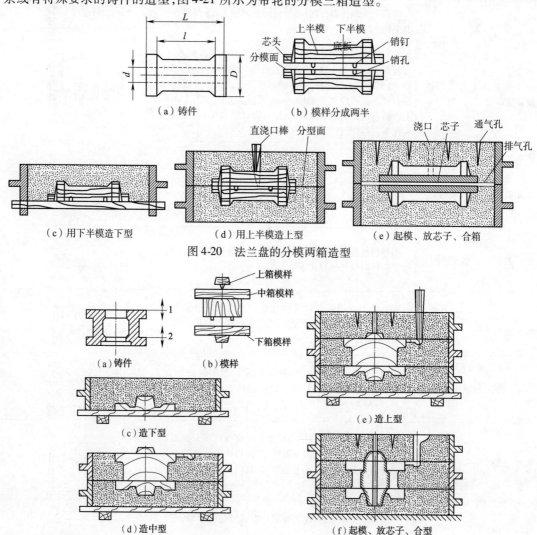

（a）铸件　　　　　（b）模样分成两半

（c）用下半模造下型　　　（d）用上半模造上型　　　（e）起模、放芯子、合箱

图 4-20　法兰盘的分模两箱造型

（a）铸件　（b）模样

（c）造下型　　　（e）造上型

（d）造中型　　　（f）起模、放芯子、合型

图 4-21　带轮的分模三箱造型

任务三　特种铸造实训

特种铸造是指砂型铸造方法以外的铸造方法。特种铸造有好多种,常用的有金属型铸造、压力铸造、熔模铸造、离心铸造、低压铸造、连续铸造、真空吸铸等。在长期的生产实际中,人们以砂型铸造为基础,从造型、浇注、凝固和模样等方面进行研究和改进,发明了特种铸造。特种铸造与砂型铸造有较大区别,它们各有特点,适用于不同的生产需要。

一、金属型铸造

金属型铸造是将液体金属浇入金属铸型,获得铸件的一种铸造方法。由于铸型采用金属制成,可以反复使用多次(几百次至上万次),因此金属型铸造又称永久型铸造。由于金属型的制作成本比木模高,故而不适于单件或小批量铸件的成形。金属型铸造主要适用于铝、镁等轻有色合金中小型铸件的制造,也用于生产黑色金属铸件,如磨球、铸锭、压缩机缸体、转子等。金属型铸造的铸件在汽车、摩托车、航空航天、农业、机械等领域获得了广泛应用。

二、压力铸造

压力铸造是将液态或半液态合金在高压作用下,以高速充填铸型型腔,并在高压作用下结晶凝固而获得铸件的特种铸造工艺。高压力和高速度是压力铸造时液体金属充填成型过程的两大特点,也是压力铸造与其他铸造方法最根本的区别。

三、熔模铸造(失蜡铸造)

熔模铸造又称"失蜡铸造",通常是在蜡模表面涂上数层耐火材料,待其硬化干燥后,将其中的蜡模熔去排去,硬壳成为铸型,硬壳的内腔就是铸型的型腔,再经过焙烧,然后进行浇注,熔融的金属液浇注充满型腔并凝固后变成铸件。由于获得的铸件具有较高的尺寸精度和较低的表面粗糙度,故又称"熔模精密铸造"。

图 4-22 所示为典型零件的熔模铸造实例,其主要工艺过程是:

1. 制造蜡模

根据铸件图制造压型,如图 4-22(a)所示,压型内腔与铸件外形一致,将熔化的蜡料压入压型内腔,凝固后即可成蜡模。

2. 组合蜡模

如图 4-22(b)所示,蜡模从铸型中取出后,稍加修整便可焊接在预先制好的浇注系统上,形成蜡模组,这样可提高生产率。

3. 制造模壳

蜡模表面黏附一层石英砂,经处理使石英砂硬化,如此多次重复形成较厚的硬壳,加热使蜡模熔化形成中空的硬壳,制成铸型,如图 4-22(c)所示。把铸型(硬壳)放入电炉中高温焙烧,清除残蜡,提高其强度。

4. 填砂和浇注

如图 4-22(d)所示,把铸型放置砂箱内并在其周围填砂,便可浇注,待凝固冷却后,脱壳取出铸件,进行清理。

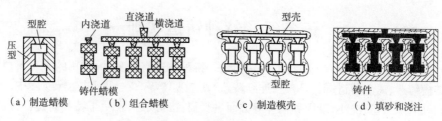

图 4-22 熔模铸造工艺过程

（a）制造蜡模　（b）组合蜡模　　　（c）制造模壳　　　（d）填砂和浇注

四、离心铸造

离心铸造是将液体金属浇入旋转的铸型中，使之在离心力的作用下，完成充填和凝固成形的一种铸造方法，为实现这一工艺过程，必须采用离心铸造机以创造铸型旋转的条件。根据铸型转轴在空间位置的不同，常用的有立式和卧式离心铸造机两种。

立式离心铸造时，铸型绕垂直轴旋转，此工艺主要用来生产高度小于直径的圆环形铸件。图 4-23 所示为立式离心铸造圆环铸件示意图。

卧式离心铸造时，铸型绕水平轴旋转，主要用来生产长度大于直径的套筒、套管铸件。有时用于生产壁较薄、细长的管状铸件。图 4-24 所示为卧式离心铸造筒形铸件示意图。

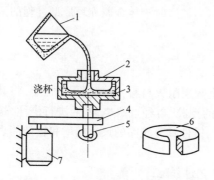

图 4-23　立式离心铸造圆环铸件示意图
1—浇包；2—铸型；3—金属液；4—传送带和带轮；
5—轴；6—铸件；7—电动机

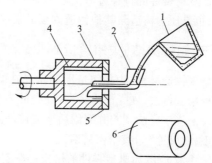

图 4-24　卧式离心铸造筒形铸件示意图
1—浇包；2—浇注槽；3—铸型；
4—金属液；5—端盖；6—铸件

阅读材料　铸　造　概　述

1. 铸造成形技术生产特点

铸造生产是一种独特的加工工艺方法，其主要特点是：

①铸造适用范围广，可以生产尺寸从几毫米到几十米、质量从几克到几百吨、形状和结构十分复杂的铸件，更为重要的是可以形成难以切削加工的铸件内腔，如各种箱体、螺旋桨、机床床身等。

②铸造经济实用。铸造采用的材料如金属合金、型砂等，来源广泛、价格低廉，铸件毛坯形状与零件相接近，节省了材料、能源和加工费用，提高了生产效率。

③熔炼金属的过程中，可以调整铸件的化学成分和金相组织，改善其性能要求，满足对零件

的各种功能需要。

④铸造生产也面临许多缺点和难点,如铸件质量不稳定、容易产生环境污染等。

2. 铸造的分类

铸造生产的历史悠久,现正在使用的铸造种类很多,分类方法也较多,根据生产类型,铸造的常见分类方法如图4-25所示。

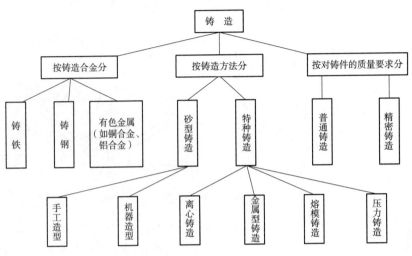

图4-25　铸造的常见分类方法

3. 铸造工艺方案与参数的确定

1)铸件结构的改进

铸件结构的合理性主要表现在:铸造工艺过程简单、方便浇注、缺陷少、废品率低、生产率高、成本低、便于加工,不合理的铸件结构主要表现在以下几方面:

如果铸件壁厚太薄,金属熔液流动性变差,会产生浇不足、浇不到现象,从而使铸件报废。对常用铸造合金材料要求的最小壁厚见表4-2。

表4-2　砂型铸造的铸件允许的最小壁厚　　　　　　　　单位:mm

铸造合金材料	铸件轮廓尺寸				
	100~200	200~400	400~600	600~800	大于800
灰口铸铁	3	4	5	6	8
球墨铸铁	4	6	8	10	12
铸钢	8	9	11	11	14
铝合金	3	5	6	8	10

铸件的壁也不应设计得太厚;否则,厚壁中心部分冷却速度慢,晶粒容易变粗大,可能会出现缩孔、缩松等缺陷,导致力学性能降低。各种合金铸件的最大临界壁厚不能超过最小壁厚的3倍。铸件壁厚应随铸件尺寸增大而相应增大,在适宜壁厚的条件下,既方便铸造,又能充分发挥材料的力学性能。

图4-26所示为两个轮辐不同的带轮铸件。在图4-26(a)中,带轮的轮缘和轮辐结构比轮毂薄,冷却速度较快,比轮毂先收缩,对轮毂施加压力,处于临界温度以上的轮毂被压缩而产生塑性变形,应力随之消失。但当轮毂温度降至临界温度以下,进行收缩时,却要受到先已冷却的轮缘

和轮辐的阻碍,轮辐受到拉应力作用,如果拉应力大于轮辐强度,轮辐就会发生断裂,使铸件报废。在图4-26(b)中,将轮辐的辐条由直形改变成弯曲形,在轮辐受到拉伸或压缩时,就可能产生少量变形,这样就可减少效应力,使轮辐不易破坏。

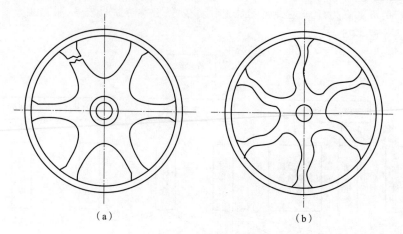

(a)　　　　　　　　　　(b)

图 4-26　带轮铸件

图4-27所示为铸件中壁与壁相交的常见结构,图4-27(a)中,壁与壁相交的是尖的直角边,容易产生应力和裂纹,图4-27(b)中是改进后的壁与壁相交结构,尖的直角变成过渡圆弧角,防止裂纹产生,比较合理。

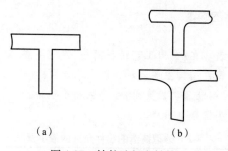

(a)　　　　　(b)

图 4-27　铸件壁相交结构

2)浇注位置的确定

铸件的浇注位置是指浇注时铸件在铸型中的位置和状态。它的选择正确与否,对铸件质量、铸造工艺、劳动生产率和铸件精度,均有很大的影响。确定铸件的浇注位置,应从铸件形成全过程综合考虑。铸件的充填和凝固过程控制,涉及多种因素,如合金种类、铸件结构、铸型条件、浇注工艺等,也要考虑技术要求的内容,具体分析。如铸件的厚大部分在凝固过程容易出现收缩类缺陷,大平面在浇注过程中容易出现夹砂结疤,薄壁部位容易发生浇不到、冷隔。尺寸厚薄相差较大的部位容易应力集中而发生裂纹。还有一些重要加工面、受力较大的部位、主要承受压力(液压、气压)的部位等。在确定浇注位置时应优先或重点考虑,使之便于采取工艺措施防止各种铸造缺陷和保证内在质量。另外,确定铸件浇注位置时,还应兼顾造型、下芯操作的方便程度。选择铸件浇注位置的主要原则有:

(1)铸件上的重要工作面和大平面应尽量朝下或垂直安放

铸件在浇注时,朝下或垂直安放部位的质量一般都比朝上安放的高。因为铸件下部的组织致密,夹渣、砂眼和气孔等缺陷少。

图 4-28 所示为飞机壁板类铸件,其弧形表面要求平整光洁,没有表面缺陷;对带筋的一面要求相应较低,所以该铸件的浇注位置应将弧形表面朝下安放。各种机床床身的导轨部位不允许有任何缺陷,所以床身的浇注位置,一般情况下都是将导轨朝下。

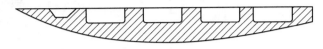

图 4-28　飞机壁板类铸件

(2)应保证铸件有良好的液态金属导入位置,保证金属熔液能充满型腔

决定浇注位置时,应根据铝、镁合金铸件经常采用底注式或垂直缝隙式浇注系统、内绕道均匀地设置在铸件的四周和要求液体金属平稳地流入型腔等特点,选择合理的浇注位置。

图 4-29 所示为壳体铸件浇注位置的两种方案,图 4-29(a)中所示的浇注位置不合理,因为合金液在型腔中的下落高度大,容易引起冲击、飞溅现象造成冲毁砂型和产生二次氧化夹渣。同时该浇注位置还有砂芯安放不便和稳定性差的缺点。若采用图 4-29(b)所示的浇注位置,就可消除上述缺点。

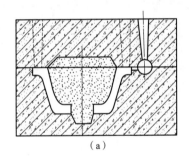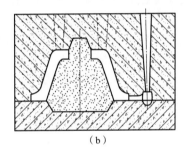

（a）　　　　　　　　　　　　　（b）

图 4-29　壳体铸件浇注位置的两种方案选择

(3)保证铸件能依自下而上的顺序凝固

为满足该原则,应尽量将铸件的厚大部分朝上安放,以便在其上面安放冒口,促使铸件自下而上地向冒口方向顺序凝固。这一原则对体收缩较大的铝、镁合金铸件尤为重要。

3)分型面的选择

在砂型铸造中,为完成造型、取模、设置浇冒口和安装砂芯等需要,砂型型腔必须由两个或两个以上的部分组合而成,一般至少有两个砂箱,砂型与砂型之间的分界面称为分型面。两箱造型有一个分型面,三箱造型有两个分型面。分型面主要由铸件的结构和浇注位置确定,同时还要考虑便于造型和起模、合理设置浇口和冒口、正确安装砂芯等因素。一个铸件确定分型面有时有几个方案,应全面考虑,找出最佳方案。选择分型面应尽量满足以下原则:

①分型面尽量取铸件最大截面处,以便造型时起模。图 4-30(a)所示为带斜边的法兰零件,若以最大截面 F_1-F_1 为分型面,显然非常容易起模[见图 4-30(b)];若以 F_2-F_2 为分型面,显然无法起模[见图 4-30(c)]。分型面应尽量选择平面。

②减少分型面数量。应尽量使铸型只有一个分型面,以便采用工艺简便的两箱造型。多一个分型面,造型时间加长,增加误差,增加了砂箱的数量,提高了劳动强度,容易使铸件报废,分型面多也不适宜机器造型。

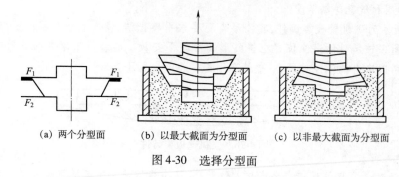

(a) 两个分型面   (b) 以最大截面为分型面   (c) 以非最大截面为分型面

图 4-30　选择分型面

③尽量使铸件全部或大部置于同一砂箱内,以保证铸件精度,提高铸件质量。

4)浇注系统结构

在砂型中,熔融金属液在浇注时流入型腔的路线(通道)称为浇注系统。典型的浇注系统见图 4-18,包括外浇道(又称浇口杯)、直浇道、横浇道、内浇道,浇注时金属液流向是:

浇包→外浇道→直浇道→横浇道→内浇道→型腔。

浇口杯的作用是承接并导入液态金属,并使液态金属在浇口杯内有短暂的停留,减弱对砂型的冲击,同时使熔渣上浮,阻止熔渣进入型腔。直浇道是浇注系统中的垂直通道,引导液态金属流入型腔,其高度可使金属液产生静压力,以便迅速充满型腔。横浇道是浇注系统中的水平通道,截面常为梯形,一般设在内浇道上面,起到挡渣和分配金属液流进内浇道的作用。内浇道与型腔直接相连可控制金属液流入型腔的速度和方向。若浇注系统的设计不合理,铸件易产生冲砂、砂眼、夹渣、浇不足、气孔和缩孔等缺陷。

5)常用工艺参数的设计

铸造工艺设计参数是指铸造工艺设计时需要确定的某些数据,这些工艺数据一般都与铸件的精度有密切关系。工艺参数选取的准确、合适,才能保证铸件尺寸精确,为造型、制芯、下芯、合箱创造方便,提高生产率,提高铸件精度。

(1)加工余量

在铸件加工表面上留出的,准备切削去的金属层厚度称为机械加工余量。加工余量过大,将浪费金属材料和切削加工工时,增加零件成本;过小,则不能完全除去铸件表面的缺陷,甚至露出铸件表皮,达不到设计要求,因此选择合适的加工余量有着很重要的意义。一般而言,铸造性能好(如灰口铸铁)的铸件所需加工余量小,轮廓尺寸大的铸件所需加工余量大,变形大的铸件所需加工余量大,精密铸造的铸件所需加工余量小。

(2)起模斜度

为了方便起模,在模样、芯盒的出模方向留有一定斜度,以免损坏型芯。这个预留的斜度,称为起模斜度。起模斜度应在铸件上没有结构斜度的、垂直于分型面(分盒面)的表面。其大小应依模样起模高度、表面粗糙度以及造型(芯)方法而定。

(3)最小铸出孔及槽

铸件上的孔、槽、台阶等,是铸造形成的,还是机械加工形成的,应从铸件铸造工艺要求及生产效率等方面全面考虑。一般说来,较大的孔、槽应铸出来,以便节约金属和加工工时,同时还可以避免铸件局部过厚所造成的热节,提高铸件质量。较小的孔、槽,或者铸件壁很厚,则不宜铸出,直接加工反而方便。表 4-3 所示为最小铸出孔直径,供参考。表中的最小铸出孔直径指的是毛坯孔直径。

表 4-3 铸件的最小孔径

生产批量	最小铸出孔直径 D/mm	
	灰铸铁	铸钢件
大量生产	12 ~ 15	—
成批生产	15 ~ 30	30 ~ 50
单件、小批量生产	30 ~ 50	50

4. 典型零件铸造工艺分析

图 4-31 所示为一支承套，用 HTl50 铸造，年产量 500 件，试设计该毛坯制造工艺。

该支承套制造工艺为：

（1）分析铸件质量要求和结构特点

该零件轮廓尺寸为 $\phi80$ mm×100 mm，平均壁厚为 8 mm，零件质量小。其内、外圆柱面是铸件质量要求最高的部位，不允许有任何铸造缺陷。

（2）选择造型方法

因为是成批生产，故选择机器造型（芯）。

（3）确定浇注位置和分型面

铸件轴线处于水平浇注位置时，易使铸件上部产生砂眼、气孔和夹杂物等缺陷，且组织不细密，力学性能差，难以满足支承套的工作要求。

铸件轴线处于垂直位置，浇注时可使铸件主要加工面处于铸件侧面，利于保证铸件质量要求。

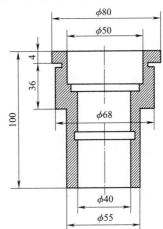

图 4-31 支承套零件图

当分型面为轴向对称分型时（图 4-32 中Ⅰ），此方案采用分模两箱造型，型腔较浅，造型、下芯方便。但分型面通过铸件圆柱面，易产生飞翘（飞边）和毛刺等缺陷，不易清除干净，若有微量错型（错箱），会影响铸件外形。

若分型面采用径向分型（图 4-32 中Ⅱ），此方案造型，下芯较方便，且克服了轴向对称分型产生的缺点。

所以，该零件的浇注位置为铸件轴线垂直，分型面为径向分型（图 4-32 中Ⅱ）。

（4）确定工艺参数

根据铸件尺寸查阅，加工余量等级为 8 级，已知高度方向公称尺寸为 100 mm。径向公称尺寸为 $\phi80$ mm 的一半，即 40 mm。查表可得，顶面加工余量为 6.5 mm，底面为 4.5 mm，外圆单边加工余量为 6.0 mm。铸孔的单边加工余量与顶面相同，取 6.5 mm。

轴向收缩率可取 1%，径向可以不考虑。因为圆柱面都是加工表面，零件上 $\phi80$ mm 外圆的起模斜度取 "+1/0"，$\phi55$ mm 外圆侧面的起模斜度取 "+1.5/0"。考虑外圆的加工余量后，外圆的加工余量和起模斜度如图 4-32 所示。

为了简化造型和制芯工艺，不铸出内、外窄槽和 $\phi50$ mm 等台阶孔，因此可采用一个垂直型芯。

（5）确定型芯尺寸

已知型芯的有效高度 $L = 111 × (100 + 6.5 + 4.5)$ mm，$D = 27 × (40 - 6.5 × 2)$ mm。

查表可得，型芯头的高度、斜度和间隙尺寸，如图 4-32 所示。

（6）确定铸造圆角

查表可得，铸件上有三处增加了铸造圆角，即两处外圆角 $R_o = 5$ mm，一处内圆角 $R_j = 6$ mm，如图 4-32 所示。

（7）设计浇、冒口系统

考虑铸件质量小，高度不大，有型芯，铸件呈圆柱形，采用顶注式浇注系统，不用横浇口，沿铸件切线开设内浇口。因铸件下小上大，内浇口开在铸件顶部也有利于补缩，故不设计冒口，为便于清理内浇口和不损伤铸件顶面，内浇口截面采用高梯形，如图 4-32 所示。

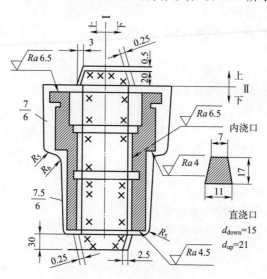

图 4-32　支承套铸造工艺图

（8）绘制铸造工艺图

铸造工艺图如图 4-32 所示。

思考与实训

1. 什么是铸造？铸造生产有何特点？
2. 造型材料型砂和芯砂应具备哪些性能？
3. 简述砂型铸造手工造型的特点和应用。
4. 简述整模造型、分模造型方法的特点及应用场合。
5. 为什么说机器造型是现代砂型铸造生产的基本方式？
6. 什么叫浇注系统？浇注系统各部分的作用有哪些？

项目五 焊接实训

学习目标

1. 了解焊接工艺。
2. 熟悉手工电弧焊设备,掌握手工电弧焊焊接接头形式、接头位置及操作过程。
3. 熟悉氧气切割原理、切割过程和金属气割条件。
4. 了解二氧化碳气体保护焊、氩弧焊、埋弧自动焊、电阻焊等其他焊接方法。

导入:21世纪的中国正在成为全球制造中心,我国传统制造业面临全面的升级和技术创新。焊接材料、工艺、装备的交叉融合发展是促进焊接技术快速进步的关键,焊接过程的安全、健康与环境越加重要,随着焊接材料向低能耗、高效率、优质化方向发展,焊接技术向柔性化、复合化、绿色化方向创新,焊接装备向数字化、智能化、网络化方向转型。

焊接实训的目标是使学生掌握常用现代焊接设备的基本理论、基本知识和实验技能等专业知识,具有根据不同焊接工艺方法正确选择与合理使用各类弧焊电源以及排除常见故障的能力。

"一枪三焊"破解复兴号"腿脚"难题——李万君。作为全国铁路第六次大提速主力车型,时速250 km动车组在长客股份公司试制生产,由于转向架环口要承载重达50 t的车体质量,因此成为高速动车组制造的关键部位,其焊接成形质量要求极高。试制初期,因焊接段数多,焊接接头极易出现不熔合等严重质量问题,一时成为制约转向架生产的瓶颈。关键时刻,李万君凭着一股子钻劲,终于摸索出了"环口焊接七步操作法",成形好、质量高,成功突破了批量生产的关键。这项令国外专家十分惊讶的"绝活",现已经被纳入生产工艺当中。

任务一　焊条电弧焊训练

焊条电弧焊(又称手工电弧焊)是用手工操纵焊条进行焊接的电弧焊方法,如图5-1所示。它是利用焊条与焊件之间产生的电弧热,熔化焊条和焊件接头处,再经冷却凝固,达到原子结合的焊接过程。焊条电弧焊因操作方便、灵活,设备简单等优点,是目前生产中应用最为广泛的一种焊接方法。

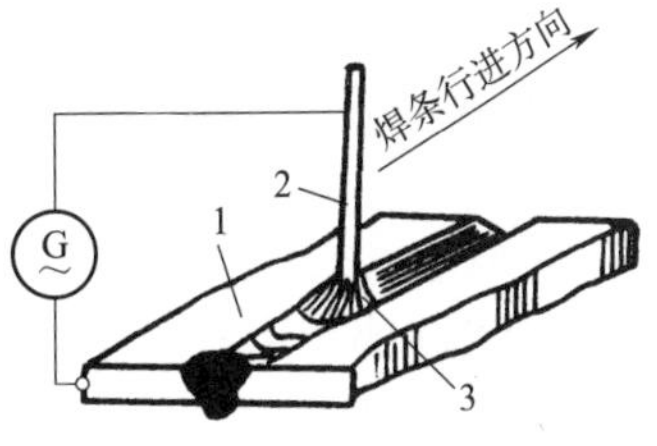

图5-1　焊条电弧焊
1—焊件;2—焊条;3—电弧

一、焊条电弧焊设备

(一)电弧焊机

电弧焊机(简称电焊机)是手工电弧焊的主要设备,按电流的种类不同,可分为交流电弧焊机和直流电弧焊机。为了便于引弧,保证电弧的稳定燃烧,电弧焊机必须满足以下基本要求。

①要有一定的空载电压,以便引弧。一般控制在 45 ~ 80 V,既能顺利起弧,又能保证操作者安全。

②要有适当的短路电流。因引弧时总是先有短暂的短路,短路电流过大,会引起电弧焊机的过载,甚至损坏。一般短路电流不超过工作电流的 1.5 倍。

③当电弧长度发生变化时,要求焊接电流的波动要小,以保持电弧和焊接规范的稳定性。

④焊接电流要可以调节。以满足焊接不同材料和厚度的工件。

1. 交流弧焊机

交流弧焊机如图 5-2 所示,它是一种特殊的变压器,称为弧焊变压器,普通变压器的输出电压是恒定的,而弧焊变压器的输出电压随输出电流(负载)的变化而变化。空载时为 60 ~ 80 V,既能满足顺利引弧的需要,又对人身比较安全。起弧后,电压会自动下降到电弧正常工作所需的 20 ~ 30 V;当短路起弧时,电压会自动降到趋近于零,使短路电流不至于过大而烧毁电路设备。一般交流弧焊机的电流调节分为两级:一级是粗调,通过改变线圈抽头的接法实现电流的大范围调节;另一级是细调,通过旋转调节手柄改变弧焊机内线圈或动铁芯的位置,从而得到所需的焊接电流。

交流弧焊机结构简单,价格便宜,使用可靠,维修方便,工作噪声小,缺点是焊接时电弧不够稳定。

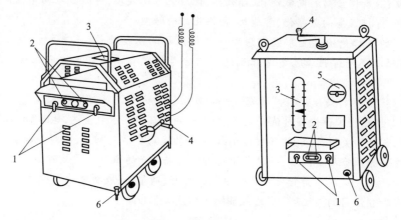

图 5-2　交流弧焊机

1—输出电极;2—线圈抽头;3—电流指示表;4—调节手柄;5—转换开关;6—接地螺钉

2. 直流弧焊机

直流弧焊机供给焊接电弧的电流是直流电。它分为整流式直流弧焊机和发电机式直流弧焊机。

(1)发电机式直流弧焊机

它是由一台具有特殊性能的、能满足焊接要求的直流发电机供给焊接电流,发电机由一台同轴的交流电动机带动,两者装在一起组成一台直流弧焊机。如图 5-3 所示,它结构比较复杂、价格高、使用噪声大,且维修困难。

(2)整流式直流弧焊机

整流式直流弧焊机是以弧焊整流器为核心的焊接设备,如图 5-4 所示。弧焊整流器将交流电经变压器降压并整流成直流电源供焊接使用。常用的直流弧焊机有硅整流式直流弧焊机和晶闸管式整流直流弧焊机。它既弥补了交流弧焊机电极稳定性不好的缺点,又比发电机式直流弧焊机结构简单、维修容易、噪声小。

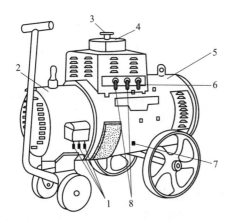

图 5-3　发电机式直流弧焊机

1—外接电源;2—交流电动机;3—调节手柄;4—电流指示盘;
5—直流发电机;6—正极抽头;7—接地螺钉;8—焊接电源两极

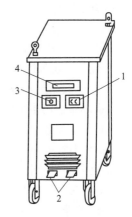

图 5-4　硅整流式直流弧焊机

1—电源开关;2—焊接电源两极;
3—电流调节器;4—电流指示盘

(二)电焊条

1. 电焊条(简称焊条)的组成及各部分的作用

焊条由焊芯和压涂在焊芯表面的药皮两部分组成,如图 5-5 所示。

(1)焊芯

焊芯是被药皮包裹着具有一定长度和直径的金属丝。
焊芯的作用:①作为电弧电极,传导焊接电流;②熔化后作

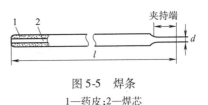

图 5-5　焊条

1—药皮;2—焊芯

填充金属与液体母材金属熔合形成焊缝。常用焊芯材料有碳素钢、合金钢和不锈钢三种。普通电焊条的焊芯都是用碳素钢制成的,其规格见表 5-1。

表 5-1　碳素钢焊条焊芯尺寸

焊芯直径 d/mm	1.6	2.0	2.5	3.2	4.0	5.0	5.6	6.0	6.4	8.0
焊芯长度 l/mm	200~250	250~350		350~450			450~700			

常用碳素结构钢焊芯牌号有 H08A、H08MnA、H15Mn 等。

(2)药皮

药皮是包裹在焊芯表面的涂料层,它含有稳弧剂、造气剂和造渣剂。因此它有如下作用:

①改善焊接工艺性能。药皮可使电弧容易引燃并保持电弧稳定燃烧,容易脱渣,焊缝成形良好,适用全位置焊接。

②保护熔池和焊缝金属。在电弧的高温作用下,药皮分解所产生的气体和熔渣对熔池和焊缝金属起保护作用,防止空气对金属的有害作用。

③化学冶金作用。通过药皮在熔池中的化学冶金作用去除氧、氢、硫、磷等有害杂质,同时补充有益的合金元素,改善焊缝质量,提高焊缝的力学性能。

采用不同材料、按不同的配比设计药皮可适用于不同焊接需求的药皮类型。常用药皮类型有碳素钢药皮和低合金钢药皮、不锈钢焊条药皮和铬钼钢焊条药皮。而根据药皮产生熔渣的酸碱性,又将药皮分为酸性药皮和碱性药皮,与之相应的焊条称为酸性焊条或碱性焊条。

2. 焊条的型号和牌号

（1）焊条的型号属于国家标准

下面以最常见的碳素钢焊条为例说明型号，它一般由字母 E 加四位数字组成，首字母"E"表示焊条，其后两位数字表示熔敷金属抗拉强度的最小值，其单位为 kgf/mm²，第三位数字表示焊条的焊接位置，"0"及"1"表示焊条适用于全位置焊接（平、立、仰、横），"2"表示焊条适用于平焊及平角焊，"4"表示焊条适用于下向立焊，第三位和第四位数字组合时表示焊接电流种类及药皮类型。如 E4303，E 表示焊条，43 表示熔敷金属抗拉强度不低于 43 kgf/mm²，0 表示适用于全位置焊接，03 表示钛钙型药皮，并可采用交流或直流正、反接。

（2）焊条的牌号是焊接材料行业统一的焊条代号

焊条代号通常以一个汉语拼音字母（或汉字）与三位数字表示。拼音字母（或汉字）表示焊条各大类。后面的三位数字中的前两个表示各大类中的若干小类，第三位数字表示各种焊条牌号的药皮类型及焊接电流种类。如 J507，J 表示结构钢焊条，50 表示熔敷金属的抗拉强度不低于 50 kgf/mm²，7 表示低氢钠型药皮，并可采用直流焊接。

二、手工电弧焊操作过程

1. 引弧

使焊条与工件间产生稳定电弧的操作即为引弧。常用的引弧方法有划擦法和敲击法两种，如图 5-6 所示。划擦法引弧是将焊条对准焊件，在其表面上轻微划擦形成短路，然后迅速将焊条向上提起 2~4 mm 的距离，电弧即被引燃；敲击法引弧是将焊条对准焊件并在其表面上轻敲形成短路，然后迅速将焊条向上提起 2~4 mm 的距离，电弧即被引燃。

2. 运条

运条是在引弧以后为保证焊接的顺利进行而做的动作，焊接时焊条要同时完成三种基本运动（见图 5-7）：①焊条向下进给运动。进给速度应等于焊条的熔化速度，以保持稳定的弧长。②焊条沿焊缝方向移动。③焊条沿焊缝横向移动。焊条以一定的轨迹周期性地向焊缝左右摆动，以获得所需宽度的焊缝。

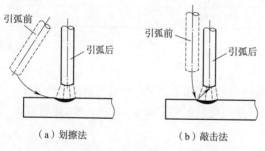

（a）划擦法　　　（b）敲击法

图 5-6 引弧方法

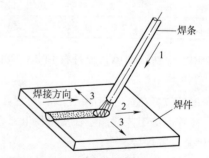

图 5-7 运条基本动作
1—焊条向下运动；2—焊条沿焊缝方向移动；
3—焊条横向移动

3. 收尾熄弧

焊缝收尾时要求尽量填满弧坑。收尾的方法有划圈法（在终点作圆圈运动、填满弧坑）、回焊法（到终点后再反方向往回焊一小段）和反复断弧法（在终点处多次熄弧、引弧、把弧坑填满）。回焊法适于碱性焊条，反复断弧法适于薄板或大电流焊接。熄弧操作不好，会造成裂纹、气孔、夹渣等缺陷。

任务二　气焊和气割实训

一、气焊

气焊是利用可燃性气体和氧气混合燃烧产生的火焰,来熔化工件和焊丝进行焊接的方法。通常使用的可燃性气体是乙炔。其工作原理如图5-8所示。

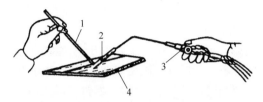

图5-8　气焊工作图
1—焊丝;2—气焊火焰;3—焊炬;4—焊件

氧气与乙炔气在焊炬中混合,点燃后产生高温火焰,熔化焊件连接处的金属和焊丝形成熔池,经冷却凝固后形成焊缝,从而将焊件连接在一起。气焊时焊丝只作填充金属,和熔化的母材一起组成焊缝。在气体燃烧时,产生大量的一氧化碳和二氧化碳等气体笼罩熔池,起保护作用。

1. 气焊设备与工具

气焊设备主要由氧气瓶、乙炔瓶(或乙炔发生器)、减压器、回火保险器、焊炬、输气管等组成,如图5-9所示。

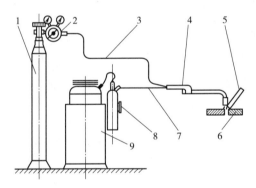

图5-9　气焊装置示意图
1—氧气瓶;2—减压器;3—氧气管;4—焊炬;5—焊丝;
6—焊件;7—乙炔管;8—回火保险器;9—乙炔瓶

(1)氧气瓶

氧气瓶是储存和运输高压氧气的钢瓶。常用的氧气钢瓶外表漆成天蓝色并用黑漆标上"氧气"字样。其容积为40 L,最高压力为14.7 MPa。为防止氧气瓶爆炸,它必须放置平稳,不得与其他气体混放;氧气瓶应与工作地点或其他火源相隔5 m以上,禁止撞击气瓶,严禁在瓶上沾染油脂,瓶内氧气不能用完,应留有余量,不得低于2个标准大气压。输送氧气的管道应用绿色或黑色导管。

（2）乙炔瓶

乙炔瓶是储存、溶解乙炔的钢瓶，其外形与氧气瓶相似，外表漆成白色，并用红漆写上"乙炔"字样。乙炔瓶内装有浸满丙酮的多孔性复合材料，由于丙酮有很高的溶解乙炔的能力，可使乙炔稳定而又安全地储存在瓶内。乙炔瓶限压 1.52 MPa，容积为 40 L。使用乙炔时，为保证安全，必须配备回火保险器，瓶体温度不得超过 30 ℃，搬运、存放和使用时应直立放稳，严禁剧烈震动，乙炔瓶和氧气瓶之间距离不小于 5 m。瓶附近严禁烟火，乙炔瓶和气路连接不得有泄漏，乙炔瓶与工作场地之间距离不得小于 10 m。

（3）减压器

氧气和乙炔气一般都是瓶装的高压气体，必须经过减压器减压后才能接入焊炬（割炬）供焊接（气割）用，同时减压器要保持焊接过程中气体压力基本稳定。减压器构造如图 5-10 所示。使用时先缓慢打开氧气瓶（或乙炔瓶）阀门，然后旋转减压器调压手柄，待压力达到所需要的压力（氧气压力为 0.1～0.4 MPa）时为止。停止工作时先松开调压螺钉，再关闭氧气瓶（或乙炔瓶）阀门。

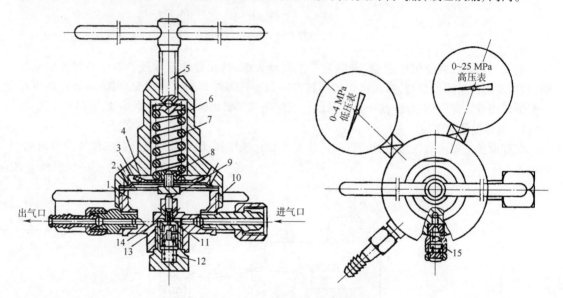

图 5-10　QD-1 型氧气减压器的构造

1—低压气室；2—耐油橡胶平垫片；3—薄膜片；4—弹簧垫块；5—调压螺钉；6—罩壳；7—调压弹簧；
8—螺钉；9—活门顶杆；10—本体；11—高压气室；12—副弹簧；13—减压阀门；14—阀门座；15—安全阀

（4）回火保险器

回火保险器装在乙炔减压器和焊炬之间，其作用是防止火焰沿乙炔管路往回燃烧（回火现象）。如果回火蔓延到乙炔瓶内将引起爆炸，因此，必须安装回火保险器。回火保险器的工作原理如图 5-11 所示。

（5）焊炬

焊炬又称焊枪，是用于控制气体混合比、流量及火焰并进行焊接的工具。按可燃气体和氧气混合方式不同，焊炬分为射吸式和等压式两种。图 5-12 所示为射吸式焊炬，其常用型号有 H01-2 和 H01-6 等，其中"H"表示焊炬，"0"表示手工，"1"表示射吸式，"2"和"6"表示可焊低碳钢板的最大厚度分别为 2 mm 和 6 mm。各种型号焊炬均配有 3～5 个大小不等的喷嘴，供焊接不同厚度的钢板时选用。

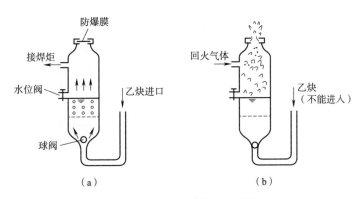

图 5-11　回火保险器工作原理

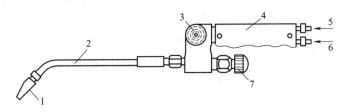

图 5-12　H01-6 焊炬构造图

1—焊嘴;2—混合管;3—乙炔阀门;4—手柄;5—乙炔气;6—氧气;7—氧气阀门

工作时,先打开氧气阀门,后打开乙炔阀门,两种气体在混合管内均匀混合,从焊嘴喷出点火燃烧。控制各阀门的大小,可调节氧气和乙炔的不同比例。

2. 气焊材料

（1）焊丝

气焊时焊丝被不断送入熔池内,与熔化了的母材金属熔合形成焊缝。因此焊丝的化学成分对焊缝质量影响很大。一般低碳钢焊件采用 H08、H08A 焊丝;优质碳素钢和低合金结构钢的焊接,可采用 H08Mn、H08MnH,H10Mn2 等,补焊灰铸铁时可采用 RZC-1 型或 RZC-2 型焊丝。

（2）熔剂

气焊过程中,焊剂的作用是除去焊缝表面的氧化物和保护熔池金属,在焊接低碳钢时因火焰本身已具有相当的保护作用,可不用焊剂。但在焊接有色金属、铸铁和不锈钢等材料时,必须使用相应的熔剂。熔剂可直接加入熔池中,也可在焊前涂于待焊部位与焊丝上。常用的焊剂有:CJ101（气剂101）用于焊接不锈钢、耐热钢,俗称不锈钢焊粉;CT201（气剂201）用于焊接铸铁;CJ301（气剂 301）用于焊接铜合金、铸铁。

3. 气焊火焰

焊接时。调节氧气和乙炔气的不同比例,将得到三种不同的火焰,具体分为中性焰、碳化焰和氧化焰,如图5-13 所示。

（a）中性焰

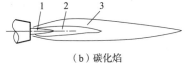

（b）碳化焰

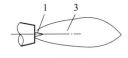

（c）氧化焰

图 5-13　氧-乙炔火焰形态

1—焰芯;2—内焰;3—外焰

（1）中性焰

当氧气与乙炔气的混合比为 1.1~1.2 时,燃烧所形成的火焰为中性焰,在燃烧区内既无过量氧又无游离碳,所以中性焰又称正常焰[见图 5-13(a)]、由焰芯、内焰和外焰三部分组成。焰芯是火焰中靠焊炬最近的呈尖锥形而发亮的部分,焰芯中的乙炔受热后分解为游离的碳和氢,还没有完全燃烧,所以温度不太高,仅为 800~1 200 ℃。内焰呈蓝白色,位于距焰芯前端约 2~4 mm 处的内焰温度,最高可达 3 100~3 150 ℃。焊接时应用此区火焰加热焊件和焊丝。外焰与内焰并无明显界限。只能从颜色上加以区分。外焰的焰色从里向外由淡紫色变为橙黄色,外焰温度在 1 200~2 500 ℃。

大多数金属的焊接都采用中性焰。如低碳钢、中碳钢、合金钢、紫铜及铝合金的焊接。

（2）碳化焰

当氧气与乙炔气的混合比小于 1.1 时,燃烧所形成的火焰为碳化焰[见图 5-13(b)]。由于氧气较少,燃烧不完全,整体火焰比中性焰长。因火焰中含有游离碳,所以它具有较强的还原作用,也有一定的渗碳作用,碳化焰最高温度为 2 700~3 000 ℃。

碳化焰适用于焊接高碳钢、铸铁和硬质合金等材料。

（3）氧化焰

当氧气与乙炔气的混合比大于 1.2 时,燃烧所形成的火焰为氧化焰[见图 5-13(c)]由于氧气充足、燃烧剧烈,火焰明显缩短,且火焰挺直并有较强的"嘶嘶"声。氧化焰最高温度为 3 100~3 300 ℃,由于具有氧化性,焊接一般碳钢时会造成金属氧化和合金元素烧损,降低焊缝质量,一般只用来焊接黄铜或锡青铜。

4. 气焊基本操作

气焊基本操作包括正确引燃和使用焊炬、起焊、焊缝接头及收尾等。

（1）点火、调节火焰、熄火

点火前,先将氧气调节阀开启少许,然后再开启乙炔调节阀,使两种气体混合后从喷嘴喷出,随后点燃。在点燃过程中,如连续发出"叭叭"声或火焰熄灭,应立即关小氧气调节阀或放掉不纯的乙炔,直至正常点燃即可。

刚点燃的火焰一般为碳化焰,不适于直接气焊。点燃后调节氧气调节阀使火焰加大,同时调节乙炔调节阀,直至获得所需要的火焰类型和能率,即可进行焊接。熄灭火焰时,应先关闭乙炔调节阀,随后关闭氧气调节阀,否则会出现大量的碳灰,并且容易发生回火。

（2）起焊及焊丝的填充

①起焊。焊接时,右手握焊炬、左手拿焊丝。起焊时,焊炬倾角可稍大些,采取往复移动法对起焊周围的金属进行预热,然后将焊点加热使之成为白亮清晰的熔池,即可加入焊丝并继续向前移动焊炬进行连续焊接。如果采用左焊法进行平焊时,焊炬倾角为 40°~50°,焊丝的倾角也为 40°~50°,如图 5-14 所示。

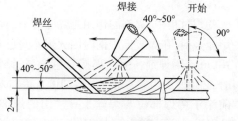

图 5-14　焊炬倾角

②焊丝的填充。正常焊接时,应将焊丝末端置于外焰火焰下进行预热,当焊丝的熔滴滴入熔池时,要将焊丝抬起,并移动火焰以形成新的熔池,然后,再继续不断地向熔池中加入焊丝熔滴,即可形成一道焊缝。

（3）焊炬与焊丝的摆动

①焊炬的摆动。焊炬的摆动有三种形式：一是沿焊缝方向作前后摆动，以便不断熔化焊件和焊丝形成连续焊缝；二是在垂直于焊缝方向作上下跳动，以调节熔池温度；三是在焊缝宽度方向作横向摆动（或打圆圈运动），便于坡口边缘充分熔合。在实际操作中，焊炬可同时存在三种运动，也可仅有两种或一种运动形式，具体根据焊缝结构形式与要求而定。

②焊丝的摆动。焊丝的摆动也有三种方式，即沿焊缝前进方向的摆动、上下和左右摆动。焊丝的摆动与焊炬的摆动相配合，才能形成良好的焊缝。

（4）接头和收尾

①焊缝接头。接头指在已经凝固的熔池处重新起焊（如更换焊丝时）。接头时应用火焰将原熔池周围充分加热，使已固化的熔池重新熔化而形成新的熔池之后，方可加入焊丝继续焊接。对于重要的焊缝，接头至少要与原焊缝重叠 8～10 mm。

②焊缝收尾。到达焊缝终点收尾时，由于温度较高，散热条件差，此时，减小焊炬倾角，加快焊接速度并多加一些焊丝使熔池面积扩大，避免烧穿。

二、气割

1. 氧气切割原理

气割是利用气体火焰的热能将工件待切割处预热到一定温度后，喷出高速切割氧气流，使其燃烧并放出热量实现切割的方法，如图 5-15 所示。气割实质上是金属在氧气中燃烧，燃烧的生成物呈熔融状态而被高压氧气流吹走的过程，又称氧气切割，气割的过程是预热—燃烧—吹渣形成切口不断重复进行的过程。

2. 金属气割的条件

①金属的燃点应低于熔点，否则金属先熔化，使切口凹凸不平。

②金属燃烧生成氧化物的熔点应低于金属本身的熔点，以便氧化物熔化后被吹掉。

③金属燃烧时要放出足够的热量，以加热下一层待切割金属，有利于切割过程的继续进行。

④金属本身导热性要低，否则热量散失，不利于预热。

⑤金属生成的液体氧化物要流动性好，黏性差，易吹除。

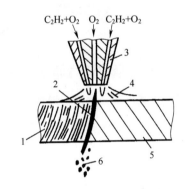

图 5-15　氧气切割示意图
1—切割后工件；2—切割氧气流；3—割嘴；
4—预热火焰；5—待切割工件；6—融渣

根据上述条件，低碳钢、中碳钢、低合金钢等适合气割，而高碳钢、铸铁、高合金钢、不锈钢、铜、铝等有色金属及其合金不能切割。

3. 气割的设备及工具

气割时，只用割炬代替焊炬，其余设备和工具与气焊相同。手工气割的割炬结构如图 5-16 所示，其结构和焊炬相比增加了一个切割氧气管路和切割氧气控制阀，割嘴的结构与焊嘴也不同。它有两个出口通道，外面一圈是预热用的乙炔与氧气的混合气体出口，中间的通道是切割用高压氧气出口，两者互不相通。

4. 气割的操作

气割时，先稍微开启预热氧气阀门，再打开乙炔阀门并立即点火。然后加大预热氧流量，形

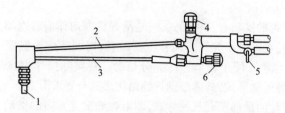

图 5-16　割炬的构造

1—割嘴;2—切割氧气管;3—预热焰混合气体管;4—切割氧阀门;5—乙炔气阀门;6—预热氧气阀门

成环形的预热火焰,对割件进行预热。待起割处被预热至燃点时,立即打开切割氧阀门,此时,氧气流将切口的熔渣吹除,并按切割线路不断缓慢移动割炬,即可在割件上形成切割口。

在气割操作过程中,关键要保持割嘴与工件间的几何关系。气割时割嘴对切口左右两边必须垂直,割嘴在切割方向上与工件之间的夹角随厚度而变化。切割 5 mm 以上的钢板时,割嘴应向切割方向后倾20°～50°;切割厚度在5～30 mm 钢板时,割嘴可始终保持与工件垂直;切割厚钢板时,开始朝切割方向前倾5°～10°,结尾后倾5°～10°,中间保持与工件垂直。割嘴离工件表面距离应始终使预热的焰芯端部距工件3～5 mm。

任务三　其他焊接方法实训

一、二氧化碳气体保护焊

二氧化碳气体保护焊是采用 CO_2 气体作为保护介质,焊丝作电极和填充金属的电弧焊方法。它主要由焊接电源、焊枪、供气系统、控制系统以及送丝机构、焊件、焊丝和电缆线等组成。其基本工作原理如图5-17 所示。

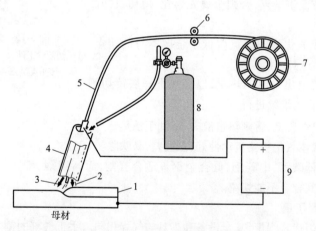

图 5-17　CO_2 气体保护焊基本原理

1—被焊金属;2—CO_2 气体;3—电弧;4—焊枪喷嘴;5—焊丝;

6—送丝滚轮;7—焊丝轴卷;8—CO_2 气瓶;9—焊机电源

焊接时,金属焊丝5 通过滚轮6 的驱动,以一定的速度进入焊嘴前端燃烧,加热被焊金属1 并形成熔池。电弧是靠焊机电源 9 产生并维持的。同时,在焊枪的喷嘴出口周围有来自 CO_2 气瓶 8 并具有一定压力的 CO_2 气体做保护,使电弧、熔池与周围空气隔绝,避免熔池被氧化。在此系统中,除焊件外,其余各组成部分均组装或连接在一台可移动的二氧化碳气体保护焊机上,且供气、送丝都由焊机自动控制,焊接时操作者只需持焊枪沿焊缝方向移动即可完成焊接操作,故又称半自动二氧化碳气体保护焊。

二、氩弧焊

用氩气作为保护气体的电弧焊称为氩弧焊,根据氩弧焊电极种类不同,可分为熔化极氩弧焊和非熔化极(钨极)氩弧焊,如图 5-18 所示。

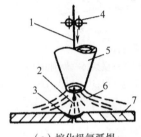
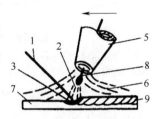

（a）熔化极氩弧焊　　　　（b）非熔化极氩弧焊

图 5-18　氩弧焊示意图

1—焊丝;2—电弧;3—熔池;4—送丝轮;5—喷嘴;
6—氩气;7—工件;8—钨极;9—焊缝

1. 钨极氩弧焊

钨极氩弧焊是采用高熔点的钨棒作为电极,焊接时钨极不熔化,仅起产生电弧的作用。填充金属从一侧送入,填充金属和焊件一起熔化形成焊缝。整个过程是在氩气的保护下进行的。

由于氩气是惰性气体,不与金属发生化学反应,不烧损被焊金属和合金元素,又不溶解于金属引起气孔,是一种理想的保护气体,能获得高质量的焊缝。氩气的导热系数小,电弧热量损失小,电弧一旦引燃,电弧非常稳定。钨极氩弧焊是明弧焊接,便于观察熔池,易于控制,可以进行全位置的焊接,但氩气价格贵,焊接成本高。熔深浅,生产率低,抗风抗锈能力差,设备较复杂,维修较为困难,通常适用于易氧化的有色金属、高强度合金钢及某些特殊性能钢(如不锈钢、耐热钢)等材料薄板焊接。

2. 熔化极氩弧焊

熔化极氩弧焊利用金属焊丝作为电极,焊接时,焊丝和焊件在氩气保护下产生电弧,焊丝自动送进并熔化,金属熔滴呈很细的颗粒喷射过渡进入熔池中。

为使电弧稳定,熔化极氩弧焊通常采用直流反接法。焊接时,电流密度大,熔池深,焊接效率高,电弧稳定,飞溅小,焊接质量高,适用于各种材料、全位置焊接,尤其适用于有色金属、耐热钢、不锈钢以及 3～25 mm 中厚板材的焊接。

三、埋弧自动焊

埋弧焊是电弧在焊剂层下燃烧进行焊接的方法。它的全称是埋弧自动焊,又称焊剂层下自动电弧焊。引弧、送丝及电弧沿焊接方向移动等过程均由焊机自动控制完成。

埋弧自动焊机一般由焊接电源、控制箱和焊车三部分组成,如图5-19所示。

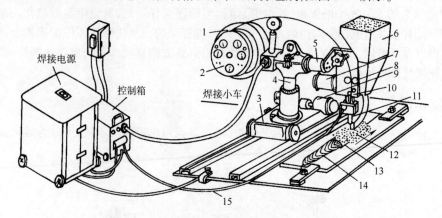

图 5-19　埋弧焊示意图

1—焊丝盘;2—操纵盘;3—车架;4—立柱;5—横梁;6—焊剂漏斗;
7—焊丝送进电动机;8—焊丝送进滚轮;9—小车电动机;10—机头;11—导电嘴;
12—焊剂;13—渣壳;14—焊缝;15—焊接电缆

埋弧自动焊焊接过程如图5-20所示,工件被焊处覆盖着一层30～50 mm厚的颗粒状焊剂,焊丝连续送进,并在焊剂层下与焊件间产生电弧,电弧的热量使焊丝、工件熔化,形成金属熔池;电弧周围的焊剂被电弧熔化成液态熔渣,而液态熔渣构成的弹性膜包围着电弧和熔池,使它们与空气隔绝。随着电弧向前移动,电弧不断熔化前方的母材金属、焊丝及熔剂,而熔池后面的金属冷却形成焊缝。液态熔渣浮在熔池表面随后也冷却形成渣壳。

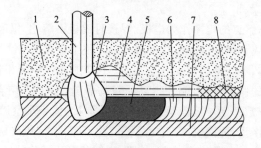

图 5-20　埋弧焊示意图

1—焊剂;2—焊丝;3—电弧;4—熔渣;5—熔池;6—焊缝;7—零件;8—渣壳

四、电阻焊

电阻焊是利用电流通过焊件接头的接触面及邻近区域产生的电阻热,将焊件加热到塑性状态或局部熔化状态,再通过电极施加压力,从而形成牢固接头的一种焊接方法。

电阻焊的基本形式有点焊、缝焊和对焊三种,如图5-21所示。

1. 点焊

点焊是焊件装配成搭接接头,主要用于焊接搭接接头,并放置在上下电极之间压紧;然后通电,产生电阻热熔化母材金属,形成焊点的电阻焊方法。

点焊变形小,工件表面光洁,适用于密封要求不高的薄板冲压件搭接及薄板、型钢构件的焊接。它广泛用于汽车、航空航天、电子等工业。

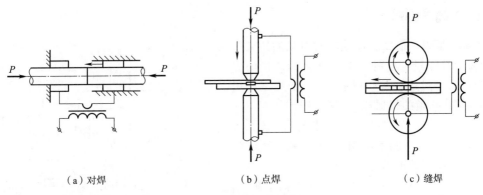

（a）对焊　　　　　　　（b）点焊　　　　　　　（c）缝焊

图 5-21　电阻焊基本形式

2. 缝焊

缝焊（又称滚焊）是焊件装配成搭接或对接接头并置于两滚轮电极之间，滚轮加压焊件并转动，连续或断续送电，形成一条连续焊缝的电阻焊方法。缝焊适用于 3 mm 以下、要求密封或接头强度要求较高的薄板的焊接。

3. 对焊

对焊分为电阻对焊和闪光对焊，如图 5-22 所示。

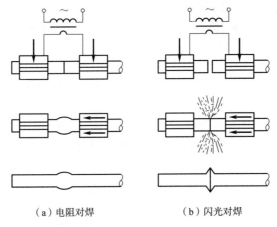

（a）电阻对焊　　　　　　　（b）闪光对焊

图 5-22　对焊

电阻对焊是将焊件装配成对接接头，使其端面紧密接触，利用电阻热加热至塑性状态，然后迅速施加顶锻力完成焊接的方法，它操作简单，接头比较光洁，但由于接头中有杂质，强度不高。

闪光对焊是将焊件装配成对接接头，接通电源，并使其端部逐渐移近达到局部接触，利用电阻加热这些接触点（产生闪光），使端面金属熔化，直至端部在一定深度范围内达到预定温度时，迅速施加顶锻力完成焊接的方法。这种焊接方法对接头表面的加工和清理要求不高，由于加工过程中有液态金属挤出，使其接触面间的氧化物杂质得以清除，接头质量比电阻对焊好，得到普遍应用，但是闪光对焊金属消耗较多，接头表面较为粗糙。

五、等离子弧焊

等离子弧焊是借助水冷喷嘴对电弧的约束作用,获得较高能量密度的等离子弧进行焊接的方法。当电弧经过水冷却喷嘴孔道时,受到三种压缩:喷嘴细小孔道的机械压缩;弧柱周围的高速冷却气流使电弧产生热收缩;弧柱的带电粒子流在自身磁场作用下,产生相互吸引力,使电弧产生磁收缩。被高度压缩的电弧,成为弧柱直径很细,气体密度很高,能量非常密集的电弧,称为等离子弧,如图5-23所示。

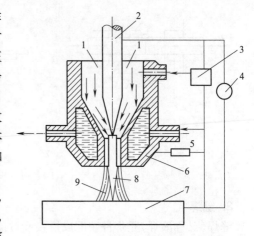

图5-23 等离子弧发生装置示意图
1—气流;2—钨极;3—振荡器;
4—直流电源;5—电阻;6—喷嘴;
7—焊件;8—等离子弧;9—保护气体

等离子弧焊的特点是:等离子弧能量密度大,弧柱温度高,穿透能力强,易于控制,焊缝质量高,焊缝深宽比大,厚度小于12 mm的工件可不开坡口,不留间隙,无须填充金属,能一次焊透双面成形。生产率高,热影响区小。但其焊炬结构复杂,对控制系统要求较高,焊接区可见度不好,焊接最大厚度受到限制。

用等离子弧可以焊接绝大部分金属,但由于焊接成本较高,故主要用在国防和尖端技术中,常用于焊接某些焊接性差的金属材料和精细工件等,如不锈钢、耐热钢、高强度钢及难熔金属材料的焊接。

任务四 典型零件焊接实训

图5-24所示为液化石油气钢瓶,壁厚3 mm,设计压力为1.6 MPa,充装质量50 kg,批量生产。试设计该液化石油气钢瓶加工工艺。

液化石油气钢瓶加工工艺:

①选择钢瓶材料。瓶体用3 mm厚钢板,冲压后焊接而成。瓶嘴用圆钢切削加工后,焊到瓶体上。根据产品使用要求,考虑到冲压、卷圆、焊接等工艺,应选用塑性和焊接性好的20钢为瓶嘴材料,15MnHp钢(Hp表示液化石油气钢瓶专用钢板材料)为瓶体材料。

②确定焊缝位置。瓶体的焊缝布置有两种方案,如图5-25所示。方案Ⅰ,瓶体由上、下两部分经冲压成形装配后焊在一起,瓶体上只有一条环形焊缝,焊接工作量小,但由于瓶体较长,难以冲压成形,故此方案不佳;方案Ⅱ,瓶体由上、下封头和筒身三部分组成。上、下封头冲压成形,筒身由钢板卷圆后焊好,再将上、下封头与筒身焊在一起。瓶体上共有三条焊缝(即一条纵向焊缝和两条环形焊缝),虽然焊接工作量较大,但上、下封头易冲压成形,故应选用此方案。

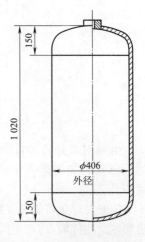

图5-24 50 kg液化石油气钢瓶简图

③焊接接头设计。瓶嘴与瓶体的焊缝,采用不开坡口角焊缝。因为是压力容器,为保证焊缝质量,筒身的纵向焊缝,采用 I 形坡口单面焊。上、下封头与筒身的环形焊缝,接头形式采用衬环对接或缩口对接,如图5-26所示。

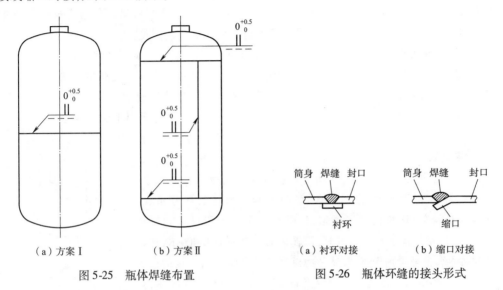

（a）方案Ⅰ　　　（b）方案Ⅱ

图5-25　瓶体焊缝布置

（a）衬环对接　　　（b）缩口对接

图5-26　瓶体环缝的接头形式

④焊接方法和焊接材料的选择。瓶嘴与瓶体的焊接,因焊缝直径较小,故采用手弧焊,焊条为 J507。瓶体环形和纵向焊缝的焊接,可采用手弧焊、气焊、埋弧自动焊或 CO_2 焊等方法进行。考虑到此产品批量生产,又是压力容器,为保证焊接质量,采用埋弧自动焊,焊丝为 H08A、H08MnA 或 H10Mn2,焊剂为 HJ430。

⑤液化气钢瓶装配图,如图5-27所示。

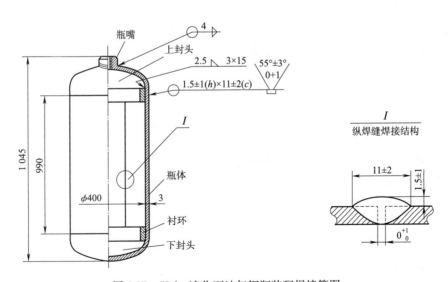

图5-27　50 kg 液化石油气钢瓶装配焊接简图

阅读材料　焊　接　概　述

焊接是指通过加热或加压,或两者并用,并且用或不用填充材料,使工件结合成一整体的加工方法。焊接的方法很多,按照焊接过程的特点通常分为以下三大类:

(1)熔焊。利用局部加热的方法,将待焊处的母材金属熔化以形成焊缝的焊接方法。

(2)压焊。焊接过程中,无论加热或不加热,都对焊件施加压力以完成焊接的方法。

(3)钎焊。采用比母材熔点低的金属材料作钎料,将焊件和钎料加热到高于钎料熔点,低于母材熔化温度,利用液态钎料润湿母材,填充接头间隙并与母材相互扩散实现连接焊件的方法。

1. 焊接电弧

焊接电弧是电极与工件间的气体介质长时间而剧烈的放电现象。焊接电弧如图 5-28 所示,它由阴极区、弧柱区和阳极区三部分组成。阴极区在阴极端部,阳极区在阳极端部,弧柱区是处于阴极区和阳极区之间的区域,用钢焊条焊接钢材时,阴极区的温度可达 2 400 K,产生的热量约占电弧总热量的 36%,阳极区的温度可达 2 600 K,产生的热量占电弧总热量的 43%,弧柱区的中心温度最高,可达 6 000～8 000 K,热量约占总热量的 21%。

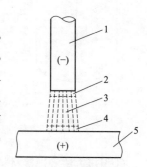

图 5-28　焊接电弧
1—焊条;2—阴极区;3—弧柱区;
4—阳极区;5—工件

用直流电焊接时,由于正负极上的热量不同,所以有正接和反接两种。当工件接正极,焊条接负极时称为正接法,这时电弧中的大部分热量集中在工件上,这种接法多用于焊接较厚的工件。若工件接负极,焊条接正极则称为反接法,用于焊接较薄的钢件和有色金属等。在使用交流电焊接时,由于电弧极性瞬时交替变化,焊条和工件上产生的热量相等,因此没有正反接问题。

2. 接头形式、坡口形式及焊缝空间位置

1)接头形式

常见的接头形式有:对接、搭接、角接和 T 形接头几种,如图 5-29 所示。

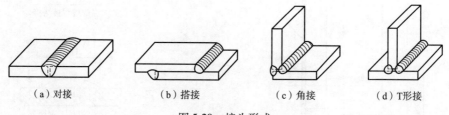

（a）对接　　　（b）搭接　　　（c）角接　　　（d）T形接

图 5-29　接头形式

2)对接接头坡口形式

当焊件较薄(小于 6 mm)时,在焊件接头处留有一定的间隙就能保证焊透;当焊件大于 6 mm 时,为了焊透和减少母材熔入熔池中的相对数量,根据设计和工艺需要,在焊件的待焊部位加工成一定几何形状的沟槽称为坡口。为了防止烧穿,常在坡口根部留有 2～3 mm 的直边称为钝边。

为保证钝边焊透也需要留有根部间隙。常见的对接接头坡口形状如图5-30所示。

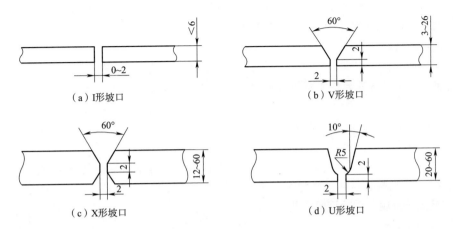

（a）I形坡口　　　　　　　　　　（b）V形坡口

（c）X形坡口　　　　　　　　　　（d）U形坡口

图5-30　接接头坡口形式

3）焊缝的空间位置

根据焊缝在空间的位置不同,可分为平焊、立焊、横焊和仰焊四种,如图5-31所示。

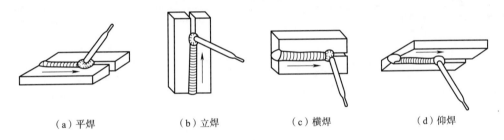

（a）平焊　　　　　　（b）立焊　　　　　　（c）横焊　　　　　　（d）仰焊

图5-31　焊缝的空间位置

平焊操作最方便,生产率高,焊缝质量好。立焊时,因熔池金属有向下滴落趋势,所以操作难度大,焊缝成形不好,生产率低。横焊时,熔池金属易下流,会导致焊缝上边咬边,下边出现焊瘤。仰焊时,操作最不方便,焊条熔滴过渡和焊缝成形都很困难,不但生产率低,焊接质量也很难保证。在立焊、横焊、仰焊时,要尽量采用小电流短弧焊接,同时要控制好焊条角度和运条方法。

3. 焊接工艺参数

焊接工艺参数主要包括焊条直径、焊接电流、电弧电压、焊接速度及焊接层数等。

1）焊条直径

应根据焊件的厚度、焊缝位置、坡口形式等因素选择焊条直径。焊件厚度越厚,选用直径越大,坡口多层焊接时,第一层用直径较小的焊条,其余各层应尽量采用大直径的焊条;非平焊位置的焊接,宜选用直径较小的焊条。

2）焊接电流

焊接电流直接影响焊接过程的稳定性和焊缝质量。焊接电流的选择应根据焊条直径、焊件厚度、接头形式、焊缝的空间位置、焊条种类等因素综合考虑。

3）电弧电压

电弧两端的电压称为电弧电压,其大小取决于电弧长度。电弧长,电弧电压高;电弧短,电弧电压低。电弧过长时,电弧不稳定,焊缝容易产生气孔。一般情况下,尽量采用短弧操作,且弧长一般不超过焊条直径。

4）焊接速度

焊接速度是指焊条沿焊接方向移动的速度。焊接速度低,则焊缝宽而高;焊接速度高,则焊缝窄而且低。焊接速度要凭经验而定。施焊时应根据具体情况控制焊接速度,在外观上,达到焊缝表面几何形状均匀一致且符合尺寸要求。

5）焊接层数

对于中厚板的焊接,除了两面开坡口之外,还要采取多层焊接才能满足焊接质量要求。具体需要焊接多少层,应根据焊缝的宽度和高度来确定。

4. 焊接质量检验与焊接缺陷分析

1）焊接缺陷分析

焊件常见的缺陷有夹渣、气孔、未焊透、咬边、裂纹和未熔合等,其中未焊透和裂纹是最危险的缺陷,在重要的焊接结构中是绝对不允许出现的,焊接缺陷将直接影响产品的安全运行,必须加以防范,常见的焊接缺陷产生的原因及防止措施见表5-2。

表5-2　常见的焊件缺陷及其分析

序号	缺陷名称	缺陷特征	示意图	缺陷形成原因	主要防止措施
1	夹渣	焊接熔渣残留在焊缝金属中	点状夹渣 条状夹渣	焊接电流太小,多层焊时,层间清理不干净,焊接速度过高	正确选用电流,正确掌握焊接速度及焊接角度;多层焊时认真清理层间渣
2	气孔	焊缝内部或表面有孔穴		焊接电流过小,焊接速度太快;焊前清理不当,有水、铁锈、油污;电弧太长,保护不好;药皮受潮	正确选用电流,正确掌握焊接速度,焊前清理干净,烘干焊条
3	未焊透	焊缝根部未完全熔透	未焊透	装配间隙太小,坡口角度太小,焊接电流太小,焊速过高,焊条角度偏移	正确设计坡口尺寸,提高装配质量,正确选用电流,正确掌握焊接速度和焊条角度
4	咬边	焊件边缘熔化后没有补充而留下的缺口	咬边	电流过大,运条不当,角焊缝焊接时焊条角度或电弧长度不正确	正确选用电流,改进操作技术

序号	缺陷名称	缺陷特征	示意图	缺陷形成原因	主要防止措施
5	裂纹	焊缝、热影响区内部或表面有裂纹		焊接材料化学成分不当;焊前清理不当,焊条没有烘干;焊接结构设计不合理,焊接顺序不当	焊前清理干净,烘干焊条,合理设计结构,选择合适的焊接顺序
6	未熔合	焊道与母材或焊道与焊道之间未完全熔化结合		层间清渣不净,焊接电流太小,焊条药皮偏心,焊条摆幅太小	加强层间清渣,改进运条技术

2) 焊件质量检验

焊接完毕后,应根据产品的技术要求及本产品检验技术标准对焊件进行质量检验。常用的检验方法有外观检验、致密性检验及无损检测等。

(1) 外观检测

用肉眼或低倍数的放大镜或用标准样板、量具等,检查焊缝外形和尺寸是否符合要求,焊缝表面是否存在裂纹、气孔、咬边、焊瘤等外部缺陷。

(2) 致密性检测

对储存气体或液体的压力容器或管道,焊后一般都要进行致密性检测。

①水压试验。一般是对压力容器或管道超载检验,试验压力为工作压力的 1.25 ~ 1.5 倍,看焊缝是否有漏水现象。如有水滴或水渍出现,则有焊接缺陷。

②气压试验。将容器或管道充以压缩空气,并在焊缝四周涂以肥皂水,如果发现肥皂水起泡,说明该处有穿透性缺陷,也可在容器中加入压缩空气并放入水槽,看是否有气泡冒出。

③煤油检验。在焊缝的一面涂上白垩粉水溶液,待干燥后,在另一面涂刷煤油。因为煤油的渗透力很强,若有穿透性焊接缺陷,煤油便会渗透过来,使所涂的白垩粉上出现缺陷的黑色斑痕。

(3) 无损检测

①磁粉检测。磁粉检测是将焊件磁化,使磁力线通过焊缝,当遇到焊缝表面或接近表面处的缺陷时,磁力线绕过缺陷,并有一部分磁力线暴露在空气中,产生漏磁而吸引撒在焊缝表面上的磁性氧化铁粉,根据铁粉被吸附的痕迹,就能判断缺陷的位置和大小。磁粉检测仅适用于检验铁磁性材料的表面或近表面处的缺陷。

②渗透检验。将擦干净的焊件表面喷涂渗透性良好的红色着色剂,待它渗透到焊缝表面的缺陷内,再将焊件表面擦净,涂上一层白色显色液,干燥后,渗入到焊件缺陷中的着色剂由于毛细管作用被白色显色剂所吸附,在表面呈现出缺陷的红色痕迹。渗透检验可用于检验任何表面光洁材料的表面缺陷。

③射线检验。根据射线对金属具有较强的穿透能力的特性和衰减规律进行无损检验,焊缝背面放上专用底片,正面用射线照射,使底片感光,由于缺陷与其他部位感光不同,底片显影后的黑度也不同,可显示出缺陷的位置、大小和种类。射线检验多用 X 射线和 γ 射线,主要用于检验焊缝内部的裂纹、未焊透、气孔和夹渣等缺陷。

④超声波检验。超声波可以在金属及其他均匀介质中传播,由于在不同介质的界面上会产生反射,可用于内部缺陷的检验,根据焊件内部缺陷反射波特征可以确定缺陷的位置。超声波可以检验任何焊件材料、任何部位的缺陷,并且能较灵敏地发现缺陷的位置,但对缺陷的性质、形状和大小较难确定,因此常与射线检验配合使用。

5. 其他焊接简介

1)超声波焊

利用超声波的高频振荡能量对焊件接头进行局部加热和表面清理,然后施加压力实现焊接的一种压焊方法,因为焊接过程中焊件没有电流通过,且没有火焰、电弧等热源作用,所以无热影响区和变形,表面无须严格清理,焊接质量好,适用于焊接厚度小于 0.5 mm 的工件,尤其适用于异种材料的焊接。

2)爆炸焊

利用炸药爆炸产生的冲击压力造成焊件的迅速碰撞,实现连接焊件的一种压焊方法。主要用于材料性能差异大而且其他方法难焊的场合,如铝-钢、钛-不锈钢、钽、锆等的焊接,也可以用于制造复合板。爆炸焊无须专用设备,工件形状、尺寸不限,但以平板、圆柱、圆锥形为宜。

3)钎焊

利用某些熔点低于被连接构件材料熔点的熔化金属(钎料)作连接的媒介物在连接界面上的流散浸润作用,然后冷却结晶形成结合面的方法称为钎焊。

按照热源和保护条件不同,钎焊方法分为:火焰钎焊(以氧-乙炔燃烧火焰为热源);真空或充气感应钎焊(以高频感应电流的电阻热为热源);电阻炉钎焊(以电阻炉辐射热为热源);盐浴钎焊(以高温盐浴为热源)等若干种。

钎焊广泛用于制造硬质合金刀具、钻探钻头、自行车架、仪表、导线、电器部件等。其中,火焰钎焊硬质合金刀具时,采用黄铜作钎料,硼砂、硼酸等作钎剂;焊接电器部件时,使用焊锡作钎料,松香作钎剂。

4)电渣焊

利用电流通过液体熔渣所产生的电阻热进行熔焊的方法称为电渣焊。通常用于板厚 20 mm 以上的大厚工件,最大厚度可达 2 m,而且不开坡口,只需在接缝处保持 20 ~ 40 mm 的间隙,节省钢材和焊接材料,生产效率和经济效益高。缺点是焊接接头晶粒粗大,对于重要结构,可通过焊后热处理来细化晶粒,改善力学性能。

5)电子束焊

在真空环境中,从炽热阴极发射的电子被高压静电场加速,并经磁场聚集成高能量密度的电子束,以极高的速度轰击焊件表面,由于电子运动受阻而被制动。遂将动能变为热能而使焊件熔化,从而形成牢固的接头。其特点是焊速很快,焊缝深而窄,热影响区和焊接变形极小,焊缝质量较高。能焊接其他焊接工艺难于焊接的形状复杂的焊件、特种金属和难熔金属,也适用于异种金属及金属与非金属的焊接等。

6)激光焊

以聚集的激光束作为热源轰击焊件所产生的热量进行焊接的方法称为激光焊。其特点是焊缝窄,热影响区和变形极小。激光束在大气中能远距离传射到焊件上,不像电子束那样需要真空室。但穿透能力不及电子束焊。激光焊可进行同种金属或异种金属间的焊接,其中包括铝、铜、银、钼、锆、铌以及难熔金属材料等,甚至还可以焊接玻璃钢等非金属材料。

**思考与实训**

1. 熔焊、压焊和钎焊的实质有何不同?

2. 焊接应力为什么比锻造和铸造产生的应力大得多? 焊接为什么至今还不能完全取代铆接?

3. 用下列板材制作圆筒形低压容器,各应采用哪种焊接方法?

①Q215-A 钢板,厚 20 mm,批量生产;

②20 钢板,厚 2 mm,批量生产;

③45 钢板,厚 6 mm,单件生产;

④紫铜板,厚 4 mm,单件生产;

⑤铝合金板,厚 20 mm,单件生产;

⑥16Mn,厚 20 mm,单件生产;

⑦不锈钢板,厚 10 mm,小批生产。

4. 用灰铸铁材料制作的机床床身其导轨面有缺陷,其缺陷情况如下:

①加工前发现铸件有大砂眼;

②使用中导轨面研伤。

若对上述情况进行铸铁补焊,各应采用何种焊接方法?

项目 **六** 钳 工 实 训

1. 掌握划线、锉削、锯削、钻孔、攻螺纹和套螺纹的方法和应用。
2. 熟悉扩孔、铰孔的方法。
3. 了解刮削的方法和应用。
4. 了解机械部件装配的基本知识。

导入：钳工在机械加工行业中扮演着不可替代的作用,钳工是基础工种,又称万能工种,但是随着科学技术水平和行业发展水平的不断进步,钳工的工作任务发生了变化,现代企业对钳工技能的需求也向着高精尖的方向发展。在智能制造产业快速兴起的背景下,钳工实训教学内容不应停留在钳工手工加工工件,还应该结合钳工技术实际包含内容集合当下热点产业提出新的教学要求,开展新的教学内容,同时在实训过程中给学生树立安全意识、团队协作能力、吃苦耐劳、勤学苦练,时刻提醒学生具有目标意识。

大国工匠——夏立,他参与了许多国家级重大工程中卫星天线的预研与装配,例如,上海65 m 射电望远镜天线的装配,该任务中钢码盘装配的终端间隙需要达到 0.004 mm 的精度,是目前天线控制设备中精度要求最高的。0.004 mm 的装配精度,是目前机器替代不了的,只能靠钳工通过经验反复观察和测算,寻找零件的移动变形量。单单为攻克钢码盘这一难关,他就手工研磨了整整三天,确保了 65 m 天线指向精度的苛刻要求。

任务一　划 线 实 训

一、划线的作用和种类

划线是根据图纸要求,在毛坯或半成品的工件表面上划出加工界线的一种操作。

1. 划线的作用

①划好的线能明确标出加工余量,加工位置等,可作为加工工件或安装工件时的依据。

②借助划线来检查毛坯的形状和尺寸是否符合要求,避免不合格的毛坯投入机械加工而造成浪费。

③通过划线使加工余量不均匀的毛坯(或半成品)得到补救(又称借料),保证加工不出或少出废品。

2. 划线的种类

根据工件几何形状的不同,划线可分为平面划线和立体划线两种。其中平面划线是指在工件的一个平面上划线,如图6-1(a)所示;立体划线指在工件的长、高、宽三个方向划线,如图6-1(b)所示。

二、划线的工具及用途

划线工具根据其功用可分为基准工具、支承工具、划线工具等。

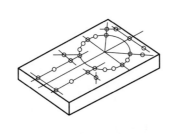
（a）平面划线

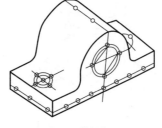
（b）立体划线

图 6-1　平面划线和立体划线

1. 基准工具

划线的基准工具是划线平板，如图 6-2 所示。它的工作表面经过精刨和刮削加工，平直光滑，是划线时的基准平面。使用时，划线平板要求安装牢固，保持水平，平面的各部位应均匀使用，避免因局部磨损而影响划线精度，要防止碰撞或用锤敲击，保持表面清洁，长期不用时应涂油防锈，并用木板护盖，以保护平面。

2. 支承工具

常用的支承工具有：千斤顶、V 形铁、方箱等。

（1）千斤顶

千斤顶用于在平板上支承较大及不规则的工件。通常用三个千斤顶来支承工件，其高度可以调整，以便找正工件，如图 6-3 所示。

图 6-2　平板

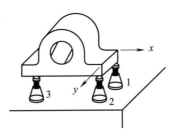

图 6-3　千斤顶支承工件

（2）V 形铁

V 形铁主要用于支承圆柱形工件，使用时工件轴线应与平板平行，如图 6-4 所示。

（3）方箱

方箱用于夹持较小的工件，方箱上各相邻两个面互相垂直，相对平面相互平行，通过翻转方箱，便可在工件表面上划出所有互相垂直的线，如图 6-5 所示。

3. 划线工具

（1）划针

划针是用来在工件表面上划线的工具，其结构形状及使用方法，如图 6-6 所示。

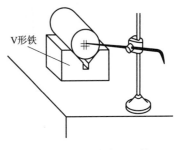

图 6-4　V 形铁支承工件

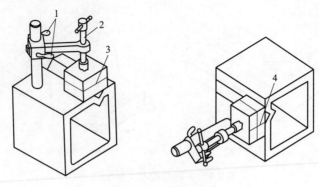

图 6-5　方箱及其用法
1—紧固手柄;2—压紧螺栓;3—划出的水平线;4—划出的垂直线

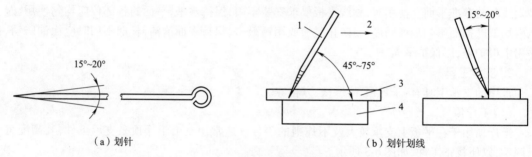

（a）划针　　　　　　　　　　　　　（b）划针划线

图 6-6　划针及其用法
1—划针;2—划线方向;3—钢直尺;4—零件

（2）划针盘

划针盘是立体划线时常用的工具,划针盘的结构及使用方法,如图 6-7 所示。划线时,将划针调节到所需高度,通过在平板上移动划针盘,便可在工件上划出与平板平行的线。

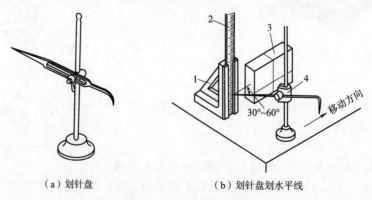

（a）划针盘　　　　　　　　　（b）划针盘划水平线

图 6-7　划针盘及其用法
1—高度尺架;2—钢尺;3—工件;4—划针盘

（3）划规

划规是平面划线的主要工具,划规的形状,如图 6-8 所示。主要用于划圆、量取尺寸和等分线段等。

（4）高度游标尺

高度游标尺由高度尺和划针盘组成，属于精密工具，不允许用它划毛坯，防止损坏硬质合金划线脚，如图6-9所示。

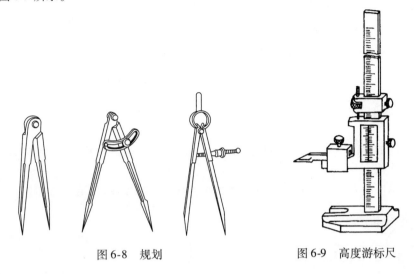

图6-8 规划　　　　　　　　图6-9 高度游标尺

（5）样冲

工件上的划线及钻孔前的圆心位置都应用样冲打出样冲眼，以便当划线模糊后，仍能找到划线位置和便于钻孔前的钻头定位，样冲的使用方法，如图6-10所示。

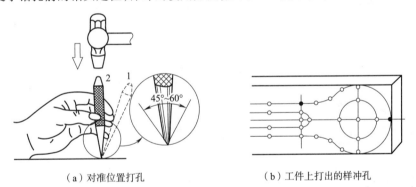

（a）对准位置打孔　　　　　　（b）工件上打出的样冲孔

图6-10 样冲及其用法

三、划线基准及其选择

1. 划线基准

划线时，作为开始划线所依据的点、线、面位置称为划线基准。正确选择划线基准，可以提高划线的质量和效率，并相应地提高毛坯的合格率。

2. 划线基准的选择

一般选取重要的孔的中心线或某些已加工过的表面作为划线基准，并尽量使划线基准与设计基准以及工艺基准保持一致。例如，若工件上有重要的孔需要加工，一般选择该孔的轴线作为划线基准，如图6-11（a）所示。若工件个别平面已经加工，则应以该平面作为划线基准，如图6-11（b）所示。

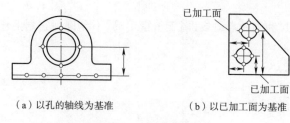

（a）以孔的轴线为基准　　　　　　（b）以已加工面为基准

图 6-11　划线基准选择

四、划线方法

对形状不同的零件,要选择不同的划线方法,一般有平面划线和立体划线两种。平面划线类似于平面几何作图。

下面以轴承座的立体划线为例,来说明划线的具体步骤和操作,如图 6-12 所示。

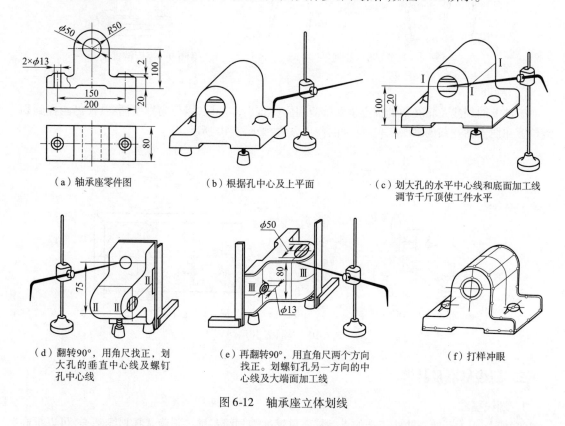

（a）轴承座零件图　　　　　　　（b）根据孔中心及上平面　　　　　　（c）划大孔的水平中心线和底面加工线
　　　　　　　　　　　　　　　　　　　　　　　　　　　　　　　　　　调节千斤顶使工件水平

（d）翻转90°,用角尺找正,划　　　（e）再翻转90°,用直角尺两个方向　　　（f）打样冲眼
　　大孔的垂直中心线及螺钉　　　　　找正。划螺钉孔另一方向的中
　　孔中心线　　　　　　　　　　　　心线及大端面加工线

图 6-12　轴承座立体划线

①分析研究零件图样,检查毛坯是否合格,确定划线基准。零件图样中 $\phi50$ 内孔是作为设计基准重要的孔,划线时应以此孔的中心线作为划线基准,如图 6-12(a)所示。

②清理毛坯上的氧化皮、焊渣、焊瘤以及毛刺等,在划线部位涂色。一般情况下,铸件、锻件表面用石灰水涂色;半成品光坯涂硫酸铜溶液;铜、铝等有色金属光坯涂蓝油。

③支承并找正工件。用三个千斤顶支承工件底面,根据孔中心及上平面,调节千斤顶,使工件水平,如图 6-12(b)所示。

④划水平基准线(孔的水平中心线)及底面四周加工线,如图6-12(c)所示。

⑤将工件翻转90°,用直角尺找正,划孔的垂直中心线及螺钉孔中心线,如图6-12(d)所示。

⑥将工件再翻转90°,用直角尺在两个方向找正,划螺钉孔另一方向的中心线及端面加工线,如图6-12(e)所示。

⑦检查划线是否正确,打样冲眼,如图6-12(f)所示。

划线时要注意,同一面上的线条应在一次支承时划全,避免补划线时因再次调整支承而产生误差。

任务二 锯 削 实 训

钳工锯削是用锯锯断工件或在工件上锯出沟槽的操作。

一、手锯

手锯是钳工锯削的工具,由锯弓和锯条两部分组成。

1. 锯弓

锯弓用来夹持和拉紧锯条,有固定式和可调式两种,如图6-13所示。

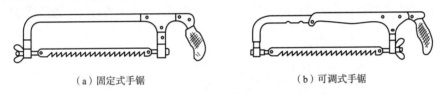

(a)固定式手锯　　　　　　　(b)可调式手锯

图6-13　手锯

2. 锯条

锯条由碳素工具钢制成,如T10A钢,并经过淬火处理。常用的锯条长300 mm,宽12 mm,厚0.8 mm。锯齿的形状和锯齿的排列如图6-14所示。

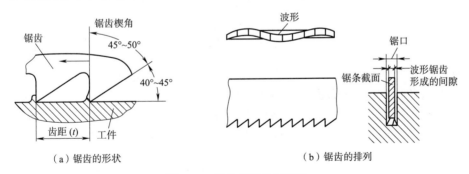

(a)锯齿的形状　　　　　　　(b)锯齿的排列

图6-14　锯齿的形状与排列

锯条以25 mm长度所含齿数多少,分为粗齿、中齿、细齿三种,14~16齿为粗齿;18~22齿为中齿;24~32齿为细齿。使用时应根据加工材料的硬度和厚薄来选择。粗齿锯条适宜锯切铜、铝等软金属及厚的工件;中齿锯条适宜锯切普通钢、铸铁及中等厚度的工件;细齿锯条适宜锯切硬钢、板料及薄壁管子等。

二、锯削操作

1. 选择锯条

根据加工工件材料的硬度和厚度选择合适的锯条。

2. 锯条安装

安装锯条时,将锯齿朝前装夹在锯弓上,保证锯弓前推时为切削;锯条松紧要适当,过紧或过松容易造成锯切时锯条折断。

3. 工件装夹

工件应尽可能装夹在台虎钳的左边,以免锯切操作过程中碰伤左手;工件伸出要短,以增加工件刚性,避免锯切时颤动。

4. 起锯和锯切

起锯时锯条垂直于工件表面,并用左手拇指靠住锯条,右手稳推手锯,起锯角度略小于15°,如图6-15(a)所示。锯弓往复行程要短,压力要轻,锯出锯口后,锯弓逐渐改变到水平方向。

锯切时,右手握锯柄,左手轻扶弓架前端,锯弓应直线往复运动,不可左右摆动,如图6-15(b)所示。前推进行切削,要均匀加压;返回时锯条从工件上轻轻滑过。锯切速度不宜过快,一般为每分钟往返30~60次,并尽量使用锯条全长(至少占全长2/3)工作,以免锯条中部迅速磨损,快锯断时,用力要轻,速度要慢,以免碰伤手臂或折断锯条。锯切钢件可加机油润滑,以提高锯条寿命。

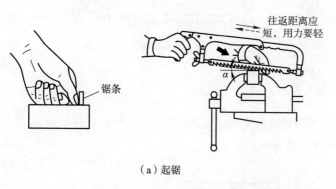
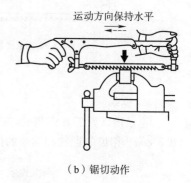

（a）起锯　　　　　　　　　　　　　　（b）锯切动作

图6-15　锯切方法

5. 锯削方法

锯切圆钢、扁钢、圆管、薄板的方法如图6-16所示。为了得到整齐的锯缝,锯切扁钢应在较宽的面下锯;锯切圆管不可从上至下一次锯断,而应每锯到内壁后工件向推锯方向转一定角度再继续锯切,直到锯断为止;锯切薄板时,为防止薄板振动和变形,应先将薄板夹持在两木板之间或将薄板多片叠在一起,然后锯切。

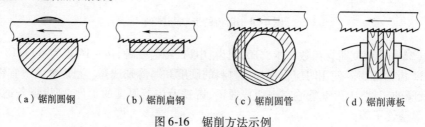

（a）锯削圆钢　　　（b）锯削扁钢　　　（c）锯削圆管　　　（d）锯削薄板

图6-16　锯削方法示例

任务三　锉 削 实 训

钳工锉削是用锉刀对工件表面进行加工的操作。锉削加工操作简单,工作范围广,它可以加工平面、曲面、沟槽及各种形状复杂的表面。其加工精度可达 IT8 ~ IT7,表面粗糙度 Ra 值可达 1.6 ~ 0.8 μm,是钳工加工中最基本的操作。

一、锉刀

1. 锉刀的构造和种类

锉刀是锉削时使用的工具,常用碳素工具钢制成,如 T12A 钢或 T13A 钢,并经过淬火处理。锉刀的结构如图 6-17 所示,它由工作部分和锉柄组成。锉削工作是由锉面上的锉齿完成的,锉齿的形状如图 6-18 所示,锉刀的齿纹多制成双纹,以便锉削省力,不易堵塞锉面。

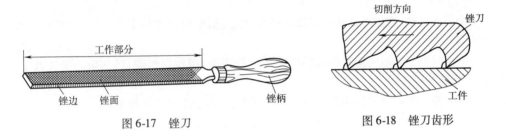

图 6-17　锉刀　　　　　　　　　　　图 6-18　锉刀齿形

锉刀按其截面形状可分为平锉、方锉、圆锉、半圆锉和三角锉等,如图 6-19 所示;按其工作部分的长度可分为 100 mm、150 mm、200 mm、250 mm、300 mm、350 mm 和 400 mm 等 7 种。

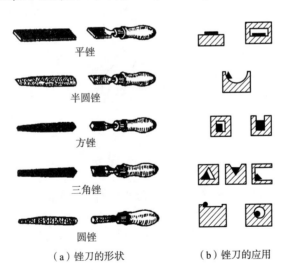

平锉

半圆锉

方锉

三角锉

圆锉

（a）锉刀的形状　　　　　　（b）锉刀的应用

图 6-19　锉刀的形状和应用

锉刀按其齿纹的形式可分为单齿纹锉刀和双齿纹锉刀;按每 10 mm 长度锉面上的齿数又可分为粗齿锉(4 ~ 12 齿)、中齿锉(13 ~ 24 齿)、细齿锉(30 ~ 40 齿)和油光锉(50 ~ 62 齿)。

2. 锉刀的选用

锉刀的长度根据工件加工表面的大小选用;锉刀的断面形状根据工件加工表面的形状选用;锉刀齿纹粗细的选用要根据工件材料、加工余量、加工精度和表面粗糙度等情况综合考虑。一般粗加工和有色金属的加工多选用粗齿锉刀;粗锉后的加工和钢、铸铁等材料多选用中齿锉刀;锉光表面或锉硬材料选用细齿锉刀;精加工时修光表面用油光锉。

二、锉削操作

1. 工件装夹

工件必须牢固地装夹在台虎钳钳口的中部,并略高于钳口。夹持已加工表面时,应在钳口与工件之间垫以铜片或铝片,易于变形和不便于直接装夹的工件,可以用其他辅助材料设法装夹。

2. 锉削方法

(1)锉刀握法

①右手紧握锉柄,柄端抵在拇指根部的手掌上,大拇指放在锉柄上部,其余手指由下而上地握着锉柄。

②左手的基本握法是将拇指根部的肌肉压在锉刀上,拇指自然伸直,其余四指弯向手心,用中指、无名指捏住锉前端。

③锉削时右手推动锉刀并决定推动方向,左手协同右手使锉刀保持平衡。

板锉的握法如图 6-20(a)所示,还有两种左手的握法如图 6-20(b)和图 6-20(c)所示。

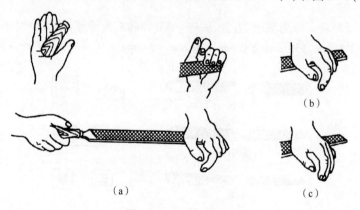

图 6-20　板锉的握法

锉削时,必须正确掌握锉刀的握法以及锉削过程中的施力变化。

使用大的锉刀时,应用右手握住锉刀柄,左手压在锉刀另一端,并使锉刀保持水平,如图 6-21(a)所示;使用中型锉刀时,因用力较小,可用左手的拇指和食指握住锉刀的前端,以引导锉刀水平移动,如图 6-21(b)所示。

锉削过程中的施力变化,如图 6-22 所示。锉削平面时保持锉刀的平直运动是锉削的关键;锉刀前推时加压,并保持水平,而当锉刀返回时,不宜紧压工件,以免磨钝锉齿和损坏已加工表面。

(2)锉削姿势

①锉削时的站立步位和姿势如图 6-23 所示,锉削动作如图 6-24 所示。两手握住锉刀放在工

件上面,左臂弯曲,小臂与工件锉削面的左右方向保持基本平行,右小臂要与工件锉削面的前后方向保持基本平行。

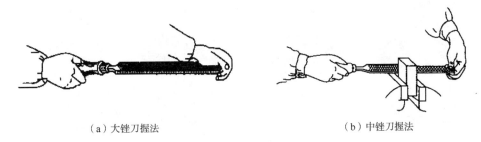

（a）大锉刀握法　　　　　　　　　　　　　　（b）中锉刀握法

图 6-21　锉刀的握法

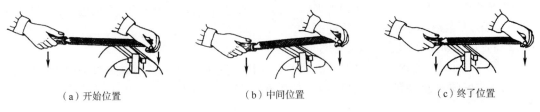

（a）开始位置　　　　　　　　　（b）中间位置　　　　　　　　　（c）终了位置

图 6-22　锉削平面时施力变化

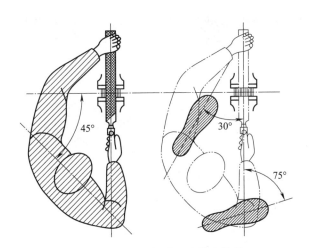

图 6-23　锉削时的站立步位和姿势

②锉削时,身体先于锉刀并与之一起向前,右脚伸直并稍向前倾,重心在左脚,左膝部呈弯曲状态。

③当锉刀锉至约 3/4 行程时,身体停止前进,两臂则继续将锉刀锉到头,同时,左脚自然伸直并随着锉削时的反作用力,将身体重心后移,使身体恢复原位,并顺势将锉刀收回。

④锉刀收回将近结束时,身体又开始先于锉刀前倾,做第二次锉削的向前运动。

注意事项:

①锉削姿势的正确与否,对锉削质量、锉削力的运用和发挥以及操作者的疲劳程度都起着决定影响。

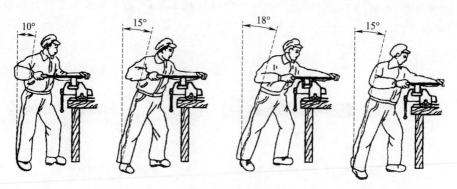

图 6-24　锉削动作

②锉削姿势的正确掌握,须从锉刀握法、站立步位、姿势动作、操作等几方面进行,动作要协调一致,经过反复练习才能达到一定的要求。

（3）锉削力和锉削速度

锉刀直线运动才能锉出平直的平面,因此,锉削时右手的压力要随着锉刀推动而逐渐增加,左手的压力要随着锉刀推动而逐渐减小,如图 6-25 所示。回程时不要加压力,以减少锉齿的磨损。

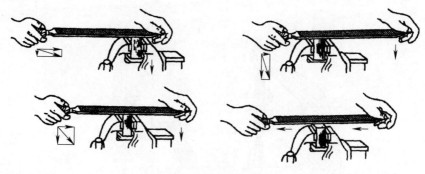

图 6-25　锉削用力方法

锉削速度一般应在 40 次/分钟左右,推出时稍慢,回程时稍快,动作要自然,要协调一致。

（4）锉削方式

常用的方式有顺锉法、交叉锉法、推锉法和滚锉法。前三种锉法用于平面锉削,后一种用于曲面锉削。

①平面锉削方法。交叉锉法适用于粗锉较大的平面,如图 6-26(a)所示,由于锉刀与工件接触面增大,所以不仅锉得快,而且可以根据锉痕判断加工部分是否锉到尺寸;平面基本锉平后,可以用顺锉法进行锉削,如图 6-26(b)所示,以降低工件表面粗糙度,并获得正直的锉纹,因此顺向锉一般用于最后的锉平或锉光;推锉法适用于锉削狭长平面或使用细锉或油光锉进行工件表面最后的修光,如图 6-26(c)所示。

②曲面锉削方法。滚锉法适用于锉削工件内外圆弧面和内外倒角,如图 6-27 所示。锉削外圆弧面时,锉刀除向前运动外,还要沿工件被加工圆弧摆动;锉削内圆弧面时,锉刀除向前运动外,锉刀本身还要作一定的旋转运动和向左或向右移动。

 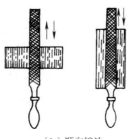 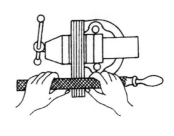

（a）交叉锉法 　　　　（b）顺向锉法 　　　　（c）推锉法

图 6-26　平面锉削方法

（a）锉削外圆弧面 　　　　（b）锉削内圆弧面

图 6-27　曲面锉削方法

（5）锉削检验

工件表面锉削后，工件的尺寸常用钢尺或游标卡尺测量；工件的平面及两平面之间的垂直情况，可用直角尺贴靠是否透光来检查，如图 6-28 所示。

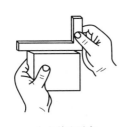 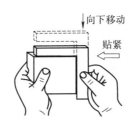

（a）检查平直 　　　　（b）检查直角

图 6-28　锉削检验

任务四　钻孔、扩孔和铰孔实训

一、钻床

钳工的钻孔、扩孔和铰孔操作一般多在钻床上进行。钻床种类很多，常用的钻床有台式钻床、立式钻床和摇臂钻床。

1. 台式钻床（简称台钻）

台钻的外形和结构如图 6-29 所示。它是一种放在台桌上使用的小型钻床，具有结构简单、体积小、使用方便等特点，一般加工直径小于 12 mm 的孔。钻床主轴前端安装着钻夹头，再用钻夹头夹持刀具，主轴旋转运动为主运动，主轴的轴向移动为进给运动，台钻的进给运动是手动。主轴的转速可通过改变三角皮带塔轮上的位置来调节。

2. 立式钻床（简称立钻）

立钻的外形和结构如图 6-30 所示。立式钻床适用于单件、小批量生产中，中小型工件的孔加工，最大钻孔直径为 50 mm。立式钻床主轴的转速由主轴变速箱调节，刀具安装在主轴的锥孔内，由主轴带动刀具作旋转运动（主运动）；进给量由进给箱控制，进给运动可以用手动或机动使主轴套筒作轴向进给。

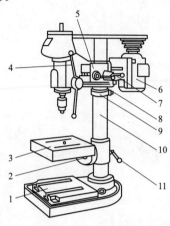

图 6-29　台式钻床

1—机座；2、8—锁紧螺钉；3—工作台；4—钻头进给手柄；5—主轴架；
6—电动机；7、11—锁紧手柄；9—定位环；10—立柱

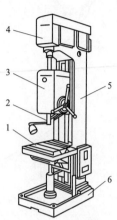

图 6-30　立式钻床

1—工作台；2—主轴；3—进给箱；
4—主轴变速箱；5—立柱；6—底座

除钻孔外还可进行扩孔、铰孔、锪孔、攻丝等加工。

3. 摇臂钻床

摇臂钻床的外形和结构如图 6-31 所示。这种钻床有一个能绕立柱旋转的摇臂，摇臂带着主轴箱可沿立柱上下移动，同时主轴箱能在摇臂的导轨上横向移动。工件固定安装在工作台或底座上，因此通过摇臂绕立柱的转动和主轴箱在摇臂上的移动，可以很方便地调整刀具位置，对准被加工工件孔的中心进行加工。

摇臂钻床主要应用在大中型零件、复杂零件或多孔零件的加工。

二、钻孔

钻孔是用钻头在实体材料上加工出孔的方法。在钻床上钻孔，工件固定不动，装夹在主轴上的钻头既作旋转运动（主运动），同时又沿轴线方向向下移动（进给运动），如图 6-32 所示。钻孔时，由于钻头刚性较差，钻削过程中排屑困难，散热不好，导致加工精度低，尺寸公差等级一般为 IT14 ~ IT11，表面粗糙度 Ra 值为 50 ~ 12.5 μm。

1. 麻花钻的结构

麻花钻是钻孔最常用的刀具，常用高速钢或碳素工具钢制造。结构如图 6-33 所示，它由柄部、颈部、导向部分和切削部分组成。柄部是用来夹持并传递转矩的，钻头直径小于 12 mm 时作成直柄，钻头直径大于 12 mm 时作成锥柄。颈部是柄部和工作部分的连接部分，是在加工制造钻头过程中作为退刀槽用，在颈部标有钻头的直径、材料等标记；直柄钻头无颈部，其标记打在柄部。导向部分有两条对称的螺旋槽和两条刃带，螺旋槽的作用是形成切削刃和向外排屑；刃带的作用是减少钻头与孔壁的摩擦和导向。切削部分有两个对称的主切削刃和一个横刃，切削刃承担切削工作，夹角为 116° ~ 118°，横刃的存在使钻削时轴向力增加，如图 6-34 所示。

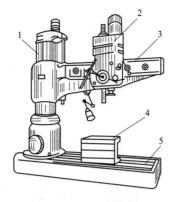

图 6-31　摇臂钻床

1—立柱;2—主轴变速箱;3—摇臂;4—工作台;5—底座

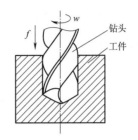

图 6-32　钻孔及钻削运动

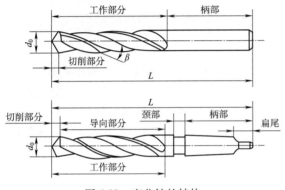

图 6-33　麻花钻的结构

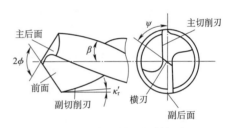

图 6-34　麻花钻的切削部分

2. 钻孔操作

（1）钻头的选择与安装

根据加工零件孔径大小选择合适的钻头。钻头用钻夹头或钻套进行安装,再固定在钻床主轴上使用。

钻头的安装视其柄部的形状而定,直柄钻头用钻夹头装夹,再用紧固扳手拧紧,如图 6-35(a)所示。此种方法简便,夹紧力小,易产生跳动、滑钻。锥柄钻头可直接或通过钻套(过渡套筒)装入钻床主轴上的锥孔内,如图 6-35(b)所示。此种方法配合牢固,同心度高。

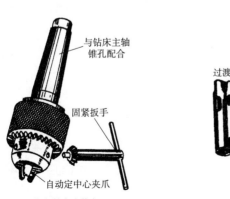

（a）钻夹头装夹

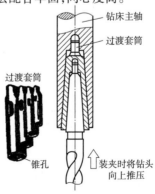

（b）钻套装夹

图 6-35　麻花钻的装夹

（2）工件安装

为了保证工件的加工质量和操作安全,钻削时必须将工件牢固地装夹在夹具或钻床工作台上。

根据工件的大小和结构特点,采取不同的装夹方法。常用的有平口钳装夹法,如图 6-36 所示。压板螺栓装夹法,如图 6-37 所示。

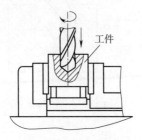
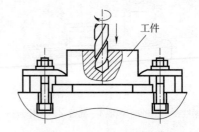

图 6-36　平口钳装夹　　　　　　　　图 6-37　压板螺栓装夹

（3）钻孔方法

按划线钻孔时,首先对准孔的中心,试钻一小窝;若发现孔中心有偏移,可用样冲将中心冲大校正或移动工件进行找正。钻削开始时,要用较大的力向下均匀进给,以免钻头在工件表面上来回晃动而不能切入;临近钻透时,压力要逐渐减小。钻削深孔或被钻零件材料较硬时,钻头必须经常退出排屑和冷却,同时要使用冷却润滑液;否则,容易造成切屑堵塞在孔内或使钻头切削部分过热,造成钻头快速磨损和折断。

三、扩孔

扩孔是用扩孔钻在工件上把已经存在的孔径进一步扩大的切削加工方法。扩孔钻如图 6-38 所示,与麻花钻相比,扩孔钻有 3~4 个切削刃,无横刃,刚性和工作导向性好,所以,扩孔比钻孔质量高,扩孔的加工精度一般为 IT10~IT9,表面粗糙度 Ra 值为 6.3~3.2 μm。

扩孔可以作为要求不高的孔的最终加工,也可作为铰孔前的预加工,属孔的半精加工方法。扩孔余量一般为 0.5~4 mm,扩孔时的切削用量选择可查阅相关手册。

在机床上扩孔及其切削运动的情况如图 6-39 所示。

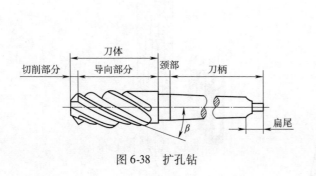
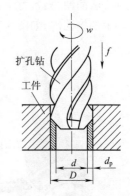

图 6-38　扩孔钻　　　　　　　　　图 6-39　扩孔及扩孔运动

四、铰孔

铰孔是用铰刀对孔进行精加工的切削加工方法,属孔的精加工,铰孔加工精度可达 IT8 ~ IT6,表面粗糙度 Ra 值可达 1.6 ~ 0.4 μm。

铰刀分为机用铰刀和手用铰刀两种,如图 6-40 所示。机用铰刀切削部分较短,柄部多为锥柄,须安装在机床上进行铰孔。手用铰刀切削部分较长,导向性较好。手铰孔时,须用手转动铰杠进给完成。

铰孔余量一般为 0.05 ~ 0.25 mm,铰削用量的选择可查阅相关手册。铰孔及其切削运动的情况,如图 6-41 所示。

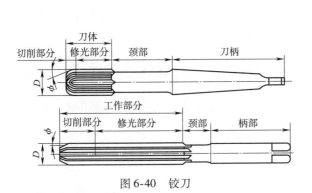

图 6-40　铰刀

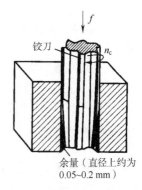

图 6-41　铰孔及铰孔运动

任务五　攻丝和套丝实训

一、攻丝

用丝锥加工出内螺纹的方法称为攻丝,通常又称攻螺纹。

1. 丝锥

丝锥是攻丝的专用刀具。分为机用丝锥和手用丝锥两种,两种丝锥基本尺寸相同,只是制造材料不同。机用丝锥一般由高速钢制成,可以在机床上对工件进行攻螺纹。手用丝锥是由碳素工具钢 T12A 或合金工具钢 9CrSi 制成,如图 6-42 所示。它由工作部分和柄部构成,柄部装入铰杠传递扭矩,对工件进行攻螺纹。手用丝锥一般由 2 ~ 3 支组成一套,分别称为头锥、二锥及三锥。三支丝锥的外径、中径和内径均相等,只是切削部分的长短和锥角不同,攻螺纹时依次使用。

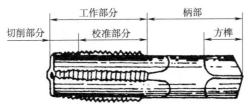

图 6-42　丝锥

2. 攻丝操作

（1）确定螺纹底孔直径和深度

用丝锥对金属进行切削时，伴随着严重的挤压作用，结果会导致丝锥被咬住，发生卡死崩刃，甚至折断。所以螺纹底孔直径要略大于螺纹的小径，同时还要根据不同材料确定螺纹底孔直径和深度，对此可查相关手册或按下列经验公式计算：

对于脆性材料（如铸铁）：$do = D - (1.05 \sim 1.10)P$

对于塑性材料（如钢）：$do = D - P$

式中　　do——钻头直径（即螺纹底孔直径），mm；

　　　　D——螺纹大径，mm；

　　　　P——螺距，mm。

攻盲孔（不通孔）螺纹时，因丝锥不能攻到底，所以钻孔的深度要大于螺纹长度，钻孔深度取螺纹长度加上 $0.7D$。

（2）钻底孔并倒角

钻底孔后要对孔口进行倒角。倒角有利于丝锥开始切削时切入，并可避免孔口螺纹受损。其倒角尺寸一般为 $c(1 \sim 1.5)P$。

（3）攻丝方法

手用丝锥需用铰杠夹持进行攻丝操作，如图 6-43 所示。攻丝时，先将丝锥垂直插入孔内，然后用铰杠轻压旋入 $1 \sim 2$ 圈，目测或用直角尺在两个方向上检查丝锥与孔端面的垂直情况，若丝锥与孔端面不垂直，应及时纠正。当丝锥切削部分全部切入后，用双手平稳地转动铰杠，这时不可施加压力，铰杠每转 $1 \sim 2$ 圈后，再反转 1/4 圈，以使切屑断落。攻通孔螺纹时，可用头锥一次完成；攻盲孔（不通孔）螺纹时，头锥攻完后，继续攻二锥，甚至三锥，才能使螺纹攻到所需深度；攻二锥、三锥时，先将丝锥用手旋入孔内，当旋不动时再用铰杠转动，此时无须加压。为了提高工件质量和丝锥寿命，攻钢件螺纹时应加机油润滑，攻铸铁件可加煤油。

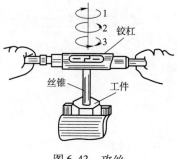

图 6-43　攻丝

二、套丝

用板牙加工出外螺纹的方法称为套丝，通常又称套螺纹。

1. 板牙

板牙是加工和校准外螺纹用的标准螺纹刀具。可分为固定式板牙和可调式板牙，如图 6-44 所示。

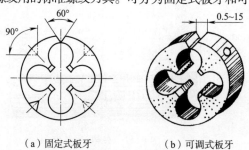

（a）固定式板牙　　　　（b）可调式板牙

图 6-44　板牙

2. 套丝前圆杆直径的确定

圆杆直径的尺寸太大套扣困难;尺寸太小套出的螺纹牙齿不完整。对此套丝前圆杆直径的确定可查阅相关手册或按下列经验公式计算:

$$do = D - 0.13P$$

式中 do——圆杆直径,mm;

D——螺纹大径,mm;

P——螺距,mm。

为利于板牙对准工件中心并易于切入,圆杆直径按尺寸要求加工好以后,要将圆杆端头倒成小于60°的倒角。

3. 套丝方法

套丝时,板牙需用板牙架夹持并用螺钉紧固,如图6-45所示,圆杆伸出钳口的长度应尽量短一些。套丝时,板牙端面必须与圆杆轴线保持垂直,开始转动板牙架,要适当施加压力。当板牙切入圆杆后,只要均匀旋转,为了断屑,要经常反转,套丝的操作与攻丝相似。为了提高工件质量和板牙寿命,钢件套丝要加切削液。

图6-45 套螺纹

任务六 刮削实训

刮削是用刮刀在工件表面上刮去一层很薄的金属的操作。刮削后的工件表面具有良好的平面度,表面粗糙度 Ra 值达 $1.6~\mu m$ 以下,是钳工操作中的一种精密加工。

刮削操作常用在零件上滑动的配合表面的加工。如机床导轨、滑动轴承、轴瓦、配合球面等,为了达到良好的配合精度,增加工件表面的相互接触面积,提高使用寿命,常需要经过刮削加工。但刮削生产率低,劳动强度大,一般在机器装配、设备维修中应用较广。在成批生产中可用机械磨削等加工方法代替。

一、刮刀及刮削方法

刮刀是刮削的工具,常用的有平面刮刀和三角刮刀,如图6-46所示。

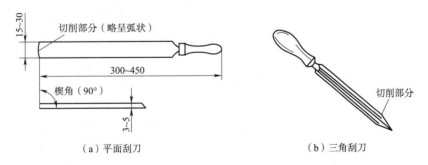

（a）平面刮刀　　　　　　　　　　　　　（b）三角刮刀

图6-46 常用的刮刀

平面刮刀用来刮削平面或刮花纹。常采用手刮法和挺刮法两种刮削方法,如图6-47所示。手刮法刮削时,右手握刀柄,推动刮刀前进,左手在接近刀体端部约 50 mm 的位置上施压,刮刀与工件应保持 25°～30°夹角,双手用力要均匀,引导刮刀沿刮削方向移动。挺刮法刮削时,将刮刀柄抵住小腹右下侧,双手握住刀身,刀刃露出左手约 80 mm,双手施加压力,用腹部和腿部的力量使刮刀向前推挤,推到适当位置时,抬起刮刀,完成一次操作。

三角刮刀是用来刮削要求较高的滑动轴承的轴瓦、衬套等,以得到与轴径良好的配合精度。刮削时的操作方法如图 6-48 所示。

（a）手刮法 　　　　　　　　　　　　　　（b）挺刮法

图 6-47　平面刮削方法

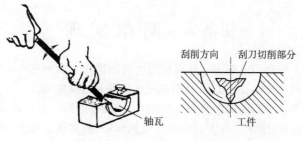

图 6-48　用三角刮刀刮削轴瓦

二、刮削精度的检验

刮削表面的精度通常采用研点法来检验,将工件表面擦净,均匀涂上一层很薄的红丹油,然后与校准工具(标准平板、心轴等)相配研。工件表面上的凸起点经配研后,会磨去红丹油而显出亮点(即贴合点),如图 6-49 所示。刮削表面的精度是以 25×25 mm^2 的面积内贴合点的数量与分布疏密程度来表示。曲面刮削后也需要进行研点检查。

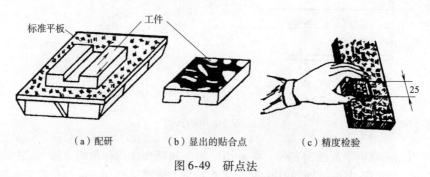

（a）配研 　　　　　（b）显出的贴合点 　　　　　（c）精度检验

图 6-49　研点法

任务七 钳工综合工艺实训

在目前工程训练实习中,很多高校仍将制作小锤子作为钳工基本技能训练的综合项目,通过本任务的学习和训练,能够完成图 6-50 所示的零件。

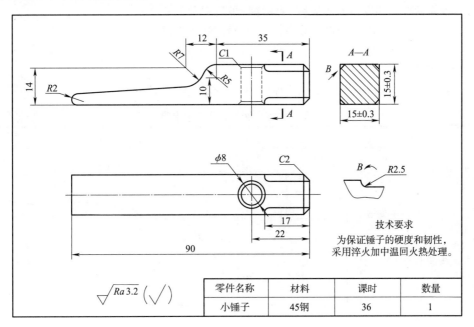

图 6-50 小锤子

根据小锤头的结构特点及毛坯的形状、加工余量等,结合具体的钳工基本技能训练状况,确定其加工工艺如下:

工序一:锯、锉长方体

1. 零件图

零件图如图 6-51 所示。

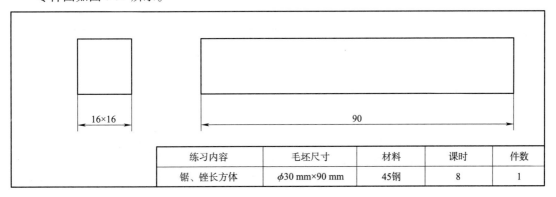

练习内容	毛坯尺寸	材料	课时	件数
锯、锉长方体	$\phi30$ mm×90 mm	45钢	8	1

图 6-51 长方体

2. 工艺分析

①毛坯尺寸 $\phi30$ mm×90 mm,两端面为车削表面。

②工艺步骤因两端面为车削表面,无须加工,只考虑加工四个侧面。四个侧面加工顺序如图6-52所示,图中双点画线表示将要加工出的形状。

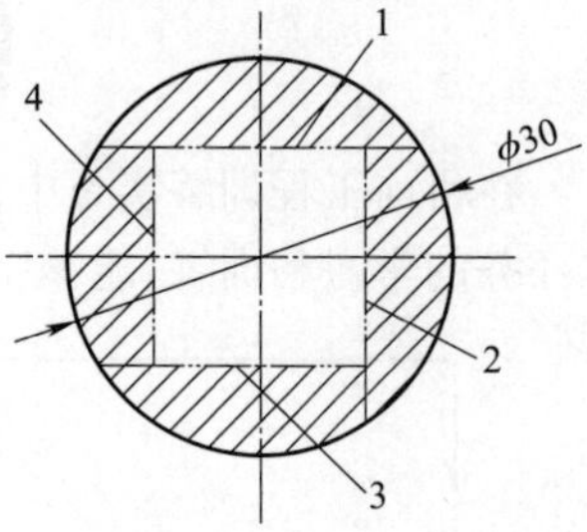

每一个面的加工都应按照先划线,再锯削,最后锉削的步骤。多个面加工时一定要注意锯与锉的顺序关系,在精度要求较高时,一般不能先把几个面都锯好,再一次性锉削。

3. 操作步骤

锯、锉 $\phi30$ mm×90 mm圆钢成长方体的操作步骤见表6-1。

图 6-52　加工步骤

表 6-1　锯、锉长方体工艺步骤

步骤	加工内容	图　　示
1	毛坯放置在 V 形铁上,用高度游标卡尺按高度 h 划第一加工面的加工线,并打样冲眼	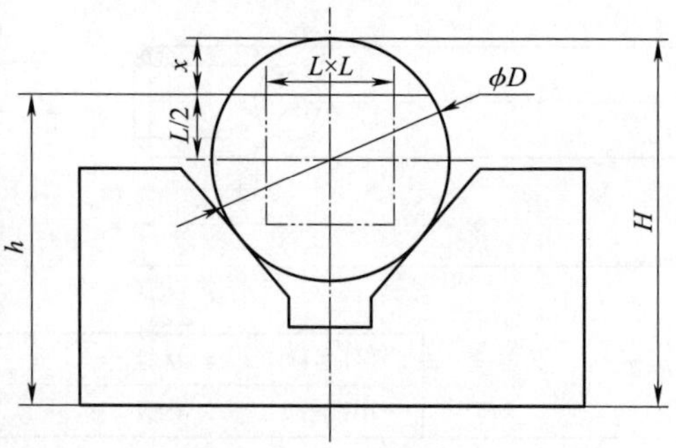 注:因为 $h = H - x$, $x = D/2 - L/2$ 其中 $D = 30$ mm, $L = 16$ mm 所以 $h = H - (D/2 - L/2)$ $= H - \left(\dfrac{30}{2} - \dfrac{16}{2}\right)$ $= H - 7$ (mm)
2	锯削第一个平面 锉削第一个平面	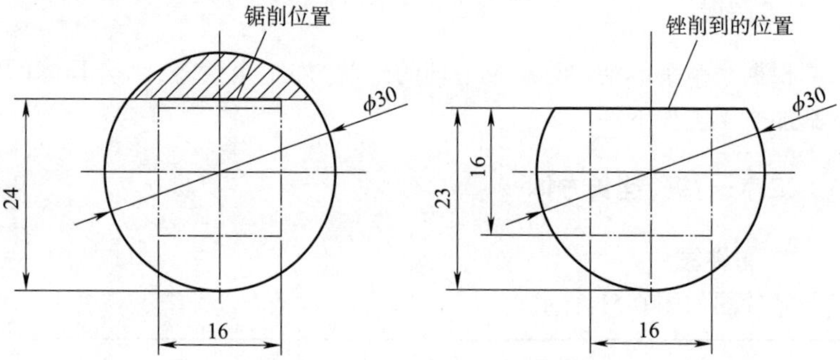
3	工件放置在平板上,并以第一面靠住 V 形铁,用高度游标卡尺高度 $h = 23$ mm 划第二加工面的加工线,打样冲眼	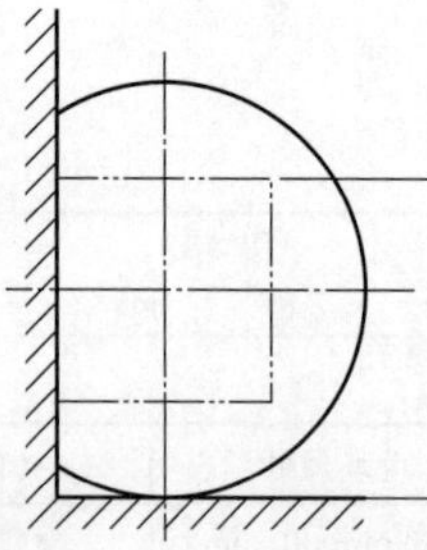 注:划线高度尺寸 $h = D/2 + L/2$ $= 30/2 + 16/2$ $= 23$ mm 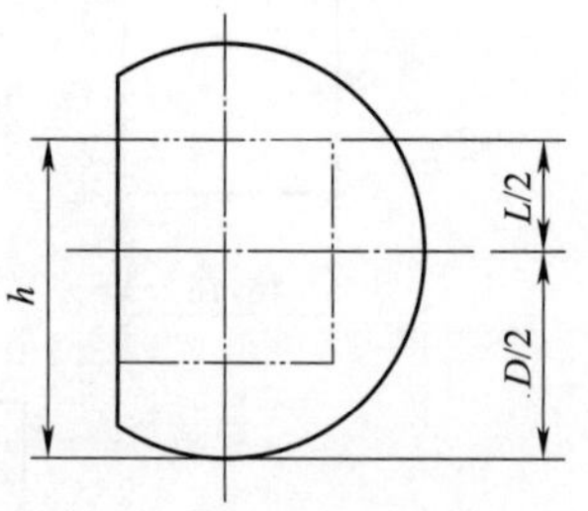

步骤	加工内容	图 示
4	锯削第二个平面 锉削第二个平面	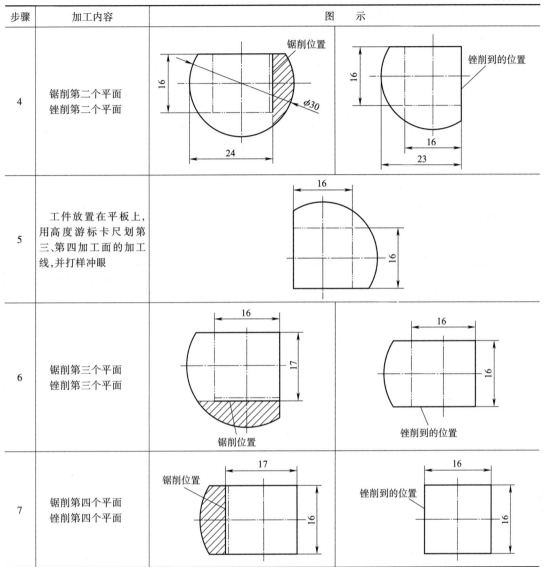
5	工件放置在平板上,用高度游标卡尺划第三、第四加工面的加工线,并打样冲眼	
6	锯削第三个平面 锉削第三个平面	
7	锯削第四个平面 锉削第四个平面	

4. 操作要求

①第一个面除了要求锉平,还应控制好平面的位置,尽量接近所划线的位置。

②锉削第二面时,除了第一面的要求外,应经常测量对第一面的垂直度。

③加工第三、四面时,除了第一面的要求外,应保证一、三面及二、四面间的尺寸均为(16 ± 0.3)mm。

④经常检测,除了不断练习,提高锯、锉的质量外,还要养成经常测量的习惯,才能逐渐提高加工质量。

5. 注意事项

①步骤1中高度游标卡尺在 V 形铁上划线时,理论上有两个位置可以满足划线要求,如图6-53所示,但考虑到划线操作的方便性,只适合于在较高处划线。

②高度游标卡尺划线时应尽可能划成封闭的一周,这样有利于保证锯削的准确性。

③锯削时应留有一定的锉削余量,同时也为了避免因锯缝歪斜导致工件报废,锯缝应在所划线外。对初学者而言,一般可控制锉削余量为 1~2 mm。

④对初学者而言,往往为了"提高"速度,在锯削和锉削时加大往复运动的速度。但这样的结果是:加工质量下降,锯条和锉刀磨损加剧,容易疲劳,效率下降,技术水平无法提高。

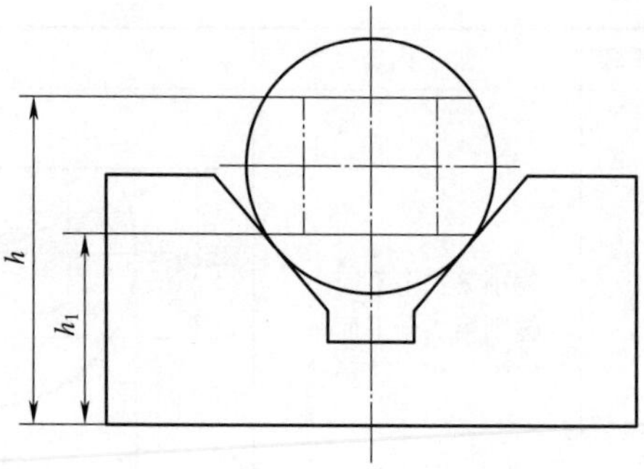

图 6-53 V 形铁上两条线位置

工序二:精锉长方体

1. 零件图
零件图如图 6-54 所示。

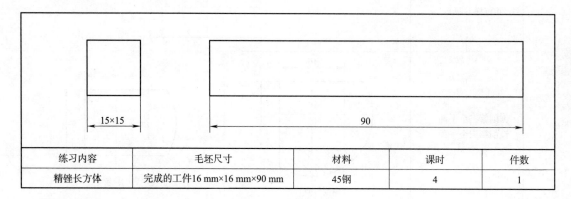

练习内容	毛坯尺寸	材料	课时	件数
精锉长方体	完成的工件16 mm×16 mm×90 mm	45钢	4	1

图 6-54 精锉长方形

2. 操作步骤
精锉长方体(见图 6-54)的操作步骤见表 6-2。

表 6-2 精锉长方体的操作步骤

步骤	操作内容	备注	图示
1	选择基准面并精修		平行面
2	锉相邻侧面1	注意垂直度,并留 0.5 mm 余量	
3	锉相邻侧面2	注意垂直度,且保证尺寸精度达 0.3 mm	侧面2 侧面1
4	锉平行面	保证尺寸精度达 0.3 mm	
5	检测平面度	保证四个面的平面度公差为 0.2 mm	基准面
6	去毛刺		

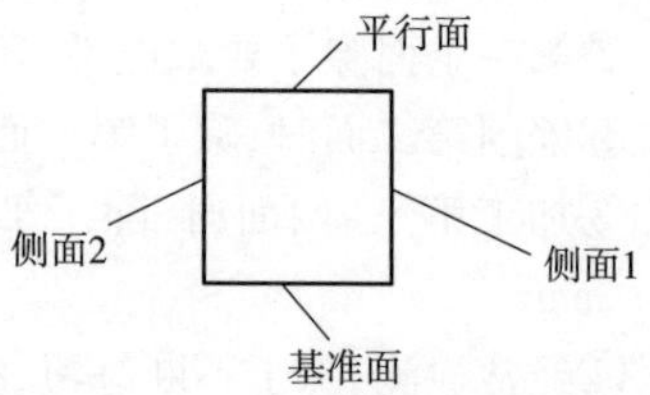

3. 注意事项
采用软钳口(铜皮或铝皮制成)保护工件的已加工表面,软钳口放置如图 6-55 所示。

图 6-55　软钳口位置

工序三:锯、锉斜面、倒角

1. 零件图

零件图如图 6-56 所示。

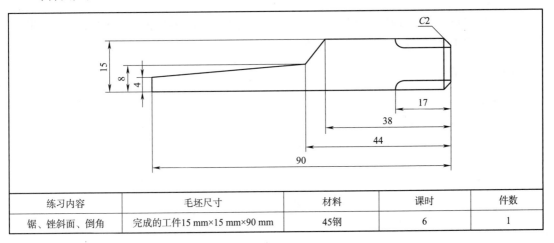

练习内容	毛坯尺寸	材料	课时	件数
锯、锉斜面、倒角	完成的工件15 mm×15 mm×90 mm	45钢	6	1

图 6-56　锯、锉斜面、倒角

2. 操作步骤

图 6-56 工件斜面及倒角加工的操作步骤见表 6-3。

表 6-3　锯、锉斜面、倒角的操作步骤

步骤	操作内容	备　　注
1	擦去工件表面油污,涂红丹(或蓝油)	
2	划线,根据计算出的坐标值,利用高度游标卡尺划出坐标点,用划针、钢直尺完成划线	待红丹干燥后,才可以按图 6-56 划线
3	装夹工件,将工件倾斜夹在台虎钳的左面	因为锯削面倾斜,装夹工件时必须随之倾斜,使锯缝保持垂直位置,便于锯削操作
4	锯斜面留 0.5 mm 的余量锉削	
5	锉斜面	

步骤	操作内容	备　注
6	划倒角线	
7	锉削倒角	
8	加工未注倒角	

3. 注意事项

（1）锯削时工件的装夹

①工件一般夹在台虎钳的左面，要稳固。

②工件伸出钳口不应过长，锯缝距钳口约 20 mm。

③锯缝划线保持垂直位置，即与钳口侧面平行。

（2）未注倒角的加工

对于未注倒角的位置，只要是锐角或直角，都应倒角，一般可理解为倒角 0.2 mm。采用锉刀轻锉锐角或直角处，不扎手即可。

（3）更换锯条

更换新锯条时，由于旧锯条的锯路已磨损，使锯缝变窄，卡住新锯条。这时不要急于按下锯条，应先用新锯条把原锯缝加宽，再正常锯削。

工序四：圆弧锉削

1. 零件图

零件图如图 6-57 所示。

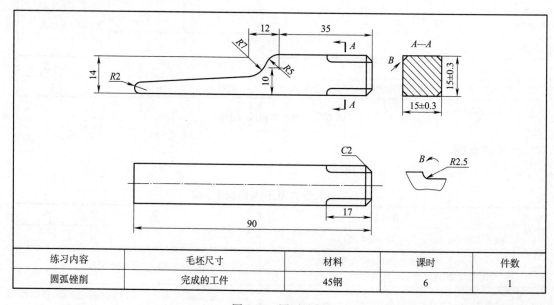

练习内容	毛坯尺寸	材料	课时	件数
圆弧锉削	完成的工件	45钢	6	1

图 6-57　圆弧锉削

2. 操作步骤

锉削图 6-57 工件上凹凸圆弧的操作步骤见表 6-4。

表 6-4 圆弧锉削的操作步骤

步骤	操作内容	备 注
1	根据计算出的坐标值,利用高度游标卡尺划出圆弧 *R*2 的圆心位置,并用划规划 *R*2 的圆弧	2 88
2	划出圆弧 *R*5 的圆心位置,并用划规划 *R*5 的圆弧	35 *R*5 10
3	划出圆弧 *R*7 的圆心位置,并用划规划 *R*7 的圆弧;用划针及钢直尺划三个圆弧的切线连接	47 *R*7 14
4	装夹,锉外圆弧 *R*2、*R*5	边锉边用 R 规检测
5	锉内圆弧 *R*7	边锉边用 R 规检测
6	锉斜面与圆弧面相切	

3. 注意事项

圆弧 *R*7 的圆心不在工件上,划规的针脚无法放置。在这种情况下,可以选择一个等厚度的硬木块夹在工件旁,以完成找圆心及划线工作。

工序五:钻孔

1. 零件图

零件图如图 6-58 所示。

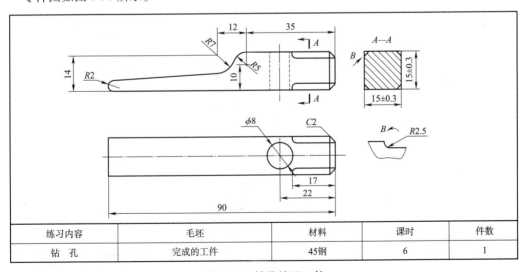

练习内容	毛坯	材料	课时	件数
钻 孔	完成的工件	45钢	6	1

图 6-58 钻孔练习工件

2. 操作步骤

钻削图 6-58 工件上 $\phi8$ 通孔的操作步骤见表 6-5。

表 6-5 钻削通孔的操作步骤

步骤	操作内容	备注
1	划线先用高度游标卡尺划出圆心位置,打圆心处的样冲眼	圆心处的样冲眼在使用划规之前,不应过深,以防止划线时划规晃动
2	用划规划出加工圆及检查圆	在加工圆周上打圆样冲眼,轻敲即可
3	敲打中心冲眼,以便准确落钻定心	
4	选择合适的麻花钻	选用麻花钻直径为 φ8,转速可高些
5	启动钻床,起钻	先使钻头对准孔的中心钻出一浅坑。观察定心是否准确,并不断校正
6	手动进给操作,当起钻达到钻孔的位置要求后,即可扳动手柄完成钻孔	进给力要适当,并要经常退钻排屑;添加切削液,减少摩擦;钻孔将钻穿时,进给力必须减少
7	钻孔完成,停机,清理,卸下工件检测	

3. 注意事项

①操作者衣袖要扎紧,严禁戴手套,女同学必须戴工作帽。

②工件夹紧必须牢固。孔将钻穿时要尽量减小进给力。

③先停车后变速。用钻夹头装夹钻头,要用钻夹头紧固扳手,不要用扁铁和手锤敲击,以免损坏夹头。

④不准用手拉或嘴吹钻屑,以防钻屑伤手和伤眼。

⑤钻通孔时,工件底面应放垫块,或将钻头对准工作台的 T 形槽。

⑥使用电钻时应注意用电安全。

工序六:修整孔口、砂纸抛光

1. 零件图

零件图如图 6-59 所示。

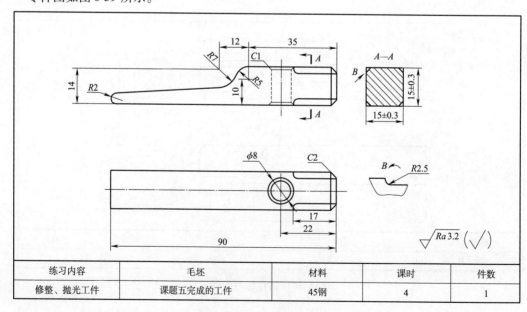

练习内容	毛坯	材料	课时	件数
修整、抛光工件	课题五完成的工件	45钢	4	1

图 6-59 修整、抛光练习工件

2. 操作步骤及要求

修整孔口、砂纸抛光的操作步骤见表6-6。

表6-6 修整孔口、砂纸抛光的操作步骤

步骤	操作内容	备 注
1	工件装夹在平口钳上并校平,平口钳不固定	控制工件边缘与平口钳的上边缘平齐
2	选择 ϕ12 mm 麻花钻,并安装好	
3	用手柄下移钻头,靠到孔口	不开动钻床
4	用手反向转动钻头,利用钻头的定心作用,使平口钳微移	保证钻头的轴线与孔的轴线重合
5	开启电源,完成倒角	根据图样要求,保证倒角 1 mm
6	关机,卸下工件	
7	工件翻转,重新安装,修整孔 ϕ8 的另一孔口	重复步骤 1~6
8	砂纸抛光	砂纸固定、工件运动

3. 注意事项

①利用钻头的定心作用时,必须保证两切削刃对称,否则无法保证钻头轴线与孔轴线重合。

②操作手柄的进给要稳定,也不能因为阻力小而快进快退,造成圆周上明显振纹。

任务八　装配实训

装配是将若干个合格的零件按装配工艺组装起来,并经过调试使之成为合格产品的过程。装配是机器制造中的最后一道工序,因此机器产品质量好坏,不仅取决于零件的加工质量,而且取决于装配质量。机器的质量最终是通过装配保证的,装配质量在很大程度上决定机器的最终质量。

一、装配的工艺过程

1. 准备工作

①研究、熟悉装配图及技术要求,了解产品的结构和相互间的连接关系、确定装配方法、顺序和所需工具。

②零件的清洗、整形和补充加工。

③部分零件的刮削、修配、预装。

2. 装配工作

①组件装配:是将若干零件连接和固定成为组件的过程,它是装配工作的基本环节。

②部件装配:是将若干零件和组件连接安装成为独立机构(部件)的过程。部件作为一个整体的机构,能单独进行空运转。

③总装配:指由若干零件、组件、部件连接成一台整体机器的过程。

图6-60所示为一台圆柱齿轮减速箱。可以把轴、齿轮、键、左右轴承、垫套、透盖、毡圈的组合视为大轴组件装配,如图6-61所示。而整台减速箱则可视为若干其他零件、组件安装在箱体这个基础零件上的部件装配。减速箱经过调试合格后,再和其他部件、组件和零件组合后装配在一起,就组成了一台完整机器,这就是总装配。

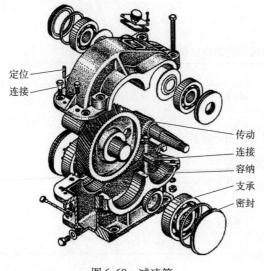

定位
连接

传动
连接
容纳
支承
密封

图 6-60　减速箱

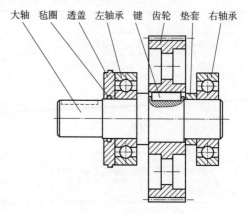

大轴　毡圈　透盖　左轴承　键　齿轮　垫套　右轴承

图 6-61　大轴组件结构图

3. 调试工作

①调整：调整零件或机构间的相互位置,配合间隙,结合程度和协调性。

②检验：检验各几何精度和工作精度,如机床导轨和主轴的平行度等。

③试车：试验各机构的灵活性,振动、温升、噪声、转速、功率等性能参数是否合格。

二、装配的工作重点

①装配前应检查零件与装配有关的形状和尺寸精度是否合格、有无变形和损坏等,同时注意零件上的标记,防止装错。

②装配一般都按先难后易、先内后外、先上后下、预处理在前的顺序进行。

③装配高速旋转的零件(或部件)要进行平衡实验,以防止高速旋转后的离心作用而产生振动。旋转机构的外面不得有凸出的螺钉或销钉头等。

④固定连接零、部件,不允许有间隙,活动的零件能在正常间隙下灵活均匀地按照规定方向运动。

⑤各类运动部件的接触表面,必须保证足够的润滑;各种管道和密封部件装配后不得有渗油、漏气现象。

⑥试车前,检查机器各部件连接的可靠性和运动机构的灵活性,检查各种变速和变向机构的操作是否灵活以及相关手柄是否在正常位置等;试车时应从低速到高速逐步进行,根据试车情况逐步进行调整,使机器达到产品验收技术标准。

三、组件装配示例

减速箱大轴组件的装配结构图,如图 6-61 所示,其装配顺序过程如下:

①将各零件修毛刺、洗净、上油。

②将键配好、压入大轴键槽。

③压装齿轮。

④装上垫套、压装右端轴承。

⑤压装左端轴承。

⑥在透盖油毡槽内放入毡圈,然后套在轴上。

四、装配常用的连接种类

常用的连接种类有固定连接和活动连接两种。

①固定连接:指装配后零件间不产生相对运动,如螺纹连接、键连接、铆接连接和销连接等。

②活动连接:指装配后零件间可产生相对运动的连接,如轴与轴承连接和丝杆与螺母连接等。

五、典型的装配工作

1. 螺纹连接装配

螺纹连接的主要方式如图6-62所示。它是一种最常用的可拆卸的固定连接,具有结构简单,拆装方便等优点,装配时应注意以下几点。

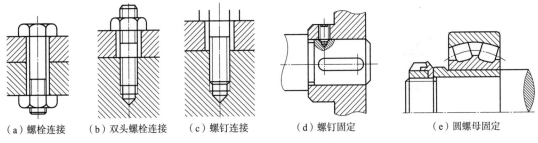

（a）螺栓连接　（b）双头螺栓连接　（c）螺钉连接　（d）螺钉固定　（e）圆螺母固定

图 6-62　常见的螺纹连接类型

①螺纹的配合应做到能用手自由旋入。对于无预紧力要求的螺纹连接,可用普通扳手拧紧;对于有规定预紧力要求的螺纹连接,常用测力扳手或力矩扳手控制预紧力。

②螺母端面应与螺纹轴线垂直,以使受力均匀;零件与螺母的配合面应平整光滑,否则螺纹容易松动。为了提高贴合质量,常使用垫圈。

③装配一组螺钉、螺母时,为了保证零件贴合面受力均匀和螺纹连接的装配质量,应按一定顺序拧紧,顺序如图6-63所示,并且不要一次完全拧紧,而要按顺序分两次或三次逐步拧紧。

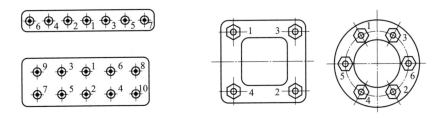

图 6-63　成组螺栓拧紧顺序

④螺纹连接在很多情况下要有防松措施,常用的防松措施如图6-64所示。

2. 销连接装配

销连接也属于可拆卸的固定连接,销连接主要用来固定两个(或两个以上)零件之间的相对位置或连接零件以传递不大的载荷。常用的销按其结构分为圆柱销和圆锥销两种,如图6-65所示。

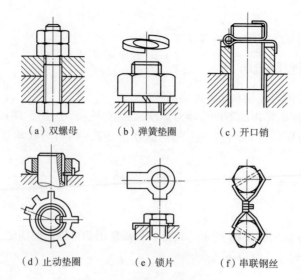

（a）双螺母　（b）弹簧垫圈　（c）开口销

（d）止动垫圈　（e）锁片　（f）串联钢丝

图 6-64　螺纹连接防松措施

（a）圆柱销和圆锥销　　（b）定位作用　　（c）连接作用

图 6-65　销钉及其作用

装配时应注意以下几点：

①圆柱销装配。圆柱销靠其少量的过盈固定在孔中，装配时，销钉表面可涂机油，然后用铜棒轻轻打入，圆柱销不宜多次拆卸，否则会降低定位精度或连接的可靠性。

②圆锥销装配。两连接件的销孔必须一起配钻、配铰；并且边铰孔、边试装，使圆锥销能自由插入锥孔内的长度应占总长度的 80% 为宜，然后用手锤敲入，销钉的大头可稍露出，或与被连接件表面齐平。圆锥销定位精度高，宜于多次拆装。

3. 轴、键、传动轮的装配

轴与传动轮（如齿轮、带轮等）的装配，多采用键连接传递运动及扭矩；其中又以普通平键连接最为常见，如图 6-66 所示。装配时应注意：键的底面应与轴上键槽底部接触，而键的顶面应与轮毂键槽底部留有一定的间隙，键的两侧采用过渡配合。装配时，先将轴与孔试配，再将键与轴及轮毂的键槽试配，然后将键轻轻打入轴的键槽内，最后对准轮毂的键槽将带键的轴推入轮毂内。

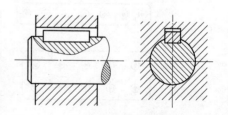

图 6-66　普通平键连接

4. 滚动轴承的装配

滚动轴承一般由外圈、内圈、滚动体、保持架组成，如图 6-67 所示。工作时滚动体在内、外圈的滚道上滚动，形成滚动摩擦。它具有摩擦小，效率高，轴向尺寸小，装拆方便等优点。滚动轴承的种类很多，如有向心球轴承、向心圆柱滚子轴承、推力球轴承、推力圆柱滚子轴承等。

滚动轴承的装配方法应根据轴承的结构、尺寸大小和轴承部件的配合性质而定,装配时的压力应直接加在待配合的套圈端面上,不能通过滚动体传递压力。这里仅介绍向心球轴承的装配。向心球轴承的配合大多为较小的过盈配合,常用手锤或压力机压装。为了使轴承圈压力均匀,需用垫套之后加压。如图6-68所示;轴承压到轴上时,施力于内圈端面,如图6-68(a)所示;轴承压入座孔时,施力于外圈端面,如图6-68(b)所示;若将轴承同时压到轴上和座孔时,则应同时施力于内外圈端面,如图6-68(c)所示。如果轴承与轴的装配是较大的过盈配合时,应将轴承加热装配,即将轴承吊在80~90℃的热油中加热,然后趁热压装。

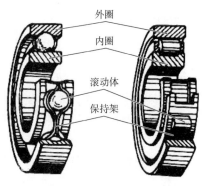

图6-67　滚动轴承的组成

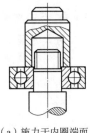 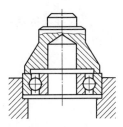 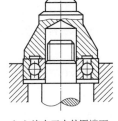

（a）施力于内圈端面　　　（b）施力于外圈端面　　　（c）施力于内外圈端面

图6-68　滚动轴承的装配

六、机器的拆卸

机器工作一段时间后,需要进行检查和修理,这时就要对机器进行拆卸。拆卸是修理工作中的重要环节。如果拆卸不当就会造成设备损坏或机器精度下降。因此,在拆卸时必须注意如下事项:

①机器拆卸前,首先要熟悉图纸,对机器零、部件的结构原理了解清楚,弄清楚修理的故障及部位,确定机器的拆卸方法。防止盲目拆卸,造成零件的损坏。

②拆卸的顺序一般按照与装配的顺序相反进行。即先装的后拆,后装的先拆。可以按照先外后内、先上后下的顺序依次进行拆卸。

③有些零、部件拆卸时要做好标记(如配合件、不能互换的零件等),防止维修后装配装错;有些零件拆下后,要按次序摆放整齐,尽可能按原来结构套装在一起。对销钉、止动螺钉、键等细小零件,拆卸后要按原位临时安装好,以防丢失。对丝杆、细长轴等零件要用布包好,并用绳索将其吊直,防止弯曲变形或碰伤。

④对不同的连接方式和配合性质,要采取相应的拆卸方法。并且要用与之配套的专用工具(如各种拉出器、固定扳手、弹性卡环钳、铜锤、铜棒、销子冲头等),以免损伤零部件。

⑤对采用螺纹连接或锥度配合的零件,必须辨清方向。

⑥紧固件上的防松装置,在拆卸后一般要更换,避免再次装上使用时因断裂而造成事故。

阅读材料　钳　工　概　述

1. 钳工工作范围

钳工是以手工操作为主,使用工具来完成零件的加工、机械产品的装配和修理等工作。与机械加工相比,钳工使用的设备及工具简单,操作灵活,可以完成机械加工不便加工或难以完成的工作。因此,虽然钳工是手工操作,劳动强度大,生产效率低,但对工人操作技术水平要求较高,在机械制造和修配工作中,仍是不可缺少的重要工种。

钳工的工作范围很广,主要包括:划线、锉削、锯削、錾削、钻孔、铰孔、攻丝、套丝、刮削、研磨、装配和修理等。

2. 钳工常用设备

(1)钳工工作台

钳工工作台如图6-69所示。一般用坚实的木材或铸铁制成,要求牢固平稳,台面高度为800 ~ 900 mm,以适合操作方便。为了安全,台面装有防护网,工具、量具、工件必须分类放置。

(2)台虎钳

台虎钳如图6-70所示。它是夹持工件的主要工具,其规格用钳口宽度表示,常用的有100 mm、125 mm、150 mm 三种规格。

使用台虎钳时应该注意:夹持工件时,尽可能夹在钳口中部,使钳口受力均匀;夹持工件的光洁表面时,应垫铜皮或铝皮加以保护。

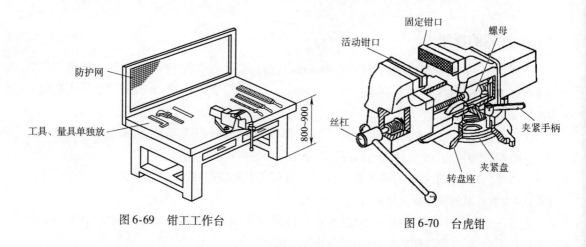

图 6-69　钳工工作台　　　　　　　图 6-70　台虎钳

思考与实训

1. 钳工划线的类型有哪几种? 划线的作用是什么?
2. 什么叫划线基准? 如何选择划线基准?
3. 选择锉刀的原则是什么? 平面锉削有哪几种方法? 各适用于何种场合?
4. 如何检验锉后工作的平面度和垂直度?
5. 怎样选择锯条? 起锯时和锯切时的操作要领是什么?

6. 综合实训：

①实训图纸如图 6-71 所示。

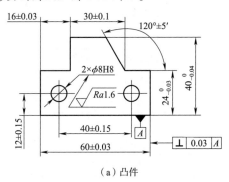

（a）凸件

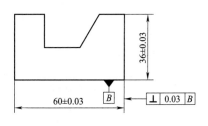

（b）凹件

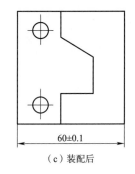

（c）装配后

技术要求

1. 凸件为基准，凹件配作；
2. 配合间隙≤0.06，配合后两侧错位量≤0.08；
3. 锐边去毛刺，孔口倒角C0.5。

图 6-71 题 6 图

②毛坯材料：

材料：Q235 钢；尺寸：80 mm×60 mm×8 mm。

③评分标准：

评分标准见表 6-7。

表 6-7 评分标准

序号	技术要求		配分	评分标准	得分
1		60 ± 0.03	5	超差全扣	
2		$40_{-0.04}^{0}$	5	超差全扣	
3		$24_{-0.03}^{0}$	8	每超一处扣 4 分	
4		16 ± 0.03	6	超差全扣	
5		30 ± 0.1	4	超差全扣	
6	凸件	$120° \pm 5'$	5	超差全扣	
7		垂直度 0.03	3	超差全扣	
8		12 ± 0.15	4	每超一处扣 2 分	
9		40 ± 0.15	4	超差全扣	
10		$\phi 8H8$、$Ra1.6\ \mu m$	4	每超一处扣 1 分	
11		$Ra3.2\ \mu m$	8	每超一处扣 1 分	

序号	技术要求		配分	评分标准	得分
12	凹件	60 ± 0.03	5	超差全扣	
13		36 ± 0.03	5	超差全扣	
14		垂直度 0.03	3	超差全扣	
15		$Ra3.2 \ \mu m$	8	每超一处扣 1 分	
16	配合	间隙 ≤0.06	15	每超一处扣 3 分	
17		错位量 ≤0.08	6	超差全扣	
18		60 ± 0.1	2	超差全扣	
19	安全文明生产		扣分	违者每次扣 2 分	

项目 **七**   车削加工实训

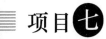**学习目标**

1. 熟悉车床的基本型号,各部分的名称和用途,并能正确操作。
2. 通过实习,了解车削加工的工艺特点及加工范围。
3. 掌握常用车刀的种类、牌号、用途,并能正确使用常用刀具、量具及夹具。
4. 掌握车削加工的基本方法。
5. 能独立加工一般的零件。

导入:车工实训是机械、机电、模具等专业实训课程中最基本的实训课,它为后续的如数控车、数控铣、加工中心等专业技能课程的学习提供基础保障。车工实训中不仅需要学生掌握的知识较为广泛,如金属材料、加工工艺制订、公差与技术测量、机械制图、金属加工基本知识等,而且要自发向优秀前辈学习,如方文墨为歼-15舰载机加工高精度零件,精度达到了 0.003 mm,相当于头发丝的 1/25,是数控车床都很难达到的精度,航空工业将这一精度命名为"文墨精度"。因此我们要学习前辈的工作态度、工作作风、工作能力,认识到做到敬业、奉献、创新并不是一件容易的事情。

任务一   车削加工基础训练

一、车削加工设备

1. 车床

车床的种类很多,为了满足车削加工的需要,根据加工零件的要求,应选用不同型号类型的车床。车床按其用途和结构的不同可分为:仪表车床、卧式车床、立式车床、转塔车床、曲轴及凸轮轴车床、仿形及多刀车床、半自动车床和数控车床等。其中又以卧式车床所占比例最高,应用最为普遍,下面主要介绍 CY6140 卧式车床。

1)CY6140 卧式车床的型号及含义

CY6140 卧式车床型号及含义如下:

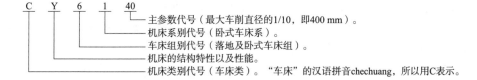
C Y 6 1 40
主参数代号(最大车削直径的1/10,即400 mm)。
机床系别代号(卧式车床系)。
车床组别代号(落地及卧式车床组)。
机床的结构特性以及性能。
机床类别代号(车床类)。"车床"的汉语拼音chechuang,所以用C表示。

2）主要组成部分及作用

CY6140 卧式车床主要由三箱、二架以及一身几大部分组成。三箱分别是主轴箱、进给箱、溜板箱,二架分别是刀架和尾架,一身即为床身,如图 7-1 所示。

图 7-1　CY6140 车床
1—主轴箱;2—进给箱;3—溜板箱;4—刀架;5—尾架;6—床身

（1）主轴箱

主轴箱又称床头箱,位于机床的左上端,内装主轴和一套主轴变速机构,用来带动主轴、卡盘(工件)转动。变换箱外的变速手柄位置,可使主轴得到各种不同的转速。主轴为空心台阶轴,其前端内部为内锥孔,用于装夹顶尖或刀具、夹具等,前端外部为螺纹或锥面,用于安装卡盘等夹具。

（2）进给箱

进给箱又称走刀箱,内装进给运动的变速齿轮,它是将挂轮传来的旋转运动传给丝杠和光杠。改变进给手柄的位置,可使光杠或丝杠得到不同的转速,从而改变纵横向进给量或螺纹螺距的大小。

（3）溜板箱

溜板箱又称拖板箱,它是将光杠传来的旋转运动变为车刀的纵横向直线移动,也可将丝杠传来的运动转换为螺纹走刀运动。

（4）刀架

刀架是用来夹持刀具并使其作纵向、横向或斜向进给运动。它由一个四方刀架、一个转盘以及大中小三个拖板组成。

①四方刀架:固定在小滑板上,用来夹持刀具。可以同时装夹四把不同的刀具。换刀时,逆时针松开手柄,即可转动四方刀架,车削时必须顺时针旋紧手柄。

②转盘:其上有刻度,它与中滑板用螺栓连接。松开螺母,便可在水平面内旋转任意角度。

③大拖板:与溜板箱连接,沿床身导轨作纵向移动,主要车外圆表面。

④中拖板:沿床鞍上面的导轨作横向移动,主要车外圆端面。

⑤小拖板:沿转盘上面的导轨作短距离纵向移动,还可以将转盘扳转某一角度后,小拖板带动车刀作相应的斜向移动,可以车锥面。

（5）尾架

尾架安装在床身导轨上,可沿导轨调节位置。尾架可以装夹顶尖以支承较长工件,还可以安装钻头、铰刀等刀具,用以钻孔、扩孔等加工,主要由以下几部分组成:

①套筒。其左端有锥孔,用以安装顶尖或锥柄刀具。套筒在尾架体内的前后位置可用手轮调节,并可用锁紧手柄固定。将套筒退到最后位置时,即可卸出顶尖或刀具。

②尾座体。与底座相连,当松开固定螺钉后,就可用调节螺钉调整顶尖的横向位置。

③底座。直接支撑于床身导轨上。

(6)床身

主要用来支承和连接各主要部分并保证各个部件之间有正确的相对位置关系。床身是由前后床腿支撑并固定在地基上。

3)机床的传动系统

CY6140 型号车床的传动系统如图 7-2 所示。

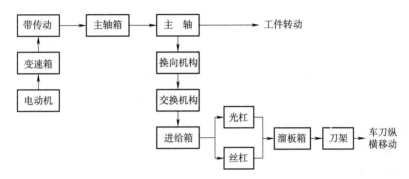

图 7-2　CY6140 型号车床的传动系统

电动机输出的动力,经带传动给变速机构使主轴得到各种不同的转速,主轴通过卡盘等夹具带动工件作旋转运动。同时,主轴的旋转运动由挂轮箱,经进给箱,通过光杠或丝杠传递给溜板箱,使溜板带动安装于刀架上的刀具作进给运动或车螺纹运动。

2. 车刀

车刀是构造最简单、但又是最典型的金属切削刀具。分析车刀的相关内容,旨在使同学能举一反三,对金属切削刀具能有一个大致的了解。

1)车刀的组成

车刀由刀头(切削部分)和刀杆(夹持部分)组成。车刀的切削部分一般由三面、两刃和一尖组成,如图 7-3 所示。

三面:

前刀面(前面):刀具上切屑流过的表面。

主后刀面(主后面):与工件加工表面相对的表面。

副后刀面(副后面):与工件已加工表面相对的表面。

两刃:

主切削刃:前刀面与主后面的交线,担负主要切削工作。

副切削刃:前刀面与副后刀面的交线,担负辅助切削工作。

一尖:即为刀尖,主切削刃与副切削刃之交点,一般为一小段过渡圆弧。

车刀的结构是由车刀切削部分的连接形式决定的。如果车刀切削部分与刀杆是整体结构,则此类车刀即为整体式车刀,如高速钢车刀。如果车刀切削部分是由刀片连接形成的,则按刀片的夹固形式,有焊接式车刀和机械夹固式车刀。

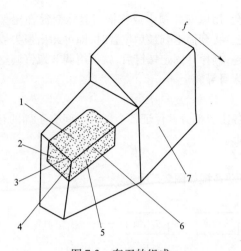

图 7-3　车刀的组成

1—前刀面;2—副后面;3—副切削刃;4—刀尖;5—主后面;6—主切削刃;7—刀柄

2）常用的车刀种类和用途

车刀按用途可分为 45°车刀、90°车刀、镗孔刀、切断刀、螺纹车刀和成形车刀等。

常用车刀的种类如图 7-4 所示。

①45°车刀:一般用来车削工件的端面和倒角。

②90°车刀:一般用来车削工件的外圆和台阶。

③镗孔刀:用来车削工件的内孔。

④切断刀:用来切断工件或在工件上切出沟槽。

⑤螺纹车刀:用来车削螺纹。

⑥成形车刀:用来车削阶台处的圆角、圆槽或车削特殊形状工件。

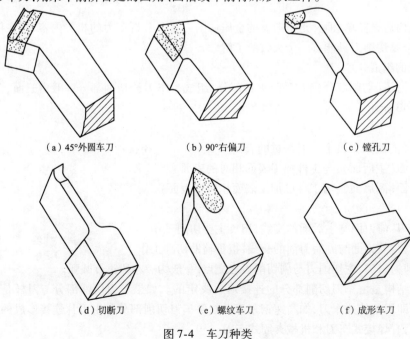

（a）45°外圆车刀　　　　（b）90°右偏刀　　　　（c）镗孔刀

（d）切断刀　　　　（e）螺纹车刀　　　　（f）成形车刀

图 7-4　车刀种类

3）车刀的刃磨及其安装

（1）车刀的刃磨

经过一段时间的车削,车刀会产生磨损而变钝,导致切削力和切削温度增高,使工件已加工表面的粗糙度增大,因此必须及时刃磨,使其具有合理的形状和角度。目前车刀的刃磨方法主要有两种:一是使用工具磨床刃磨,二是用砂轮手磨。这里仅介绍用砂轮手磨车刀的注意事项,如图7-5所示。

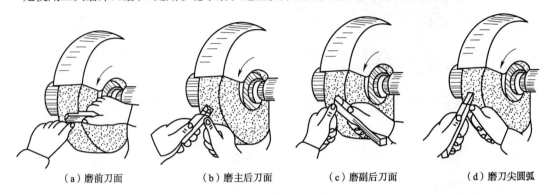

| （a）磨前刀面 | （b）磨主后刀面 | （c）磨副后刀面 | （d）磨刀尖圆弧 |

图7-5　车刀的刃磨

磨刀步骤如下:

①磨前刀面。磨出车刀的前角及刃倾角。

②磨主后刀面。磨出主偏角及主后角。

③磨副后刀面。磨出副偏角及副后角。

④磨刀尖圆弧。为了提高刀尖强度和散热条件,一般在刀尖圆弧处磨出半径为0.2~0.5 mm的刀尖圆弧。

⑤研磨刀刃。车刀在砂轮上磨好以后,再用油石研磨车刀的前面及后面,使刀刃锐利和光滑,这样可延长车刀的使用寿命。车刀用钝程度不大时,也可用油石在刀架上修磨,硬质合金车刀可用碳化硅油石修磨。

磨刀注意事项:

①磨刀时,人应站在砂轮的侧前方,双手握稳车刀,用力要均匀。

②刃磨时,将车刀左右移动,否则会使砂轮产生凹槽。

③磨硬质合金车刀时,不可把刀头放入水中,以免刀片突然受冷收缩而碎裂。磨高速钢车刀时,要经常冷却,以免降低硬度。

（2）车刀的安装

车刀的安装很重要,如图7-6所示,安装时应注意以下几点:

①车刀不要伸出太长,一般不超过刀杆厚度的1.5倍。

②刀尖应与工件中心线等高,否则会影响前角和后角的大小。

③刀杆中心线应与工件中心线垂直,否则会影响主、副偏角的大小。

④车刀垫片要平整,宜少不宜多,以防振动。

二、车削加工基本方法训练

车削加工基本方法有车外圆和端面、车锥面、孔类加工、切断、车槽、车成形面、车螺纹和滚花等。

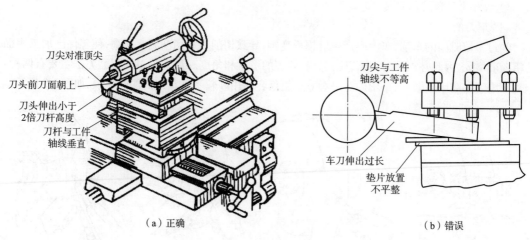

刀尖对准顶尖

刀头前刀面朝上

刀头伸出小于
2倍刀杆高度

刀杆与工件
轴线垂直

刀尖与工件
轴线不等高

车刀伸出过长

垫片放置
不平整

（a）正确

（b）错误

图 7-6　车刀的安装

1. 车外圆和端面

1）毛坯的装夹和找正

应选择零件毛坯平直的表面进行装夹,以确保装夹牢靠。找正外圆时一般要求不高,只要能使加工余量分配均匀,保证能车至图样尺寸即可。

2）刻度盘的使用

在车削工件时,为了正确和迅速地掌握进刀深度,通常利用中拖板或小拖板上刻度盘进行操作。

以中拖板为例,刻度盘紧固在横向进给的丝杠轴头上,当摇动横向进给丝杠转一圈时,刻度盘也转了一周,这时固定在中拖板上的螺母就带动中拖板车刀移动一个导程,如果横向进给丝杠导程为 5 mm,刻度盘分 100 格,当摇动进给丝杠转动一周时,中拖板就移动 5 mm,当刻度盘转过一格时,中拖板移动量为 $5 \div 100 = 0.05$ mm。使用刻度盘时,由于螺杆和螺母之间配合往往存在间隙,因此会产生空行程(即刻度盘转动而拖板未移动),必须向相反方向退回全部空行程,然后再转到需要的格数,而不能直接退回到需要的格数,如图 7-7 所示。

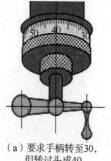  

（a）要求手柄转至30,
但转过头成40

（b）错误：直接退至30

（c）正确：反转约一周后,
再转至所需位置30

图 7-7　刻度盘的使用

3）车外圆

将工件车成圆柱形表面的加工称为车外圆,是最常见、最基本的车削加工。常见的外圆车削如图 7-8 所示。

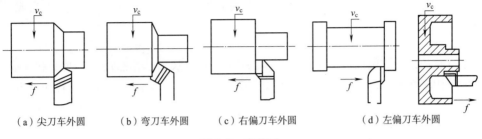

（a）尖刀车外圆　　（b）弯刀车外圆　　（c）右偏刀车外圆　　（d）左偏刀车外圆

图 7-8　车外圆

　　圆柱形表面是构成各种机器零件形状的基本表面之一。例如轴、套筒都是由大小不同的圆柱面组成的。

　　外圆车削一般可以分为粗车外圆和精车外圆两种。

　　粗车外圆就是把毛坯上的多余部分（即加工余量）尽快地车去，这时不要求工件达到图纸要求的尺寸精度和表面光洁度。粗车时应留有一定的精车余量。

　　精车外圆是把工件上经过粗车后留有的少量余量车去，使工件达到图纸或工艺上规定的尺寸精度和表面光洁度。

　　车外圆注意事项：

　　①移动床鞍至工件的右端，用中拖板控制进刀深度，摇动小拖板丝杠或床鞍纵向移动车削外圆，一次进给完毕，横向退刀，再纵向移动刀架或床鞍至工件右端，进行第二、第三次进给车削，直至符合图样要求为止。

　　②车削外圆时，通常要进行试切削和测量。其具体方法是：开车对刀，使车刀和工件外圆表面轻微接触，然后纵向退出车刀（横向不要退），按要求横向进给 α_{p1} 后试切外圆 1～3 mm，再纵向退出车刀，停车测量，如果发现测量值符合图纸尺寸，就按 α_{p1} 车出整个外圆面，如果尺寸还大，要重新调整背吃刀量至 α_{p2} 后进行试切，直到尺寸合格为止，如图 7-9 所示。

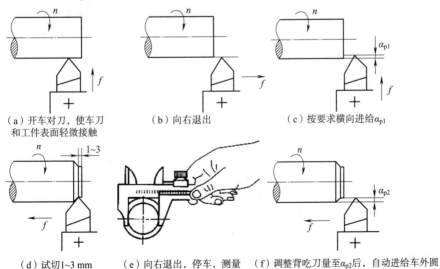

（a）开车对刀，使车刀　　　　（b）向右退出　　　　（c）按要求横向进给 α_{p1}
　　和工件表面轻微接触

（d）试切 1～3 mm　　（e）向右退出，停车，测量　　（f）调整背吃刀量至 α_{p2} 后，自动进给车外圆

图 7-9　车外圆度切法

③为了确保外圆的车削长度,通常先采用刻线痕法,后采用测量法进行,即在车削前根据需要的长度,在工件的表面刻一条线痕。然后根据线痕进行车削,当车削完毕,再用卡尺或其他量具复测。

4)车端面

对工件端面进行车削的方法称为车端面,如图 7-10 所示。车削加工时,一般先将端面车出。车削端面应用端面车刀,开动车床使工件旋转,移动床鞍(或小拖板)控制切深,转动中拖板横向走刀进行车削。

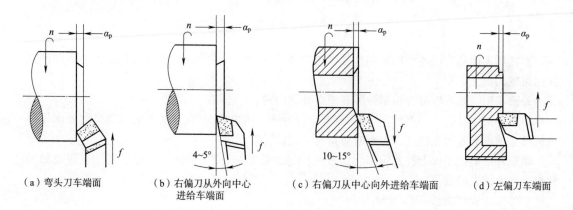

（a）弯头刀车端面　　（b）右偏刀从外向中心　　（c）右偏刀从中心向外进给车端面　　（d）左偏刀车端面
　　　　　　　　　　　　　进给车端面

图 7-10　车端面

弯头刀车端面,可采用较大背吃刀量,切削顺利,表面光洁,大小平面均可车削,应用较多。右偏刀车端面,适宜车削尺寸较小、中心带孔或一般的台阶端面。用左偏刀车端面,刀头强度较好,适宜车削较大端面,尤其是铸、锻件大端面。

车端面注意事项:

①车刀的刀尖应对准工件的回转中心,否则会在端面的中心留下凸台。

②工件中心处的线速度较低,为了获得较好的表面质量,车端面的转速要比车外圆的转速高一些。

③直径较大的端面车削时应将床鞍锁紧在床身上。

④精度要求高的端面,应分粗、精加工。

2. 车削锥面

将工件车成锥体的方法称为车锥面。锥体可直接用角度表示,如30°、45°、60°等,也可以用锥度表示,如1:5、1:10、1:20 等。

车削锥面的方法有四种:小刀架转位法、偏移尾座法、靠模法和宽刀法。

1)小刀架转位法

车较短的圆锥体时,可以用转动小拖板的方法,如图 7-11 所示。小拖板的转动角度也就是小拖板导轨与车床主轴轴线相交的一个角度,它的大小应等于所加工零件的圆锥半角值,小拖板的转动方向决定于工件在车床上的加工位置。

转动小拖板车圆锥体的方法是松开固定小拖板的螺母,使小拖板随转盘转动半锥角,然后紧固螺母。车削时,转动小拖板手柄,即可加工出所需圆锥面。这种方法操作简单,不受锥度大小的限制,但由于受到小拖板行程的限制不能加工较长的圆锥。

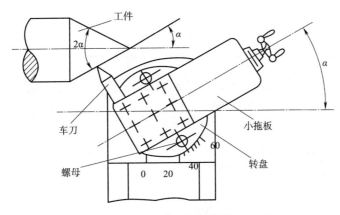

图 7-11　小刀架转位法

2）偏移尾座法

如图 7-12 所示，将工件安装在前后顶尖中，将尾座带动顶尖横向偏移距离 S，使得工件的中心线与主轴中心线成 α 角，通过车刀纵向自动走刀而车出锥面。其计算公式为：

$$S = L \cdot \tan \alpha = \frac{L(D - d)}{2l}$$

式中　L——前后顶尖距离；

　　　l——圆锥长度；

　　　D——锥面大端直径；

　　　d——锥面小端直径。

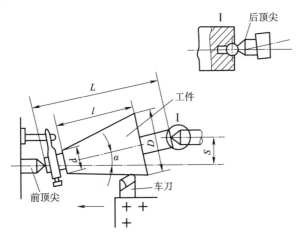

图 7-12　偏移尾座法

3）靠模法

靠模法车锥面一般适合于大批量生产，如图 7-13 所示。靠模装置的底座固定在床身的后面，底座上装有锥度靠模板，松开紧固螺钉，靠模板绕中心轴旋转，这样便与工件的轴线成一定的夹角，靠模上的滑块可以沿靠模滑动，而滑块通过连接板与中拖板连接在一起。中拖板上的丝杠与螺母脱开，这样其手柄便不再控制刀架横向位置，而将小拖板转过 90°，用小拖板上的丝杠调节刀具横向位置从而调整所需的背吃刀量。

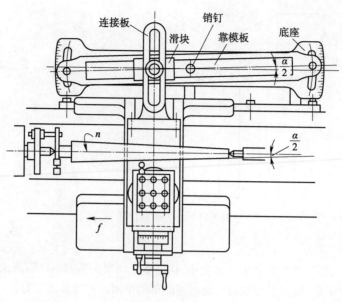

图 7-13　靠模法

4）宽刀法

宽刀法就是利用主切削刃横向进给直接车出圆锥面。切削刃的长度略大于圆锥母线的长度并且切削刃与工件中心线成半锥角，这种加工方法操作简单，可以加工任意角度的圆锥。由于此种方法加工效率高，适合批量生产。但是要求切削加工系统（如刀具性能等）要有较高的刚性，如图 7-14 所示。

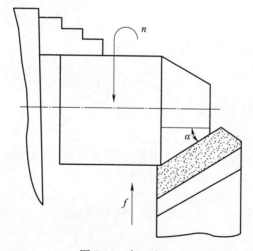

图 7-14　宽刀法

锥面检查方法：

①用量角器（见图 7-15）测量（适用于精度不高的圆锥表面）。

②用套规检查（适用于较高精度锥面）。

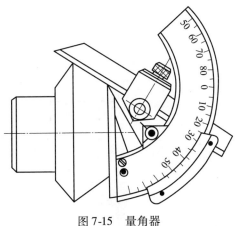

图 7-15　量角器

3. 钻孔、镗孔和铰孔

1）钻孔

如图 7-16 所示，用钻头在实体材料上加工孔的方法称为钻孔。在车床上钻孔与在钻床上钻孔的切削运动不同，在钻床上加工的主运动是钻头的旋转，进给运动是钻头的轴向进给；在车床上钻孔时，主运动是工件旋转，钻头装在尾座的套筒内，用手转动手轮使套筒带动钻头实现进给运动，车床钻孔一般用于粗加工。

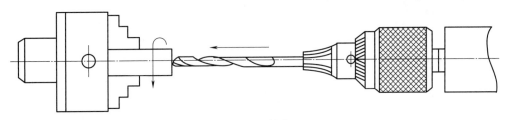

图 7-16　钻孔

钻孔的方法：

①车平端面。便于钻头定心，防止钻偏。

②预钻中心孔。用中心钻在工件中心处先钻出中心孔，或用车刀在工件中心处车出定心小坑。

③装夹钻头。选择与所钻孔直径对应的麻花钻，麻花钻工作部分长度略长于孔深。如果是直柄麻花钻，则用钻夹头装夹后，再把钻夹头的锥柄插入尾座套筒。对于锥柄麻花钻，如钻头太小可加用过度锥套，或直接插入尾座套筒内。

④调整尾座纵向位置。松开尾座锁紧装置，移动尾座，直至钻头接近工件，将尾座锁紧，此时要考虑套筒伸出不应太长，以保证尾座的刚性。

⑤开车钻孔。钻孔是封闭式切削，散热困难，容易导致钻头过热，所以，钻孔时的切削速度不宜过高，钻盲孔时，可利用尾座套筒上的刻度控制深度，也可在钻头上做深度标记来控制孔深。孔将钻通时，应减缓进给速度，以防折断钻头。钻孔结束后，先退出钻头，然后停车。

⑥排削与润滑。钻深孔时应经常将钻头退出，以利于排削和冷却钻头。钻削钢件时应加注切削液。

2）镗孔

所谓镗孔加工就是指利用镗孔刀对工件上铸出、锻出或钻出的孔作进一步的加工，如图7-17所示。

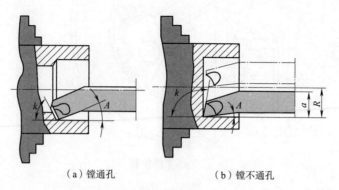

（a）镗通孔　　　　　　　　　（b）镗不通孔

图7-17　镗孔

在车床上镗孔时，工件作旋转运动，镗刀作进给运动。由于镗刀要进入孔内进行镗削，因此，镗刀切削部分的结构尺寸较小，刀杆也比较细，刚性比较差，镗孔时要选择较小的背吃刀量和进给量。

在车床上镗孔时其径向尺寸的控制方法与外圆车削时基本一样，车不通孔或台阶孔时，当镗刀纵向进给至末端时，需作横向进给加工内端面，以保证内端面与孔轴线垂直，如图7-17（b）所示，镗刀须横向进给 $R+a$ 距离完成内端面加工。

3）铰孔

铰孔是用铰刀作扩孔后或半精镗孔后的精加工。操作注意事项为：

①铰孔余量不能太大或太小。

②铰削时车床应低速运转。

③铰钢件孔时，必须加切削液，以保证表面质量。

4）切断

切断是指将坯料或工件从夹持端上分离下来的过程，切断方法如图7-18所示。

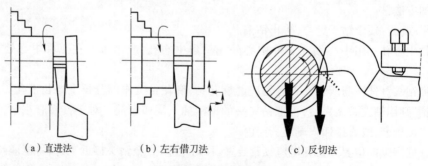

（a）直进法　　　　　　（b）左右借刀法　　　　　　（c）反切法

图7-18　切断法

①直进法切断工件：是指垂直于工件轴线方向切断，这种切断方法切断效率高，但对车床刀具刃磨装夹有较高的要求，否则容易造成切断刀的折断。

②左右借刀法切断工件：是指切断刀径向进给的同时，在轴线方向多次往返移动直至工件切断，在切削系统（刀具、工件、车床）刚性不足的情况下可采用这种方法切断工件。

③反切法切断工件：是指工件反转，车刀反装进行切断的方法。这种切断法适用于较大直径工件的加工。

切断时一般采用卡盘装夹工件，且尽量使切断处靠近卡盘，以增加工件刚性；切断时，切削速度要低，均匀缓慢的手动进给，以免进给量太大造成刀具折断。

5）车槽

在工件上车削沟槽的方法称为车槽，如图7-19所示。外圆和平面上的沟槽称为外沟槽，内孔的沟槽称为内沟槽。

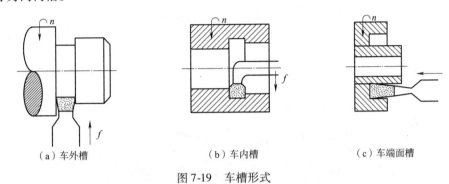

（a）车外槽　　　　　　　　　（b）车内槽　　　　　　　　　（c）车端面槽

图7-19　车槽形式

在轴的外圆表面车槽与车端面有些类似。车槽刀有一条主切削刃、两条副切削刃、两个刀尖，切槽时沿径向由外向中心进刀。

宽度小于5 mm的窄槽，用主切削刃尺寸与槽宽相等的车槽刀一次车出；切削宽度大于5 mm的宽槽，车削时，先沿纵向分段粗车，再精车，车出槽深及槽宽。

6）车成形面

对表面轮廓为曲面的回转体零件的加工称为成形面加工，如在普通车床上切削手柄、手轮、球体等，车削成形面的方法有双手控制法、成形车刀法、靠模法等。

①双手控制法（见图7-20）。用双手同时摇动中拖板手柄和大拖板手柄，并通过目测协调双手进退动作，使车刀走过的轨迹与所要求的手柄曲线相仿。车削过程中要经常用成形样板（见图7-21）检验车削表面，经过反复的加工、检验、修正直至最后完成成形面的加工。

其特点是灵活方便，但需有较高操作技术。

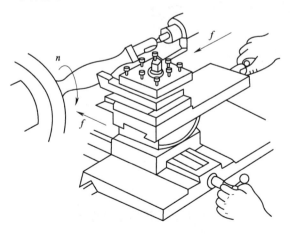

图7-20　双手控制法

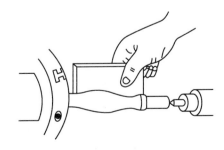

图7-21　用成形样板测量

②成形车刀法。切削刃形状与工件表面形状一致的车刀称为成形车刀(见图7-22)。用成形车刀加工成形面时,车刀只需作横向进给就可以车出所需的成形面,此方法操作方便、生产效率高,但由于样板刀的刀刃不能太宽,刃磨十分困难,因此,一般适用于加工形状简单、轮廓尺寸要求不高的成形面,如图7-23所示。

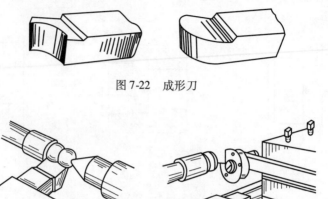

图7-22 成形刀

（a）　　　　　　　　　　　　（b）

图7-23 用成形车刀车削特形面

③靠模法(见图7-24)。用靠模法车成形面与用靠模法车锥面的原理是一样的,此方法操作方便,零件的加工尺寸不受限制,可实现自动进给,生产率高,但靠模的制造成本高,适合大批量生产。

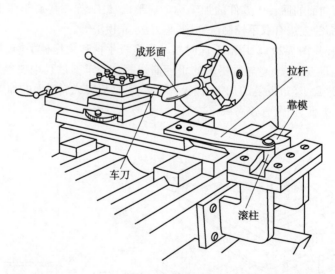

图7-24 靠模法

7)车螺纹

将工件表面车削成螺纹的方法称为车螺纹。螺纹的种类很多,按用途分连接螺纹和传动螺纹;按牙型分三角螺纹、梯形螺纹和矩形螺纹等,如图7-25所示。

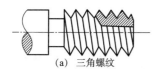
(a) 三角螺纹

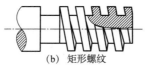
(b) 矩形螺纹

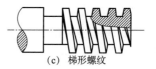
(c) 梯形螺纹

图 7-25　靠模法

（1）螺纹车刀的装夹

注意事项：

①装夹车刀时，刀尖一般应对准工件中心（可根据尾座顶尖高度检查）。

②车刀刀尖角的对称中心线必须与工件轴线垂直，装刀时可用样板来对刀，如图 7-26 所示。

③刀头伸出不要过长，一般为 20～25 mm（约为刀杆厚度的 1.5 倍）。

（2）车螺纹时车床的调整

①变换手柄位置：一般按工件螺距在进给箱铭牌上找到交换齿轮的齿数和手柄位置，并把手柄拨到所需的位置上。

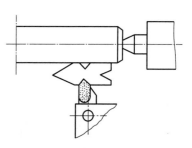

图 7-26　螺纹车刀的对刀

②调整拖板间隙：调整中、小拖板镶条时，不能太紧，也不能太松。太紧了，摇动拖板费力，操作不灵活；太松了，车螺纹时容易产生"扎刀"。顺时针方向旋转小拖板手柄，消除小拖板丝杠与螺母的间隙。

（3）车螺纹的操作方法与步骤

①启动车床，使车刀与工件轻微接触，记下刻度盘读数后，向右退出车刀，如图 7-27（a）所示。

②合上开合螺母，在工件表面上试切出一条螺旋线，横向退出车刀，停车，如图 7-27（b）所示。

③开反车使车刀退至工件右端，检查螺距是否正确，如图 7-27（c）所示。

④利用刻度调整切削深度，如图 7-27（d）所示。

⑤车刀将至行程终了时，做好退刀停车准备，先快速退出车刀，然后停车，开反车退回刀架，如图 7-27（e）所示。

⑥再次横向进给，继续切削，直至螺纹加工完成，如图 7-27（f）所示。

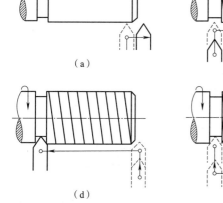
（a）

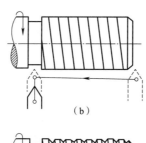
（b）

（c）

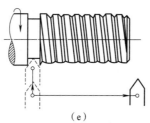
（d）

（e）

（f）

图 7-27　螺纹车削方法与步骤

8）滚花

为了增加某些零件的摩擦力或使其表面美观，往往在零件表面上滚出各种花纹，例如车床的刻度盘、外径千分尺的微分套管以及铰、攻扳手等，这些花纹一般是在车床上用滚花刀滚压而成的，如图7-28所示。

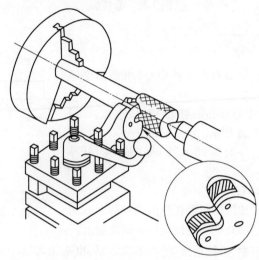

图 7-28　滚花

（1）花纹的种类

花纹的种类有直花纹、斜花纹、网花纹等，如图7-29所示。

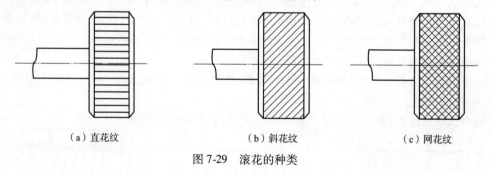

（a）直花纹　　　　　　　（b）斜花纹　　　　　　　（c）网花纹

图 7-29　滚花的种类

（2）滚花刀

常用滚花刀有单轮滚花刀和双轮滚花刀。单轮滚花刀[见图7-30（a）]滚压直花纹和斜花纹，双轮滚花刀[见图7-30（b）]滚压网花纹。

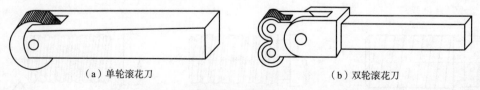

（a）单轮滚花刀　　　　　　　　　　　（b）双轮滚花刀

图 7-30　滚花刀

（3）滚花方法

把滚花刀安装在车床方刀架上，使滚轮圆周表面与工件平行接触。滚花时，工件低速旋转，滚花轮径向挤压后再作纵向进给,来回滚压几次,直到花纹凸出高度符合要求。

任务二　综合训练

综合训练一

按图 7-31 要求完成车削加工。

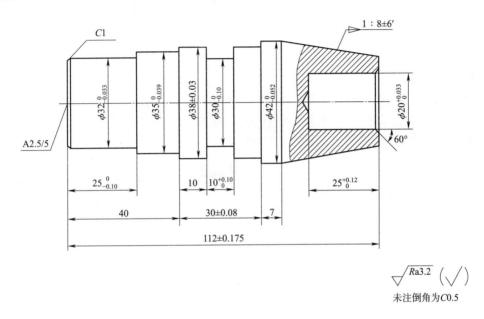

图 7-31　综合训练图一

一、工艺分析

①夹住毛坯工件 40～50 mm 长,校正并夹紧。

a. 车端面,钻中心孔。

b. 钻孔 $\phi 18$ mm×25 mm。

c. 粗精镗孔至图示尺寸。

d. 锪孔并一夹一顶。

e. 粗车外圆 $\phi 45$ mm 至外圆 $\phi 43$ mm,长度约为 50 mm。

②工件掉头,夹住工件 $\phi 43$ mm×35 mm,找正并夹紧。

a. 车端面并保证总长(112±0.175) mm。

b. 钻中心孔,一夹一顶。

c. 粗车外圆 $\phi 45$ mm 至外圆 $\phi 39$ mm,长度为 69.5 mm。

d. 粗车外圆 $\phi 39$ mm 至外圆 $\phi 36$ mm,长度为 39.5 mm。

e. 粗车外圆 $\phi 36$ mm 至外圆 $\phi 33$ mm,长度为 24.5 mm。

f. 精车外圆 $\phi 33$ mm×24.5 mm 至图示尺寸。

g. 精车外圆 $\phi 36$ mm×39.5 mm 至图示尺寸。

h. 精车外圆 ϕ39 mm 至图示尺寸,保证长度为(30 ± 0.08) mm。

i. 粗精车沟槽 ϕ30 mm × 10 mm 至图示尺寸。

j. 倒角 C1,去毛刺 C0.5。

③工件掉头,夹住外圆 ϕ32 mm × 25 mm,并顶孔 ϕ20 mm。

a. 精车 ϕ43 mm 至图示尺寸。

b. 粗精车锥度 1:8 ± 6′,保证 7 mm。

c. 去毛刺 C0.5。

二、注意事项

①钻孔转速为 210 ~ 260 r/min。

②外圆与长度交接处应清角。

③粗精加工时,进刀量、进刀深度及转速要合理选择。

④加工工件时,按工艺进行,并注意先后次序,否则将出现同轴度误差。

⑤加工完工件时一定要倒角去毛刺。

综合训练二

按图 7-32 要求完成车削加工。

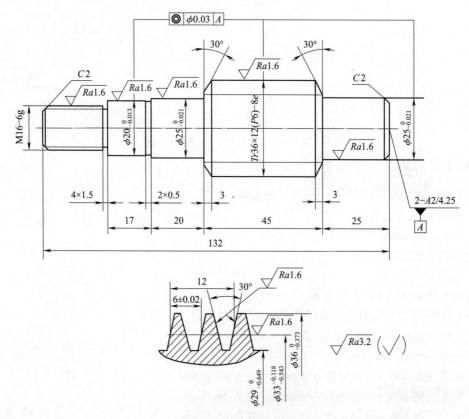

图 7-32　综合训练图二

一、实训目的

①学会用宽刃刀车削 IT6 级精度外圆的方法。
②掌握在双顶尖间精车各类螺纹的方法。

二、车削工艺

①三爪夹持工件毛坯：

a. 平端面后钻 A2/4.25 中心孔。

b. 车出 $\phi35$ mm×15 mm 阶台。

②工件调头，三爪夹持毛坯：

a. 车端面，保证总长 132。

b. 钻 A2/4.25 中心孔。

③夹持 $\phi35$ mm×15 mm 处，一夹一顶：

a. 粗车各部外圆，各留余量 1。各阶台轴向尺寸达图示。

b. 粗车 Tr36×12(P6)-8e 螺纹，大径留余量 0.5，中径留余量 0.5，小径到尺寸。

c. 切准 4×1.5、2×0.5 槽(注意要加上外径余量)。

④双顶尖装夹(中间调头)：

a. 车准各外圆达图(宽刃刀切削余量留 0.05 左右)。

b. 车准 M16-6g 螺纹。

c. 车准 Tr36×12(P6)-8e 梯形螺纹。

三、安全及操作注意事项

①宽刃刀刃口要平直、锋利，并用油石研磨前后刀面达 $Ra3.2$。车削时宜选用低速大走刀量，并充分冷却润滑。

②双顶尖车削螺纹时，如中途卸下工件，则重新车削时要"认准原爪"并重新对刀。

四、工时

总工时为 270 min，其中准终工时 30 min，加工工时则为 240 min。

五、准备事项

①材料：圆钢 45，下料尺寸 $\phi40$ mm×137 mm 一段。

②刀具：三角形螺纹车刀、梯形螺纹车刀、切槽刀、宽刃白钢刀各一把、A2/4.25 中心钻一个，常用刀具若干。

③工、量具：0~25、25~50 外径千分尺各一把，0~150 游标卡尺一把，$\phi3.108$ 量针一副，M16-6g 套规一副，$\phi20~\phi30$ 鸡心夹头一个，螺纹样板一块。

阅读材料 车前加工概述

1. 车削基本知识

车削加工是指在车床上，工件作旋转运动，刀具作平面直线或曲线运动，完成机械零件切削加工的过程。其中工件的旋转为主运动，刀具的移动为进给运动，如图 7-33 所示。

（1）车工切削用量三要素及其合理运用

车工切削用量三要素是指切削速度v、进给量f和背吃刀量a_p，图7-34表示车外圆的用量三要素。

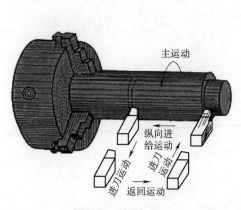

图7-33　车削运动

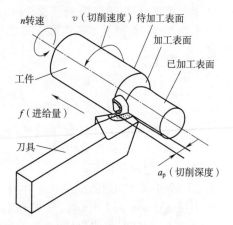

图7-34　切削运动三要素

①切削速度v。是工件作旋转运动时，外圆的线速度，计算公式为

$$v = \frac{\pi D n}{1\,000 \times 60}\,(\mathrm{m/s})$$

式中　n——工件的转速，r/min；

　　　D——工件待加工表面直径，mm。

②进给量f。工件每转一圈，刀具在进给方向相对移动量，其单位为 mm/r。

③背吃刀量a_p。是指工件的已加工表面与待加工表面之间的距离，即

$$a_p = \frac{1}{2}(D - d)\,(\mathrm{mm})$$

式中　D——工件待加工表面直径，mm；

　　　d——工件已加工表面直径，mm。

切削速度、进给量和背吃刀量之所以称为切削用量三要素是因为它们对切削加工质量、生产率、机床的动力消耗、刀具的磨损有着很大的影响，是重要的切削参数。粗加工时，为了提高生产率，尽快切除大部分加工余量，在机床刚度允许的情况下选择较大的背吃刀量和进给量，但考虑到刀具耐用度和机床功率的限制，切削速度选择不宜太高，精加工时，为保证工件的加工质量，应选用较小的背吃刀量和进给量，而切削速度选择较高。根据被加工工件的材料、切削加工条件、加工质量要求，在实际生产中可由经验或参考机械加工手册合理选择切削用量。

（2）车削加工的范围

车削加工主要用来加工零件上的回转表面，如图7-35所示。加工零件的尺寸公差等级可达IT8～IT7，表面粗糙度 Ra 值可达 0.8 μm。

2. 机床附件及工件的安装

工件的安装主要任务是使工件准确定位及夹持牢固。由于各种工件的形状和大小不同，所以有各种不同的安装方法。

（1）用三爪卡盘夹工件

三爪卡盘是车床最常用的附件，如图7-36所示。三爪卡盘适于夹持圆柱形、六角形等中小对称工件。当安装直径较大的工件时，可使用"反爪"，如图7-36（b）所示。三爪卡盘装夹工件如图7-37所示。

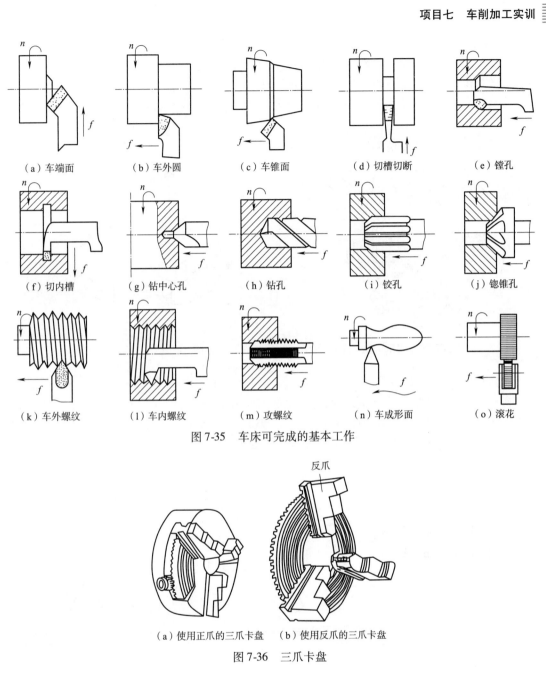

（a）车端面　　（b）车外圆　　（c）车锥面　　（d）切槽切断　　（e）镗孔

（f）切内槽　　（g）钻中心孔　　（h）钻孔　　（i）铰孔　　（j）锪锥孔

（k）车外螺纹　　（l）车内螺纹　　（m）攻螺纹　　（n）车成形面　　（o）滚花

图 7-35　车床可完成的基本工作

反爪

（a）使用正爪的三爪卡盘　　（b）使用反爪的三爪卡盘

图 7-36　三爪卡盘

（a）夹持棒料　　（b）用卡爪反撑内孔　　（c）夹持小外圆　　（d）夹持大外圆　　（e）用反爪夹持大工件

图 7-37　三爪卡盘装夹工件

（2）用四爪卡盘装夹工件

四爪卡盘也是车床常用的附件，如图 7-38 所示。四爪卡盘上的四个卡爪可独立移动，它们分别装在卡盘体的四个径向滑槽内，当扳手插入某一方孔内转动时，就带动该卡爪作径向移动。四爪卡盘比三爪卡盘的夹紧力大，适用于夹持较大的圆柱形、矩形、椭圆形工件及形状不规则的工件，如图 7-39 所示。

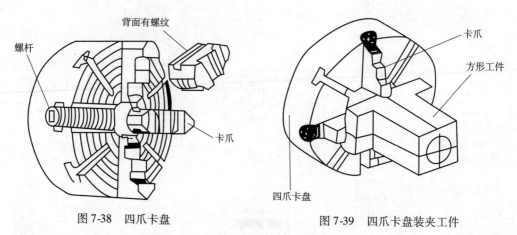

图 7-38　四爪卡盘　　　　　　　　　图 7-39　四爪卡盘装夹工件

（3）用顶尖装夹工件

较长或加工工序较多的轴类工件，为保证工件同轴度要求，常采用两顶尖的装夹方法，如图 7-40 所示。工件支承在前后两顶尖间，由拨盘带动鸡心夹头（卡箍），鸡心夹头带动工件旋转。有时亦可用三爪卡盘代替拨盘夹持工件，另一端靠尾座上的顶尖支承。

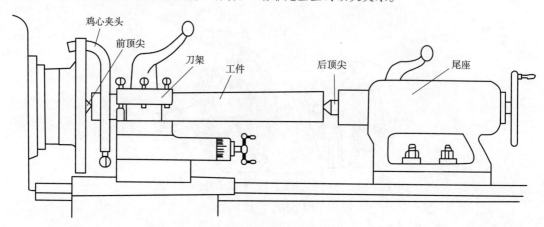

图 7-40　用两顶尖装夹工件

常用的顶尖有死顶尖和活顶尖两种。前顶尖装在主轴锥孔内随主轴及工件一起旋转，与工件无相对运动，故常采用死顶尖，如图 7-41（a）所示。为了防止高速切削时后顶尖与工件中心孔摩擦发热过多而磨损，后顶尖常采用活顶尖，如图 7-41（b）所示。

（4）用中心架和跟刀架装夹工件

加工细长轴时，为防止工件被车刀顶弯或防止工件振动，需要用中心架或跟刀架增加工件的刚性，减少工件的变形，中心架适合台阶轴加工。

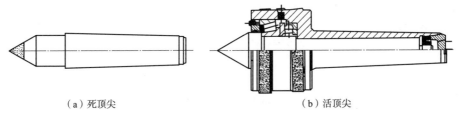

（a）死顶尖　　　　　　　　（b）活顶尖

图 7-41　顶尖

如图 7-42 所示,中心架固定在车床床身上,先在被支承的工件支承处车出一小段光滑表面,然后调整中心架的三个支承爪与其接触。

跟刀架如图 7-43 所示,它固定在床鞍上,车削时与刀架一起移动,跟刀架适合光轴加工。

使用中心架或跟刀架时,被支承处要加油进行润滑,工件的转速不能太高,以防工件与支承爪之间摩擦过热而磨损。

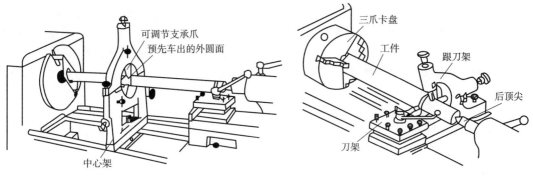

图 7-42　用中心架支承工件　　　　　　图 7-43　用跟刀架支承工件

3. 常用量具

（1）游标卡尺、游标深度尺和游标高度尺

游标卡尺是一种比较精密的量具,如图 7-44 所示。它可以直接量出工件的内径、外径、宽度、深度等。按照测量尺寸的范围,游标卡尺有 0 ~ 125 mm、0 ~ 150 mm、0 ~ 200 mm、0 ~ 300 mm 等多种规格;按测量精度可分为 0.1 mm、0.05 mm 和 0.02 mm 三种。具体使用时可根据零件大小和尺寸精度来选择。

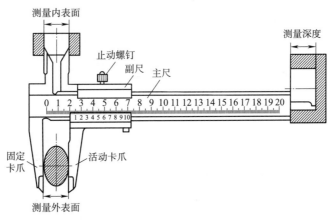

图 7-44　游标卡尺

测量前应将卡尺擦干净,检查量爪贴合后副尺的零线是否和主尺的零线对齐,如图7-45(a)所示。测量时所用测力应使两量爪刚好接触零件的表面为宜,卡尺要避免倾斜,随即可读数;或者用紧固螺钉把副尺固定好,取下卡尺进行读数。

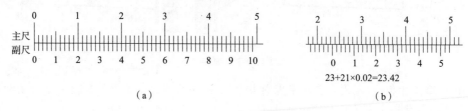

(a)　　　　　　　　　　　　　　　(b)

图7-45　游标卡尺读数及示例

读数的方法是:首先以副尺零刻度线为准在主尺尺身上读取毫米整数,即以毫米为单位的整数部分;然后看副尺上第几条刻度线与主尺尺身的刻度线对齐,读出零线到与主尺尺身刻度线对齐的刻度线格数,并将格数与卡尺测量精度相乘得到小数部分,最后将主尺上读出的整数与小数相加得到最后的读数。如游标上没有哪个刻度与主尺刻度线对齐,则选择最近的一根读数,有效数字要与精度对齐,如图7-45(b)所示读出整数部分是23(mm),经观察零线到与主尺尺身刻度线对齐的刻度线格数是27小格,所以小数部分为$27 \times 0.02 = 0.54$(mm),所以最后的读数是23 + 0.54 = 23.54(mm)。

图7-46所示为专门用于测量深度和高度的游标尺。深度尺可用于绝对测量和相对测量,高度游标尺除用来测量高度外,也可用于精密划线。其深度尺和高度尺的操作和读数方法与游标卡尺大致相同。

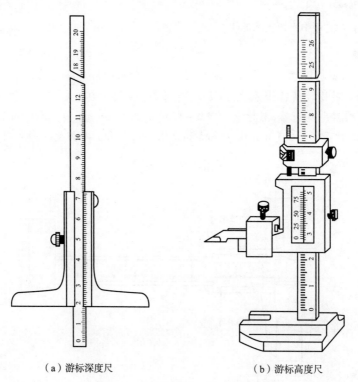

(a)游标深度尺　　　　　　　　(b)游标高度尺

图7-46　游标深度尺和游标高度尺

（2）螺旋测微器

螺旋测微器又称千分尺,是比游标卡尺更精密的测量长度的量具,测量精度可达到0.01 mm。

螺旋测微器的构造如图7-47所示。小砧固定在框架上,旋钮、微调旋钮、微分筒、测微螺杆连在一起,通过精密螺纹套在固定套筒上。

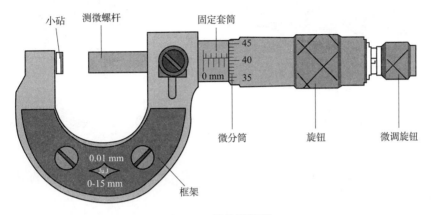

图7-47　螺旋测微器

读数方法是:测量时,当小砧和测微螺杆并拢时,微分筒的零点若恰好与固定套筒的零点重合,旋出测微螺杆,并使小砧和测微螺杆的面正好接触工件待测长度的两端,那么测微螺杆向右移动的距离就是所测的长度。这个距离的整毫米数由固定刻度上读出,小数部分则由可动刻度读出。图7-48（a）的测量尺寸为 $12 + 0.045 = 12.045(\text{mm})$,图7-48（b）的测量尺寸为 $32.5 + 0.35 = 32.85(\text{mm})$。

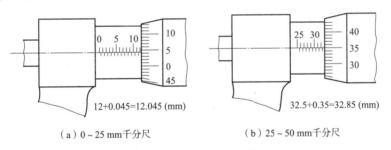

（a）$0 \sim 25$ mm千分尺　　　　（b）$25 \sim 50$ mm千分尺

图7-48　千分尺的读数

（3）百分表

百分表的刻度值为0.01 mm,是一种精度较高的测量工具。它只能读出相对数值,不能测出绝对数值。主要用来检验零件的形状误差和位置误差,也常用于工件装夹时精确找正。

百分表的结构原理和读数方法:

百分表的结构如图7-49所示,当测量头向上或向下移动1 mm时,通过测量杆上的齿条和几个齿轮带动大指针转一周,小指针转一格。刻度盘在圆周上有100等分的刻度线,其每格的读数值为0.01 mm;小指针每格读数值为1 mm。测量时大、小指针所示读数变化值之和即为尺寸变化量。

百分表使用时应装在百分表架上,如图7-50所示。

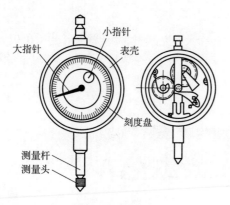

图 7-49 百分表

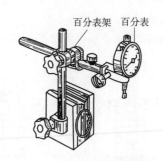

图 7-50 用百分表架装夹百分表

百分表使用注意事项:

①使用前应检查测量杆的灵活性。做法是:轻轻推动测量杆,看能否在套筒内灵活移动。每次松开手后,指针应回到原来的刻度位置。

②测量时,百分表的测量杆要与被测表面垂直。

③百分表用完后,应擦拭干净,放入盒内,并使测量杆处于自由状态,防止表内弹簧过早失效。

(4)万能角度尺

万能角度尺是用来测量零件角度的,如图 7-51 所示。万能角度尺采用游标读数,可测任意角度。扇形板带动游标可以沿主尺移动。角尺可用卡块紧固在扇形板上。可移动的直尺又可用卡块固定在角尺上。基尺与主尺连成一体。

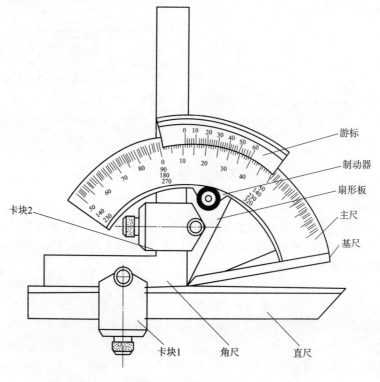

图 7-51 万能角度尺

万能角度尺的刻线原理与读数方法和游标卡尺相同。其主尺上每格一度,主尺上的29°与游标的30格相对应。游标每格为29/30,即为58′,主尺与游标每格相差2′,就是说,万能角度尺的读数精度为2′。

测量时应先校对万能角度尺的零位。校零后的万能角度尺可根据工件所测角度的大致范围组合基尺、角尺、直尺的相互位置,可测量0°~320°范围的任意角度。

(5)量具的保养

量具的精度直接影响到检测的准确性,必须加强对量具的保养,保养的目的是防止量具破损、变形、锈蚀,应做到以下几点:

①在使用前后必须用棉纱擦干净。

②不能测量毛坯或运动中的工件。

③不能用力过猛、过大,不能测量温度过高的工件。

④用清洁的油来清洗、润滑量具。

⑤用完后应涂油并放入专用的量具盒内。

思考与实训

1. 车床的主运动和进给运动是怎样实现的?

2. 常用的车刀有哪些?装夹车刀时应注意什么?

3. 车削加工的基本方法有哪些?

4. 列举车床常用附件,并简要说明其用途。

5. 操作车床时应注意哪些安全事项?

6. 综合课题训练见图7-52。

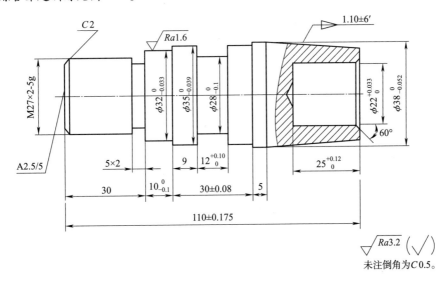

图7-52　综合课题训练图

项目 八 铣削加工实训

学习目标

1. 了解铣床的种类,熟悉常用铣床的结构及功能。
2. 熟悉铣床常用刀具的结构与用途。
3. 了解万能分度头的结构、用途,掌握简单分度的方法。
4. 能正确安装工件、刀具,能完成平面、斜面及沟槽的铣削加工。

导入:目前,社会对技能熟练、素质高超的技能新人才要求越来越多。在这种社会背景下,不管在毕业后就直接就业,还是进入到高等学习进行深造,都需要对铣床等机加工工种的实践高度重视,确保所学的操作技术能够达到社会发展需要。学生也要树立为社会服务的学习观念,努力成为对社会有用的人才,积极投身新时代中国特色社会主义伟大事业,为建设富强民主文明和谐美丽的社会主义现代化强国努力奋斗。

被称为"活刀库"的邹峰,他的大脑里存储了几乎所有刀具的性能参数及加工范围,无须翻书查证,在大脑中准确匹配,并能在 27 000 余种刀具中准确识别出生产商家,对刀具切削性能的了解和娴熟应用甚至超过刀具厂商的技术服务工程师。

任务一 铣削加工基础实训

一、铣削加工设备

1. 铣床

铣床种类很多,常用的有卧式铣床、立式铣床、龙门铣床等。在一般工厂,万能卧式铣床和立式铣床应用最为广泛,这两类机床适用性强,主要用于单件、小批量生产中尺寸不是太大的工件。而龙门铣床一般用于加工大型零件。

1)卧式铣床

卧式铣床是指铣床的主轴轴线与工作台面平行。其又可分为普通卧式铣床和万能卧式铣床。下面以 X6132 型万能卧式铣床为例介绍其型号及组成。

(1)万能卧式铣床的型号

图 8-1 所示为 X6132 型万能卧式铣床,X6132 型万能卧式铣床的型号的含义如下:

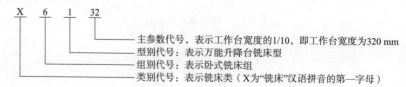

主参数代号,表示工作台宽度的1/10,即工作台宽度为320 mm
型别代号:表示万能升降台铣床型
组别代号:表示卧式铣床组
类别代号:表示铣床类(X为"铣床"汉语拼音的第一字母)

（2）万能卧式铣床的组成

万能卧式铣床主要由床身、横梁、主轴、纵向工作台、转台、横向工作台、升降台等部分组成，其结构与组成如图8-1所示。

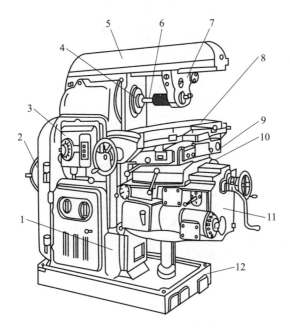

图 8-1　X6132 万能卧式铣床

1—床身；2—电动机；3—变速机构；4—主轴；5—横梁；6—刀杆；7—刀杆支架；

8—纵向工作台；9—转台；10—横向工作台；12—底座

①床身。用来固定和支承铣床各部件，其内部装有主轴、主轴变速箱、电器设备及润滑油泵等部件。

②横梁。横梁上一端装有吊架，用来支承刀杆，以增强其刚性，减少振动；横梁可沿燕尾轨道移动，以调整其伸出的长度。

③主轴。主轴为空心轴，其前端为 7∶24 锥孔，用来安装铣刀或刀轴，并带动铣刀旋转。

④纵向工作台。纵向工作台用来安装工件和夹具，可沿转台上的导轨作纵向移动。

⑤转台。转台可将纵向工作台在水平面内扳转一定的角度（正、反均为 0°～45°），以便铣削螺旋槽等。有无转台是万能卧式铣床与普通卧式铣床的主要区别。

⑥横向工作台。横向工作台位于升降台上面的水平导轨上，可沿升降台上的导轨作横向移动，用以调整工件与铣刀之间的横向位置和带动工件做横向进给运动。

⑦升降台。升降台可以带动整个工作台沿床身的垂直导轨上下移动，以调整工件与铣刀的距离和实现垂直进给运动。

⑧底座。用于固定和支承床身和升降台，其内装着切削液。

2）立式铣床

立式铣床结构如图8-2所示，其主轴轴线与工作台面相互垂直。立式铣床的主轴可以在垂直面内左右摆动45°，因此可与工作台面倾斜成一定角度，从而扩大了立式铣床的加工范围。其他组成部分及运动与万能卧式铣床基本相同。

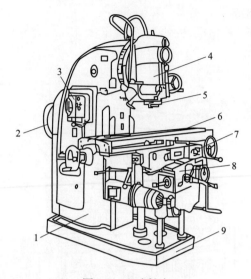

图 8-2　立式铣床

1—床身;2—电动机;3—变速机构;4—主轴头架;5—主轴;
6—纵向工作台;7—横向工作台;8—升降台;9—底座

3)龙门铣床

龙门铣床是一种大型高效能通用机床。图 8-3 所示为四轴龙门铣床的外形图。由于龙门铣床的刚性和抗振性比较好,它允许采用较大的切削用量,并可用几个铣头同时从不同方向加工几个表面,机床生产效率高,因此在成批和大量生产中得到广泛应用。

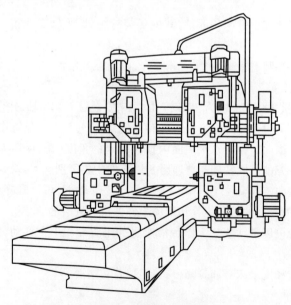

图 8-3　四轴龙门铣床

2. 铣刀

1）铣刀的种类

铣刀是一种多齿回转刀具,种类繁多。按照用途,铣刀可分类如下:

（1）加工平面用的铣刀

①圆柱铣刀:圆柱铣刀用于卧式铣床上加工较窄的平面。刀齿分布在铣刀的圆周上,是由高速钢整体制造的,也有镶焊硬质合金的,如图 8-4 所示。

其按齿形分为直齿、斜齿或螺旋齿三种。为提高铣削时的平稳性,以螺旋形的刀齿居多。按齿数分粗齿和细齿两种。螺旋齿粗齿铣刀齿数少,刀齿强度高,容屑空间大,重磨次数多,适用于粗加工;细齿铣刀刀齿多、刀齿强度低、容屑空间小、工作平稳,适用于精加工。

可以将多把铣刀组合在一起进行宽平面铣削,组合时必须是左右交错螺旋齿。

②面铣刀。面铣刀又称端铣刀,用于立式铣床、端面铣床或龙门铣床上加工较大面积的平面。面铣刀主切削刃分布在圆柱或圆锥表面上,端部切削刃是主切削刃,端面上分布着副切削刃。主要用于加工台阶面和平面,生产效率高。其端面和圆周上均有刀齿,也有粗齿和细齿之分。其结构有整体式、镶齿式和可转位式 3 种,如图 8-5 所示。

图 8-4　螺旋形整体式圆柱铣刀

图 8-5　面铣刀

小直径面铣刀用高速钢做成整体式,高速钢面铣刀一般用于加工中等宽度的平面。标准铣刀直径范围为 80 ~ 250 mm。整体焊接式面铣刀,该刀结构紧凑,较易制造,但刀齿磨损后整把刀将报废,故已较少使用。

大直径的面铣刀是在刀片上装夹焊接式硬质合金刀头。硬质合金面铣刀的切削效率及加工质量均比高速钢铣刀高,故目前广泛使用硬质合金面铣刀加工平面。

（2）加工沟槽用的铣刀

①三面刃铣刀。三面刃铣刀又称三面刃。刀具外圆表面具有主切削刃,且两侧面还具有副切削刃的盘形铣刀。三个刃口均有后角,刃口锋利,切削轻快,可以改善切削条件,提高效率,降低了表面粗糙度。主要用于加工凹槽和台阶面。

三面刃铣刀按齿型可分为直齿和错齿两类,如图 8-6 所示。

● 直齿型:其制造简单,切削条件较差。用于铣削较浅定值尺寸凹槽,也可铣削一般槽、台阶面、侧面光洁加工。

● 错齿形:较直齿三面刃铣刀而言,它具有切削平稳,切削力小,排屑容易等优点。错齿的用于加工较深的沟槽。

②锯片铣刀。锯片铣刀较薄,只在圆周上有切削刃,主要用于切断工件和在工件上铣削窄槽,如图8-7所示。

（a）错齿三面刃铣刀　　（b）直齿三面刃铣刀

图8-6　三面刃铣刀　　　　　　　　　图8-7　锯片铣刀

③立铣刀。立铣刀相当于带刀柄的小直径的圆柱铣刀,可以加工凹槽,也可以加工平面、台阶面,利用靠模还可以加工成形面。

当立铣刀直径较小时,柄部制成直柄;直径较大时,柄部制成锥柄,如图8-8所示。

立铣刀圆柱面上的切削刃是主切削刃,端面上的切削刃没有通过中心,是副切削刃。工作时不宜做轴向运动。当立铣刀上有通过中心的端齿时,可轴向进给。

④键槽铣刀。键槽铣刀主要用于加工轴上的键槽。键槽铣刀的外形与立铣刀相似,不同的是他只有两个刀齿,端面切削刃延伸至中心是主切削刃,圆柱上的切削刃是副切削刃,如图8-9所示。因此,在加工两端不通的键槽时,能沿刀具轴向作适量的进给。

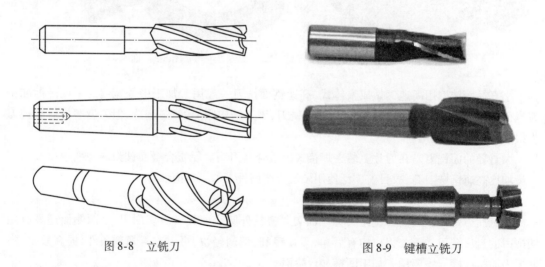

图8-8　立铣刀　　　　　　　　　　图8-9　键槽立铣刀

键槽铣刀与立铣刀的区别:

● 键槽铣刀不能加工底面,而立铣刀可以加工底面。

● 键槽铣刀主要用于加工键槽与槽,键槽铣刀对铣键槽很好用。例如,6 mm 的立铣刀与6 mm 的键槽铣刀相比,立铣刀容易断刀,而键槽铣刀能一刀过。

● 键槽铣刀的切削量要比立铣刀大。

⑤角度铣刀。角度铣刀主要用于加工带角度的沟槽和斜面。角度铣刀一般可以分为两种：单角铣刀和双角铣刀，如图 8-10 所示。单角铣刀的圆锥切削刃为主切削刃，端面切削刃为副切削刃。双角铣刀两圆锥面上的切削刃均为主切削刃。它分为对称双角铣刀和不对称双角铣刀。

（3）加工成形面的铣刀

①成形铣刀。成形铣刀是在铣床上加工成形表面的专用刀具，如图 8-11 所示。其刃形是根据工件加工表面的轮廓设计的。它和成形车刀一样，可以保证被加工工件的尺寸精度、形状一致和较高的生产率。成形铣刀在生产中应用比较广泛，尤其在涡轮机叶片加工中的应用更为普遍。

图 8-10 键槽立铣刀

图 8-11 成形铣刀

②模具铣刀。模具成形铣刀是用于加工模具型腔或凸模成形表面，在模具制造中广泛应用。它是由立铣刀演变而成的。主要分为圆锥形立铣刀、圆柱形球头立铣刀和圆锥形球头立铣刀，如图 8-12 所示。

图 8-12 模具铣刀

硬质合金模具铣刀用途非常广泛，除可铣削各种模具型腔外，还可代替手用锉刀和砂轮磨头清理铸、锻、焊工件的毛边，以及对某些成形表面进行光整加工等。

3. 铣床附件

1）平口钳

平口钳又称机用台虎钳，是一种通用夹具，主要用于安装尺寸小、形状规则的零件，如图 8-13 所示。

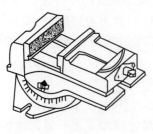 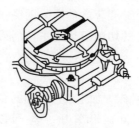 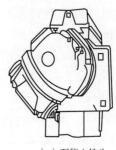

（a）平口钳 （b）回转工作台 （c）万能立铣头

图 8-13 常用铣床附件

2）回转工作台

回转工作台又称转盘或圆形工作台，是立式铣床的重要附件，如图 8-13（b）所示。回转工作台内部为蜗轮蜗杆传动，工作时，摇动手轮可使转盘作旋转运动。转台周围有刻度，用来确定转台位置，转台中央的孔用来找正和确定工件的回转中心。回转工作台适用于对较大工件进行分度和非整圆弧槽、圆弧面的加工。

3）万能立铣头

万能立铣头前沿外形如图 8-13（c）所示，铣头主轴可在空间扳转出任意角度。在卧式铣床上装上万能铣头，不仅能完成各种立式铣床的工作，还能一次装夹中对工件进行各种角度的铣削。

万能铣头的底座用螺栓固定在铣床的垂直导轨上。铣床主轴的运动通过铣头内的两对锥齿轮传到铣头主轴上。铣头的壳体可绕铣床主轴轴线偏转任意角度。铣头主轴的壳体还能在铣头壳体上偏转任意角度。因此，铣头主轴就能在空间偏转成所需的任意角度。

4）万能分度头

在铣削加工中，要求工件铣好一个面或槽后，能转过一定角度，继续加工下一个面或槽，这种转角称为分度。分度头就是用来进行分度的装置，因此，它是铣床十分重要的附件。

（1）万能分度头的功用

能对工件做任意圆周等分或通过挂轮使工件做直线移距分度；可将工件轴线装置成水平、垂直或倾斜的位置；使工件随纵向工作台的进给做等速旋转，从而铣削螺旋槽、等速凸轮等。

（2）万能分度头的结构

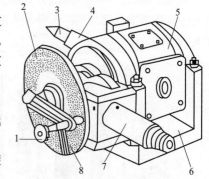

图 8-14 万能分度头

1—手柄；2—分度盘；3—顶尖；4—主轴；
5—转动体；6—底座；7—挂轮轴；8—扇形叉

万能分度头结构如图 8-14 所示，在它的底座上装有转动体，分度头主轴可随转动体在垂直面内向上 90° 和向下 10° 范围内转动。主轴的前端一般装有三爪卡盘或者顶尖来安装工件。分度时，拔出定位销，摇动分度手柄，通过蜗轮蜗杆带动分度头主轴旋转进行分度。

（3）万能分度头的分度原理

如图 8-15 所示，分度头中蜗轮传动的传动比 $i = 1:40$。也就是说，手柄每转动一周，主轴转动 1/40 周，相当于工件等分 40 等分。如果工件在整个圆周上的分度数目 z 已知，那么每一个等分就要求分度头主轴转 $1/z$ 圈，这时分度手柄所需转的圈数 n 即可由 $n = 40/z$ 推得。

（4）分度方法

分度头分度的方法有直接分度法、简单分度法、角度分度法和差动分度法等。这里仅介绍常用的简单分度法。$n = 40/z$ 就是简单分度法计算转数的计算公式。分度时，如果求出的手柄转数不是整数，可利用分度盘上的等分孔距来确定。分度盘如图 8-16 所示，一般分度头备有两块分度盘。分度盘的两面各钻有不通的许多圈孔，各圈孔数均不相等（见表 8-1），然而同一孔圈上的孔距是相等的。

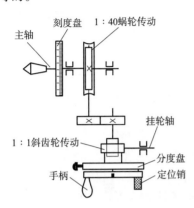

图 8-15　万能分度头传动系统图

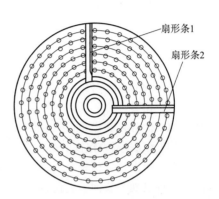

图 8-16　分度盘

表 8-1　分度盘各圈孔数表

第一块	正面	24	25	28	30	34	37
	反面	38	39	41	42	43	
第二块	正面	46	47	49	51	53	54
	反面	57	58	59	62	66	

例如：将工件进行 9 等分。则每一次分度手柄需要转动圈数为：

$$n = \frac{40}{z} = \frac{40}{9} = 4\frac{4}{9} = 4\frac{24}{54}(\text{转})$$

也就是说，每分一等分，手柄需转过 $4\frac{4}{9}$ 圈。其中 4 圈直接转动分度手柄即可，另外的 4/9 圈需通过分度盘（见图 8-16）来控制。具体操作过程为先将分度盘固定，再将分度手柄上的定位销调整到孔数为 9 的倍数的孔圈上，如孔数为 54 的孔圈上。此时分度手柄转过 4 整圈后，再沿孔数为 54 的孔圈转过 24 个孔距即可。

为了保证手柄转过的孔距正确，避免重复数孔，可调整分度盘上的两个扇脚，其角度大小可根据需要的孔距数调节。若分度头手柄圈数转多了，则应将手柄多退回半圈左右，再转到正确位置，以消除传动件之间的间隙。

二、铣削基本操作训练

1. 工件的安装

1）平口钳安装工件

平口钳是通用夹具，由于它具有结构简单、夹紧牢靠等特点，所以在铣削加工时，常使用平口钳装夹中小型、形状规则的工件，如图 8-17 所示。

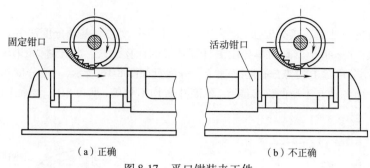

（a）正确　　　　　　　　　　（b）不正确

图 8-17　平口钳装夹工件

用平口钳装夹工件的注意点：

①装夹工件时，必须将零件的基准面紧贴固定钳口或导轨面；装夹时还必须保证承受铣削力的为平口钳的固定钳口。

②工件的加工面必须高出钳口，如果工件低于钳口，可用平行垫铁垫高工件。

③为了使工件紧密地靠在垫铁上，应用铜锤或木槌轻轻敲击工件，以用手不能轻易推动垫铁为止。

④工件在平口钳上装夹位置要适当，要使工件稳固牢靠，在铣削过程中不产生位移。

⑤为防止工件已加工表面被夹伤，可在钳口与工件间垫上铜皮等软金属。

2）用压板装夹工件

对于大型工件或用平口钳难以安装的工件，可用压板、螺栓和垫铁将工件直接固定在工作台上，如图 8-18 所示。

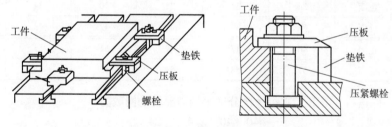

图 8-18　压板装夹工件

用压板装夹工件的注意点：

①压板的位置要安排得当，压点要靠近切削面，压力大小要合适。

②工件如果放在垫铁上，要检查工件与垫铁贴紧情况。若没有贴紧，必须垫上铜皮等软金属，直到贴紧为止。

③压板一端必须压在垫铁上，以免工件因受压紧力而变形。

④安装薄壁工件，在其空心位置处，可用活动支承（千斤顶等）来支承工件，增加其强度。

⑤工件压紧后，要用划针盘复查加工线是否仍与工作台平行，避免工件在压紧过程中变形或移动。

3）用分度头安装工件

分度头安装工件一般用在等分工作中。它即可以用分度头卡盘（或顶尖）与尾架顶尖一起安装轴类零件，如图 8-19（a）所示。也可以只使用分度头卡盘安装工件，图 8-19（b）和图 8-19（c）所示为分度头在垂直和倾斜位置安装工件。

4）专用夹具装夹工件

当零件的生产批量较大时，可采用专用夹具或组合夹具装夹工件，这样既能提高生产效率，又能保证产品质量。

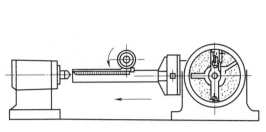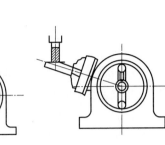

（a）分度头与顶尖安装工具　　　　（b）分度头垂直安装工件　　　　（c）分度头倾斜安装工具

图 8-19　分度头安装工件

2. 铣刀的安装

铣刀按刀体结构不同,其在主轴上的安装方法也有所不同。

1）带孔铣刀的安装

（1）刀杆

带孔类铣刀一般都是利用刀杆装在铣床主轴上的,刀杆由刀轴、垫圈、止动键、衬套、螺母 5 部分组成,如图 8-20 所示。刀轴直径是根据铣刀的内孔而设计的,一般有 6 种直径尺寸。另有一种不带衬套的刀轴,使用这种刀轴时,刀轴的轴颈直接支承在刀杆支架上。而前一种刀杆是通过衬套支承在刀杆支架上。

（2）拉杆

刀杆装在主轴上之后,必须用拉杆拉紧后方能使用,拉杆的形状和使用如图 8-20 所示。

（3）铣刀安装

带孔铣刀要采用铣刀杆安装,先将铣刀杆锥体一端插入主轴锥孔,用拉杆拉紧。通过套筒调整铣刀的合适位置,刀杆另一端用吊架支承。先将刀轴装入主轴孔中,并用拉杆拉紧。刀轴里端装入几个适当长度的垫圈以确定铣刀位置。套入铣刀时,在铣刀和刀轴之间放入止动键,再在铣刀外侧装上适当长度的垫圈、垫套,拉出悬梁至适当位置,刀杆支架装在悬梁上并和刀杆衬套配合,旋紧悬梁、刀杆支架的紧固螺母及刀杆螺母。装夹时铣刀应尽量靠近主轴,减少刀杆的变形,提高加工精度。

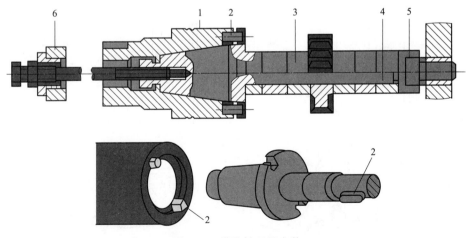

图 8-20　带孔铣刀的安装

1—主轴;2—端面键;3—套筒;4—刀轴;5—螺母;6—拉杆

2)带柄铣刀的安装

带柄铣刀多用于立式铣床,直柄铣刀和锥柄铣刀采用不同的方法安装。

(1)锥柄铣刀的安装

锥柄铣刀锥柄大小如果与主轴孔大小相同,则可直接装入机床主轴内,用拉杆将铣刀拉紧;如果大小不同,根据铣刀锥柄的大小,选择合适的变锥套,将各配合表面擦净,用拉杆把铣刀及过渡套一起拉紧在主轴上。如图8-21(a)所示。

(2)直柄立铣刀的安装

直柄立铣刀多为小直径铣刀,一般其直径不超过$\phi20$ mm,多用弹簧夹头进行安装,如图8-21(b)所示。

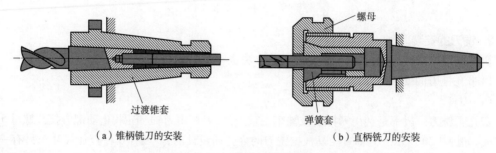

（a）锥柄铣刀的安装　　　　　　　　　　　　（b）直柄铣刀的安装

图 8-21　带柄铣刀的安装

3)硬质合金铣刀的安装

硬质合金铣刀的夹持部分可分为两种形式:带柄结构、套式结构。小直径面铣刀一般做成带柄结构,锥柄和主轴锥孔相配合,用作定位和传递扭矩。柄部末端的螺孔用以拉紧铣刀,其安装方式与立铣刀相似。大直径面铣刀均做成套式结构。

4)安装圆柱铣刀的步骤

在卧式铣床上安装圆柱铣刀的步骤如图8-22所示,第一步刀杆上先套几个垫圈,装上键,再套上铣刀;第二步铣刀外边的刀杆上再套上几个垫圈后,拧上左旋螺母;第三步装上支架,拧紧支架紧固螺钉,轴承孔内加油润滑;第四步初步拧紧螺母,开车观察铣刀是否装正,装正后用力拧紧螺帽。

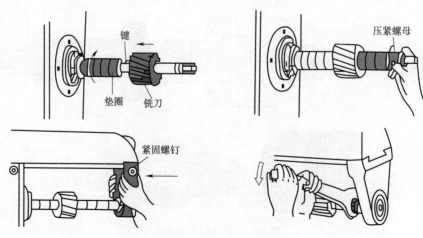

图 8-22　圆柱铣刀的安装步骤

3. 铣削平面

在铣床上铣削平面时选择不同铣刀,其安装方法与铣削方法均有所不同,通常选择圆柱铣刀、端铣刀或立铣刀在卧式铣床或立式铣床上进行平面铣削加工。

1)圆柱铣刀铣平面[见图8-23(a)]

圆柱铣刀铣削平面一般在卧式铣床上进行,像采用这种刀齿分布在圆周表面的铣刀铣削平面的方式又称周铣法。根据铣刀的旋转方向与工件进给方向的关系,又将周铣法分为顺铣与逆铣两种方式。顺铣时,铣刀的旋转方向与工件的进给方向相同;逆铣时,铣刀的旋转方向与工件的进给方向相反。

逆铣时,铣刀的刀刃开始接触工件后,将在表面滑行一段距离后才真正切入金属。这就使得刀刃容易磨损。而且铣刀对工件有上抬的切削分力,影响工件的稳固性,见图8-23(a)。

但顺铣时铣削的水平分力与工件的进给方向相同,工件的进给会受工作台传动丝杠与螺母之间间隙的影响,工作台的窜动和进给量不均匀,因此铣削力忽大忽小,严重时会损坏刀具与机床,见图8-23(b),因此用圆柱铣刀铣平面时一般用逆铣法加工。

圆柱铣刀铣削平面的加工步骤:

①正确安装铣刀和装夹工件,选择合适的铣削用量。

②开车使铣刀旋转,升高工作台使工件和铣刀稍微接触;停车,将垂直丝杠刻度盘对准零线。

③纵向退出工件。

④利用刻度盘将工作台升高到规定的铣削深度位置,紧固升降台和横梁滑板。

⑤先用手动使工作台纵向进给,在刀具切入工件后,改为自动进给,工件的进给方向通常与切削速度方向相反。

⑥铣完一刀后停车,退回工作台,测量工件尺寸。重复铣削工件到规定要求的尺寸。

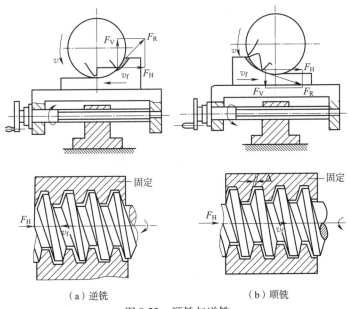

（a）逆铣　　　　　　　　（b）顺铣

图8-23　顺铣与逆铣

2)端铣刀铣平面

采用端铣刀铣削平面,在立式铣床或卧式铣床上均可进行(见图8-24),这种铣削平面的方法又称端铣法。

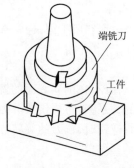
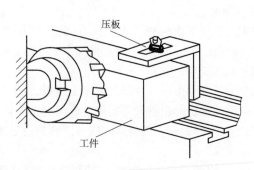

（a）用端铣刀在立式铣床铣平面　　　　　　（b）用端铣刀在卧式铣床铣平面

图 8-24　端铣刀铣平面

端铣刀大多数镶有硬质合金刀头,其刀杆又比较短,刚性好,铣削过程更为平稳,所以加工时可以采用大的铣削用量切削,加工效率高。另外,端铣时端面铣刀的刀刃又起修光作用,因此表面粗糙度 Ra 值较小。端铣法既提高了生产率,又提高了表面质量,因此端铣已成为在大批量生产中加工平面的主要方式之一。

3）立铣刀铣平面

在立式铣床上还可以采用立铣刀加工平面。与端铣刀相比,由于它的回转直径相对端铣刀的回转直径较小,因此,加工效率较低,加工较大平面时,有接刀纹,表面粗糙度 Ra 值较大。但其加工范围广泛,可进行各种内腔表面的加工。

4. 铣削斜面

铣削斜面常用的方法有调整工件角度铣斜面、调整铣刀角度铣斜面和角度铣刀铣斜面三种。

1）调整工件到所需角度铣斜面

（1）划线校正工件角度

铣削斜面时,先按图纸要求划出斜面的轮廓线。对尺寸不大的工件,可用平口钳装夹。工件装夹后,用划针盘把所划的线校正的与工作台平行,然后夹紧,进行铣削,就可得到所需要的斜面。这种方法因为需要划线与校正,步骤复杂,只适合单件或小批量生产。

（2）垫铁调整工件角度

如图 8-25（a）所示,在零件基准的下面垫一块倾斜的垫铁,则铣出的平面就与基准面成倾斜位置。改变倾斜垫铁的角度,可加工不同角度的斜面。用倾斜垫铁装夹工件比较方便,因而在小批量生产中常用这种加工方法。

（3）万能分度头调整工件角度

如图 8-25（b）所示,在一些圆柱形和特殊形状的零件上加工斜面时,可利用分度头将工件调整到所需位置再铣出斜面。

2）调整铣刀到所需角度铣削斜面

在铣头可回转的立式铣床上加工斜面时可以调整立铣头的角度,使铣刀角度倾斜到与工件斜面角度相同后铣削斜面,如图 8-25（c）所示。此方法铣削时,由于工件必须做横向进给才能铣出斜面,因此受工作台行程等因素限制,不宜铣削较大的斜面。

3）角度铣刀铣削斜面

较小的斜面可以直接用角度铣刀铣出。如图 8-25（d）所示,其铣出的斜面的倾斜角度由铣刀的角度保证。

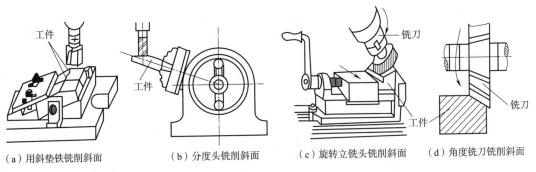

（a）用斜垫铁铣削斜面　　　　（b）分度头铣削斜面　　　（c）旋转立铣头铣削斜面　　（d）角度铣刀铣削斜面

图 8-25　铣削斜面

5. 铣削沟槽

在铣床上能加工的沟槽种类很多,如直角沟槽、V 形槽、T 形槽、燕尾槽和键槽等。下面只介绍直角沟槽、键槽、T 形槽和燕尾槽的铣削加工。

1)铣削直角沟槽

加工敞开式直角沟槽,当尺寸较小时,一般都选用三面刃盘铣刀加工,成批生产时采用盘形槽铣刀加工,成批生产尺寸较大的直角沟槽则选用合成铣刀;加工封闭式直角沟槽,一般采用立铣刀或键槽铣刀在立式铣床上加工。需要注意的是,在采用立铣刀铣削沟槽时,特别是铣窄而深的沟槽时,由于排屑不畅,散热面小,所以在铣削时采用较小的铣削用量。同时,由于立铣刀中央无切削刃,不能向下进刀,因此必须在工件上钻一落刀孔以便其进刀。

2)铣削键槽

常见的键槽有封闭式和敞开式两种。加工单件封闭式键槽时,一般在立式铣床上进行,工件可用平口钳装夹;大批量加工封闭式键槽时,用键槽铣刀在键槽铣床上进行铣削,用抱钳夹紧工件,如图 8-26(a)所示,加工时应注意键槽铣刀一次轴向进给不能太大,要逐层切削;敞开式键槽多在卧式铣床上用三面刃铣刀进行加工,如图 8-26(b)所示。

在铣削键槽时,首先需要做好对刀工作,以保证键槽的对称度。

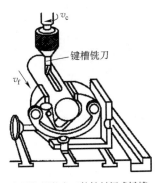
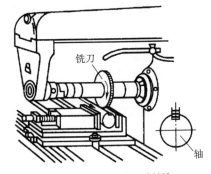

（a）用抱钳装夹工件铣封闭式键槽　　　（b）在卧式铣床上铣敞开式键槽

图 8-26　铣键槽

3)铣削 T 形槽

加工 T 形槽时,首先划出槽的加工线,然后铣出直角槽,如图 8-27(a)所示,再在立式铣床上用 T 形槽铣刀铣出 T 形槽,如图 8-27(b)所示。最后再用角度铣刀铣出倒角即可。

4）铣削燕尾槽

铣削燕尾槽的加工过程与加工 T 形槽相似。先铣出直角槽后,再选用燕尾槽铣刀铣出左、右两侧燕尾即可,如图 8-27(c)所示。

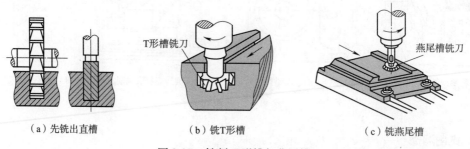

（a）先铣出直槽　　　　　（b）铣T形槽　　　　　（c）铣燕尾槽

图 8-27　铣削 T 形槽与燕尾槽

6. 铣削成形面

如果零件的某一表面在截面上的轮廓线是由曲线和直线所组成,这个面就是成形面。成形面一般在卧式铣床上用成形铣刀来加工,如图 8-28 所示。成形铣刀的形状要与成形面的形状相吻合。

如零件的外形轮廓是由不规则的直线和曲线组成,这种零件就称为具有曲线外形表面的零件。这种零件一般在立式铣床上铣削。对于要求不高的曲线外形表面,可按工件上划出的线迹移动工作台进行加工,顺着线迹将打出的样冲眼铣掉一半。在成批及大量生产中,可以采用靠模夹具或专用的靠模铣床来对曲线外形面进行加工,如图 8-29 所示。

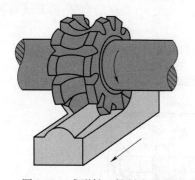

图 8-28　成形铣刀铣削成形面

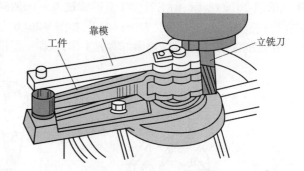

图 8-29　靠模铣削成形面

7. 铣削齿形

齿形的加工原理可分为两大类:展成法(又称范成法),它是利用齿轮刀具与被切齿轮的互相啮合运动而切出齿形的方法,如插齿和滚齿加工等;成形法(又称型铣法),它是利用仿照与被切齿轮齿槽形状相符的盘状铣刀或指状铣刀切出齿形的方法,如图 8-30 所示。

铣削时,工件在卧式铣床上用分度头装夹,如图 8-31 所示,用一定模数的盘状或指状铣刀进行铣削。每当加工完一个齿槽后,对工件进行分度,再进行下一个齿槽的铣削,直至所有齿槽加工完毕。

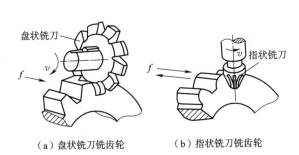

（a）盘状铣刀铣齿轮　　　（b）指状铣刀铣齿轮

图 8-30　加工齿轮

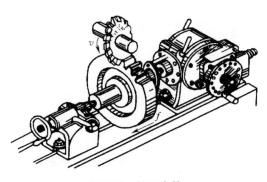

图 8-31　加工齿轮

任务二　铣削加工综合实训

1. 零件图

利用分度头装置，在铣床上铣削图 8-32 所示的六角面。

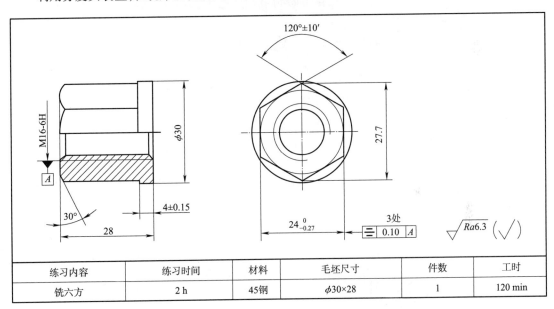

练习内容	练习时间	材料	毛坯尺寸	件数	工时
铣六方	2 h	45钢	$\phi30\times28$	1	120 min

图 8-32　铣六方

2. 操作步骤

图 8-32 所示六方的铣削步骤见表 8-2。

表 8-2　铣削六方的步骤

步骤	操作步骤	备 注
1	将分度头水平安放在工作台中间 T 形槽偏右端，并用三爪卡盘装夹带有螺纹的专用心轴，用管子钳将工件扳紧在心轴上，找正分度头和工件	工件上素线与工作台面的平行度；侧素线与纵向工作台进给方向的平行度 保证心轴的同轴度

续表

步骤	操作步骤	备　注
2	选择铣刀并安装在刀杆的中间位置上扳紧	选用 $\phi100$ mm × 12 mm 的直齿三面刃铣刀
3	计算分度,调整分度起点(分度叉夹角间有 45 个孔);调整铣削用量	分度手柄每铣完一边后应转过 40/6 = 6 + 44/66 转。选用分度盘 66 孔圈插分度定位销;$n = 118$ r/min,垂向 $v_f = 95$ mm/min
4	对刀,调整铣削层深度,铣削第一面	铣削长度对刀,在纵向刻度盘上画线做记号;工件外侧面对刀,在横向刻度盘上作记号;$a_p = (30 - 24)/2 = 3$ mm
5	铣完第一面后铣出对应的三面,预测尺寸并调整合格后,依次铣削各面,达到尺寸要求	保证 $24^{+0}_{-0.27}$、4 ± 0.015、$120° \pm 10'$

3. 注意事项

①工件在螺纹心轴上要牢固地固定。

②铣削时工件所受的铣削力要与工件旋转方向一致,铣刀应调整于工件的外侧面处。

③分度叉调整时,分度叉夹角之间调整的实际孔数应比计算所需的孔数多一个。

阅读材料　铣削加工概述

铣削加工是指在铣床上利用铣刀进行的切削加工方法,它是金属切削加工中常用的方法之一。在正常生产条件下,铣削加工的尺寸精度可达 IT9 ~ IT7,表面粗糙度值 Ra 可达 6.3 ~ 1.6 μm。

1. 铣削运动与铣削用量

铣削时,主运动是铣刀作快速旋转运动,进给运动是工件作缓慢的直线运动,通常工件有纵向、横向与垂直三个方向的进给运动。铣削用量由铣削速度、进给量、铣削深度和铣削宽度组成,如图 8-33 所示。

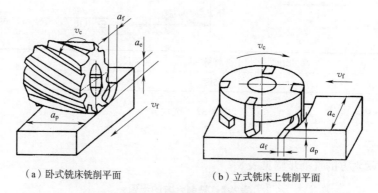

（a）卧式铣床铣削平面　　　　（b）立式铣床上铣削平面

图 8-33　铣削运动及铣削用量

①切削速度 v_c。铣刀最大直径处的线速度,mm/s。

②进给量 f。铣削时,工件在进给运动方向上相对刀具的移动量。由于铣刀为多刃刀具,有三种表示方法:

- 每齿进给量 f_z。铣刀每转过一个刀齿,工件沿进给方向移动的距离,mm/齿。
- 每转进给量 f。铣刀每转一圈,工件沿进给方向移动的距离,mm/r。
- 每分钟进给量 v_f。工件每分钟沿进给方向移动的距离,mm/min。

③铣削深度 a_p(背吃刀量)。是指平行于铣刀轴线方向测量的切削层尺寸,mm。

④铣削宽度 a_e(侧吃刀量)。是指垂直于铣刀轴线方向测量的切削层尺寸,mm。

⑤铣削用量的选择的原则。通常粗加工应优先采用较大的侧吃刀量或背吃刀量,其次是选择较大的进给量,最后选择适宜的切削速度,这是因为切削速度对刀具耐用度影响最大,进给量次之,侧吃刀量或背吃刀量影响最小;精加工时为减小工艺系统的弹性变形,必须采用较小的进给量。

2. 铣削加工范围

铣削加工范围很广,主要用于加工平面、斜面、垂直面、各种沟槽和成形面(如齿形)等,如图8-34所示。也可对工件上的孔进行钻削与镗削加工,利用万能分度头还可进行分度件的铣削加工。

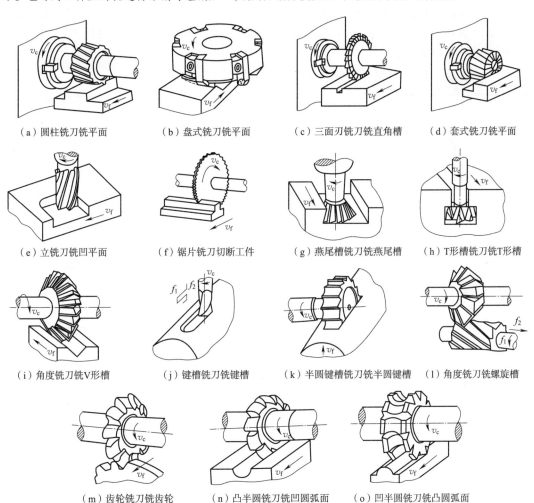

(a) 圆柱铣刀铣平面　　(b) 盘式铣刀铣平面　　(c) 三面刃铣刀铣直角槽　　(d) 套式铣刀铣平面

(e) 立铣刀铣凹平面　　(f) 锯片铣刀切断工件　　(g) 燕尾槽铣刀铣燕尾槽　　(h) T形槽铣刀铣T形槽

(i) 角度铣刀铣V形槽　　(j) 键槽铣刀铣键槽　　(k) 半圆键槽铣刀铣半圆键槽　　(l) 角度铣刀铣螺旋槽

(m) 齿轮铣刀铣齿轮　　(n) 凸半圆铣刀铣凹圆弧面　　(o) 凹半圆铣刀铣凸圆弧面

图8-34　铣削加工的应用范围

3. 铣削加工的特点

①生产效率较高。由于铣刀为多齿刀具,铣削时铣刀每转一周每个刀齿参加一次切削,各刀齿能实现轮换切削,因此刀具的散热条件较好,利于提高切削速度。另外,铣削的主运动是铣刀的旋转运动,有利于高速切削,所以铣削的生产率较高。

②适应性强。由于铣刀类型很多,机床附件也很多,使得铣削加工的范围很广,能加工各种形状复杂的零件。

③加工质量不稳定。由于铣削时参加切削的刀齿数以及在铣削时每个刀齿的切削厚度的变化,会引起切削力和切削面积的变化,导致铣削过程不平稳,加工的零件质量不稳定。

思考与实训

1. 万能卧式铣床主要由哪几部分组成?各部分的主要作用是什么?
2. 常见的铣刀有哪些?
3. 如何安装带柄类铣刀和带孔类铣刀?
4. 加工齿数 $z = 28$ 的齿轮,试用简单分度法计算出每铣一齿,分度头手柄应转过多少圈?
5. 铣削斜面的加工方法有哪些?
6. 利用分度头装置,铣削图 8-35 所示工件上的四方。

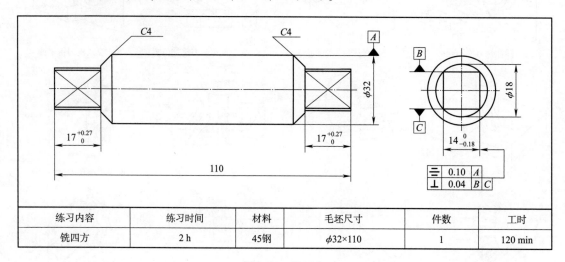

练习内容	练习时间	材料	毛坯尺寸	件数	工时
铣四方	2 h	45钢	$\phi32×110$	1	120 min

图 8-35　铣四方

第三篇　现代制造技术

项目❾　数控车削加工实训

学习目标

1. 掌握常用编程指令的格式及用法。
2. 掌握数控车床坐标系的设定方法。
3. 能够独立操作数控车床,完成工件的编程和加工。

导入: 我国的复合加工机床研究起步较晚,但在实践中早已得到应用。在国家政策的支持以及国内企业不断追求创新的背景下,中国数控机床行业发展迅速,行业规模不断扩大,在国际市场中的地位也逐渐提升。从2001年我国第一台五轴车铣中心诞生,到用于航空工业新型飞机制造的五坐标控制、四坐标联动数控纤维缠绕机,再到填补国内空白、可加工大型舰艇螺旋桨的数控七轴五联动车铣复合加工机床验收通过,国产复合加工机床不断推陈出新,但与国外先进的复合加工机床相比,仍有差距。为此,2009年3月,"高档数控机床与基础制造装备"国家科技重大专项设立,明确了我国目前高档数控机床研发的主要技术指标和研究内容。数控车床的发展历程诠释了中国人民一以贯之的品格风范,在新时代我们继续秉承奋斗精神,只有奋斗,我们才能应对各种风险考验,成功实现中华民族伟大复兴的目标。

"神舟飞人"——王阳,三尺车床当作阵地,从"神一"到"神十",王阳参与生产的超过6 000套关键部件,均全部一次交验成功。

任务一　数控车削加工编程基础实训

一、数控编程的概念及种类

数控编程是指根据被加工零件的图纸和技术要求、工艺要求,将零件加工的工艺顺序、工序内的工步安排、刀具相对于工件运动的轨迹与方向、工艺参数及辅助动作等,用数控系统所规定的规则、代码和格式编制成文件,并将程序单的信息制作成控制介质的整个过程。

数控编程分为手工编程与自动编程。

①手工编程:由人工来完成数控机床的程序编制,一般应用在工件形状不十分复杂的场合。

②自动编程:由计算机自动编制加工程序,通常应用在工件形状十分复杂的场合(如模具加工、曲面轮廓加工等)。

二、程序的结构与程序段的格式

1. 程序的结构

一个完整的程序由程序号、程序内容和程序结束三部分组成,例如:

程序号　　　　　　O1234；

程序内容 $\begin{cases} \text{N0001　M03　S500　T0101；} \\ \text{N0002　G00　X30　Z10；} \\ \text{N0003　G01　X20　Z1　F0.1；} \\ \text{...} \end{cases}$

程序结束　　　　　N0015　　M30；

程序号：它是为了区别存储器中的程序名。FANUC 系统一般采用英文字母 O 和四位阿拉伯数字组成。

程序内容：是整个程序的核心，由许多程序段组成，每个程序段有一个或多个指令，由它指导数控机床的动作。

程序结束：一般以 M30(M02)作为程序结束的标志。

2. 程序段格式

目前广泛应用的是文字地址程序段格式，它由语句号字，数据字和程序段结束等组成。

具体格式如下： N0001　G01　X50　Y20　Z20　F0.1　S500 T0101　M03

N—程序段号。

G—准备功能指令。

X、Y、Z—尺寸字，用来指定机床坐标轴的位移方向和数值。

F—进给功能。

S—主轴功能，指定主轴转速。

T—刀具功能字，刀具号及自动补偿号。

M—辅助功能字。

三、数控车床坐标轴的设定

数控车床相关轴的设定如下(见图9-1)：

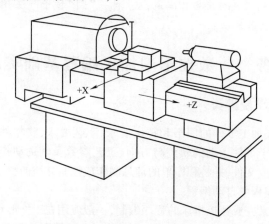

图9-1　数控车床坐标轴方向

1. Z 轴的设定

数控车床是以其主轴轴线方向为 Z 轴方向，刀具远离工件的方向为 Z 轴正方向。

2. X 轴的设定

X 轴方向是在工件的径向上，且平行于横向拖板，刀具远离工件旋转中心的方向为 X 轴正方向。

四、机床坐标系与编程坐标系

坐标系是用来确定刀具或工件在车床中的具体位置,数控车床是采用右手笛卡儿直角坐标系来确定刀具或工件在车床中的具体位置的,如图9-2所示。数控车床坐标系可分为机床坐标系和编程坐标系,如图9-3所示。

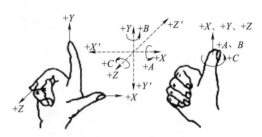

图9-2　右手笛卡儿直角坐标系

1. 机床原点与机床坐标系

机床原点又称机械原点,它是机床坐标系的原点。该点是机床上的一个固定点,是机床制造商设置在机床上的一个物理位置,通常不允许用户改变。机床原点是工件坐标系、机床参考点的基准点。数控车床的机床原点通常为两轴正方向运动的极限位置处或卡盘端面与轴线的交点处,如图9-3中的 O 点。

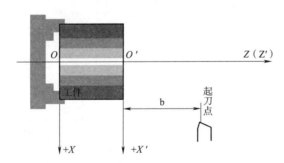

图9-3　数控车床的机床坐标系与编程坐标系

O—机床坐标系原点;O′—编程坐标系原点

以机床原点为坐标原点的坐标系称为机床坐标系。机床坐标系是机床上固有的坐标系,是用来确定工件坐标系的基本坐标系,不同的机床有不同的坐标规定。

2. 编程原点与编程坐标系

以编程原点为坐标原点的坐标系称为编程坐标系。编程原点是编程人员在数控编程过程中定义在工件上的几何基准点(见图9-3中的 O′点),有时又称工件原点,是由编程人员根据情况自行选择的。编程原点的选择应便于数学计算,能简化程序的编制;编程原点应尽可能选在零件的设计基准或工艺基准上,以使加工引起的误差最小。

五、系统功能

数控系统一般具有五大功能,分别为准备功能(G 功能)、进给功能(F 功能)、主轴功能(S 功能)、刀具功能(T 功能)、辅助功能(M 功能)。

1. 准备功能（G功能）

准备功能又称 G 功能或 G 指令,是数控机床完成某些准备动作的指令。它由地址符 G 和后面的两位数字组成,从 G00～G99 共 100 种,如 G01、G41 等。目前,随着数控系统功能不断增加等原因,有的系统已采用 3 位数的功能指令,如 SIEMENS 系统中的 G450、G451 等。表 9-1 列出了 FANUC-0i-Mate-TB 系统常用的准备功能指令。

表 9-1　FANUC-0i-Mate-TB 准备功能指令表

G 代码	组别	功　能	指令格式
G00		定位(快速进给)	G00 X　Z
G01	01	直线插补	G01 X　Z　F
G02		顺时针圆弧插补	G02 X　Z　F
G03		逆时针圆弧插补	G03 X　Z　F
G04	00	暂停	G04 X ; G04 P
G12.1	21	极坐标插补指令	G12.1
G13.1		极坐标取消	G13.1
G17		XY 平面选择	G17
G18	16	XZ 平面选择	G18
G19		YZ 平面选择	G19
G20	06	英寸输入	G20
G21		毫米输入	G21
G27		返回参考点检测	G27
G28		返回参考点	G28
G30	00	返回第 2、3、4 参考点	G30 P3 X　Z
G31		跳转功能	G31 IP
G32	01	螺纹切削	G32 X　Z　F　(F 为导程)
G34		变螺距螺纹	G32 X　Z　F　K
G36	00	自动刀具补偿 X	G36 X
G37		自动刀具补偿 Z	G37 Z
G40		取消刀尖 R 补偿	G40
G41	07	刀尖 R 补偿(左)	G41 G01 X　Z
G42		刀尖 R 补偿(右)	G42 G01 X　Z
G50	00	设定坐标系,设定主轴最高转速	G50 X　Z　;或 G50 S
G50.3		工件坐标系预设	G50.3 IP0
G54～G59	14	选择工件坐标系 1～6	G54
G65	00	宏程序调用	G65 P　L　<自变量指定>
G66	12	宏程序模态调用	G66 P　L　<自变量指定>
G67		取消宏程序模态调用	G67

G代码	组别	功　　能	指令格式
G70	00	精车加工循环	G70 P　Q
G71		横向(外径)切削循环	G71 U　R G71 P　Q　U　W　F
G72		端面粗切削复合循环	G72 W　R G72 P　Q　U　W　F
G73		成形棒材加工复合循环	G73 U　W　R G73 P　Q　U　W　F
G74		端面(Z轴)啄式加工循环	G74 R G74 X(U)　Z(W)　P　Q　R　F
G75		横向(X轴)啄式加工循环	G75 R G75 X(U)　Z(W)　P　Q　R　F
G76		螺纹切削复合循环	G76 P(m)(r)(a)Q　R G76 X(U)　Z(W)　R　P　Q　F
G80	10	固定循环取消	G80
G83		钻孔循环	G83 X　C　Z　R　Q　P　F　M
G84		攻丝循环	G84 X　C　Z　R　P　F　K　M
G85		正面镗孔循环	G85 X　C　Z　R　P　F　K　M
G87		侧钻孔循环	G87 Z　C　X　R　Q　P　F　M
G88		侧攻丝循环	G88 Z　C　X　R　P　F　K　M
G89		侧镗孔循环	G89 Z　C　X　R　P　F　K　M
G90	01	内、外径车削循环	G90 X　Z　F G90 X　Z　R　F
G92		螺纹车削循环	G92 X　Z　F G92 X　Z　R　F
G94		端面车削循环	G94 X　Z　F G94 X　Z　R　F
G96	02	恒线速度	G96 S
G97		每分钟转数	G97 S
G98	05	每分钟进给	G98 F　(mm/min)
G99		每转进给	G99 F　(mm/r)

2. 进给功能(F功能)

用来指定刀具相对于工件运动速度的功能称为进给功能,由地址符F和其后面的数字组成。根据加工的需要,进给功能分为每分钟进给和每转进给两种,并以其对应的功能字进行转换。

(1)每分钟进给

每分钟进给直线运动的单位为 mm/min。每分钟进给通过准备功能字 G98(SIEMENS系统用 G94)来指定,其值为大于零的常数。如以下程序段所示:

G98 G01 X20.0 F100;(进给速度为 100 mm/min)

（2）每转进给

如在加工米制螺纹过程中,常使用每转进给来指定进给速度(该进给速度即表示螺纹的螺距或导程),其单位为 mm/r,通过准备功能字 G99(SIEMENS 系统用 G95)来指定。如以下程序段所示:

G99 G33 Z-50.0 F2(进给速度为 2 mm/r,即加工的螺距或导程为 2 mm)

G99 G01 X20 F0.2 　(进给速度为 0.2 mm/r)

3. 主轴功能(S 功能)

用以控制主轴转速的功能称为主轴功能,又称 S 功能,由地址符 S 及其后面的一组数字组成。如 S1000,表示主轴转速为 1 000 r/min。

4. 刀具功能(T 功能)

刀具功能是指系统进行选(转)刀或换刀的功能指令,又称 T 功能。刀具功能用地址符 T 及后面的一组数字表达。常用刀具功能的指定方法有 T 四位数法和 T 二位数法。如 T0101 是 T 四位数法,表示选用 1 号刀具及选用 1 号刀具补偿存储器号中的补偿值,FANUC 数控系统及部分国产系统多采用 T 四位数法,若写成 T01 则是 T 二位数法,仅表示选用 1 号刀,SIEMENS 车床数控系统大多采用 T 二位数法。

5. 辅助功能(M 功能)

辅助功能又称 M 功能或 M 指令。它由地址符 M 和后面的两位数字组成。辅助功能主要控制机床或系统的各种辅助动作,如机床与系统的电源开、关,换刀,冷却液的开、关,主轴的正、反、停及程序的结束等,如 M03 表示主轴正转,M05 表示主轴停转。

表 9-2 列出了 CNC 系统常用 M 代码指令。

表 9-2　常用 M 功能指令表

序号	代码	功　能	序号	代码	功　能
1	M00	程序暂停	7	M30	程序结束,返回首段
2	M01	程序选择停止	8	M08	切削液开
3	M02	程序结束	9	M09	切削液关
4	M03	主轴正转	10	M98	调用子程序
5	M04	主轴反转	11	M99	返回主程序
6	M05	主轴停转			

六、数控车削加工常用编程指令及示例

1. 通用编程指令

（1）快速定位指令 G00

指令功能:使刀具从当前点快速移动到程序段中指定的位置,用于快速定位。

指令格式:G00 X__ Z__

X、Z 表示指定点坐标值。

指令说明:①G00 的进给速度可在数控系统参数中设定。

②G00 动作时因速度较快,直接与工件的毛坯接触容易损坏刀具,因此编程时应留有一定的安全余量。

示例:如图 9-4 所示,A 点是刀具的刀位点。

使刀具的刀位点从 A 点快速到达 B 点的程序段为
G00 X28 Z3(点 X28,Z3 代表 B 点在编程坐标系中的坐
标值)。

（2）直线插补指令 G01

指令功能：刀具以指定的进给速度移动到程序段指
定的位置，用于对工件进行切削加工。

指令格式：G01 X__ Z__ F__

X、Z 表示指定点坐标值，F 表示进给速度。

指令说明：首次使用轴插补指令（G01 或 G02 或
G03 指令）时需指定进给量的值。若不指定，系统会按
默认速度动作，从而产生与编程者意愿不符的动作。在

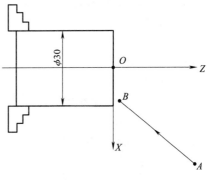

图 9-4　G00-快速定位

程序中后面的 F 值如不加设定会延续前一 F 代码指定的值。进给速度字 F 的单位可以是 mm/min
或 mm/r。某些数控系统提供代码用于调整进给速度的单位。进给速度的单位使用 mm/r 时，若
主轴不转动，则轴插补指令没有意义。

（3）顺/逆圆弧插补指令 G02/G03

指令功能：G02、G03 指令表示刀具以 F 进给速度从圆弧起点向圆弧终点进行圆弧插补。

指令格式：G02/G03 X__ Z__ R__ F__（FANUC 系统及华中系统）

　　　　或 G02/G03 X__ Z__ I__ K__ F__

X、Z 表示圆弧终点坐标；R 表示圆弧半径；I、K 表示圆心相对圆弧起点的增量坐标，F 为进给
速度。

指令格式：G02/G03 X__ Z__ CR = __ F__（SIEMENS 系统）

　　　　或 G02/G03 X__ Z__ I__ K__ F__

X、Z 表示圆弧终点坐标；CR 表示圆弧半径；I、K 表示圆心相对圆弧起点的增量坐标。

指令说明：G02 为顺时针圆弧插补指令，G03 为逆时针圆弧插补指令。圆弧的顺、逆方
向判断如图 9-5（a）所示，朝着与圆弧所在平面相垂直的坐标轴的负方向看，顺时针为 G02，
逆时针为 G03，图 9-5（b）所示分别表示了车床前置刀架和后置刀架对圆弧顺方向与逆方向
的判断。

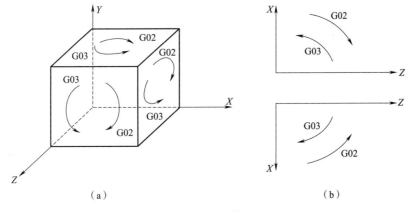

（a）　　　　　　　　　　　　　　　　　　（b）

图 9-5　顺圆、逆圆方向图

示例:如图 9-6 所示的工件,编制其圆弧插补的程序段。(以 FANUC 系统为例)

相关程序段如下:

......

N0060	G00 X10 Z2;	快速定位
N0070	G01 Z0 F0.1;	直线插补至 A 点
N0080	G03 X20 Z-5 R5;	逆圆弧插补加工至 B 点
N0090	G01 Z-30;	直线插补加工 ϕ20 外圆至 C 点
N0100	G02 X30 Z-35 R5;	顺圆弧插补加工至 D 点
N0110	G01 Z-60;	直线插补

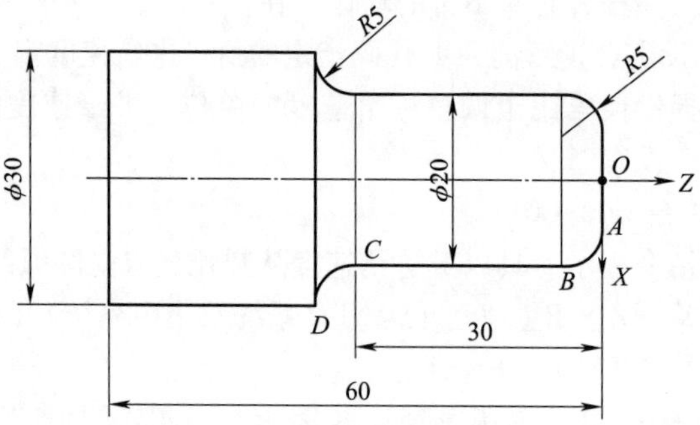

......

图 9-6　圆弧插补程序例图

(4)延时暂停 G04

指令功能:程序在所指定的时间内暂停进给动作。

指令格式:G04 X × × 或 G04 P × ×(FANUC 系统)

指令格式:G04 F × ×(SIEMENS 系统)

指令格式:G04 P × ×(华中系统)

指令说明:指令中出现 X、P、F 均指延时,在其后跟延时时间,单位为秒或毫秒。例如,暂停 2.5 秒(FANUC 系统),程序为 G04 X2.5 或 G04 P2500。G04 指令的作用是使程序在所指定的时间内暂停进给动作,比如说刀具切槽时在槽底的停留动作,延时时间过后,会继续执行后面的程序段。注意它与程序暂停指令 M00 的区别。表示时间的地址字 P 在不同的数控系统中有不同的规定,使用时需参考具体的数控系统操作手册。

2. 常用复合循环指令

当车削余量较大,需用多次进刀切削加工时,可采用循环指令编写加工程序,以简化编程。下面以 FANUC-0i-Mate-TB 系统为例介绍内外圆粗、精车循环指令 G71、G70,螺纹切削循环指令 G92。

(1)内外圆粗车循环指令 G71

指令功能:粗车循环切削工件轮廓,用于切除零件毛坯的大部分加工余量。

指令格式:G71 U(Δd) R(e)

G71 P(ns) Q(nf) U(Δu) W(Δw) F　S　T

G71 指令段内部各参数示意如图 9-7 所示,其指令中各参数含义如下:

①Δd:切削深度(半径给定)。

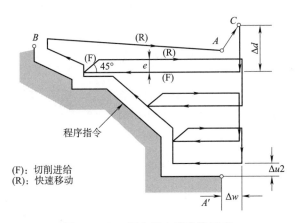

图 9-7　G71 指令段内部参数示意

②e:退刀量。

③ns:精车加工程序第一个程序段的顺序号。

④nf:精车加工程序最后一个程序段的顺序号。

⑤Δu:X 方向精加工余量的距离和方向。

⑥Δw:Z 方向精加工余量的距离和方向。

⑦F、S、T:包含在 ns 到 nf 程序段中的任何 F、S 或 T 功能在循环中被忽略,而在 G71 程序段中的 F、S 或 T 功能有效。

指令说明:

①指令中的 F、S 指粗加工循环中的 F、S 值,该值一经指定,则在程序段段号"ns"和"nf"之间所有的 F 和 S 均无效。

②轮廓外形一般是单调递增或单调递减的形式,否则会产生凹轮廓不是分层切削而是在半精加工时一次性切削的情况。

③顺序号"ns"程序段必须沿 X 向进刀,且不能出现 Z 轴的运动指令,否则会出现程序报警。

示例:试用 G71 编写如图 9-8 所示台阶轴零件的程序段。

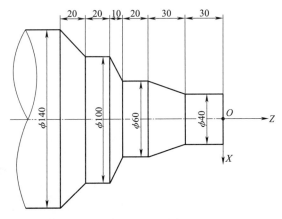

图 9-8　台阶轴

相关程序段如下：

……

G00　X145　Z2；　　　　（快速定位至循环起点）

G71　U2　R1；

G71　P0050　Q0110　U0.4　W0.2　F0.2；（外圆柱粗车循环，其轨迹由 P0050 至 Q0110 决定，进给量为 0.2 mm/r，每次切深 2 mm，退刀量 1 mm。）

N0050　G00　X40；　　　　（循环起始程序段）

G01　Z0；

G1　Z-30；

X60　Z-60；

Z-80；

X100　Z-90；

N0100　Z-110；

N0110　X140　Z-130；　　　（循环结束程序段）

……

（2）精车复合循环指令 G70

指令功能：精车工件轮廓。

指令格式：G70 P(ns)Q(nf)。

其中：

ns：精车加工程序第一个程序段的顺序号。

nf：精车加工程序最后一个程序段的顺序号。

指令说明：

①G70 为精车程序，该指令不能单独使用，需跟在粗车复合循环指令 G71、G72、G73 之后。

②在 G70 状态下，在指定的精车程序段中的 F、S、T 有效；若不指定，则维持粗车指定的 F、S、T 状态。

（3）螺纹切削循环指令 G92

指令功能：循环加工螺纹。

指令格式：G92 X(U)　Z(W)　F　　　　圆柱螺纹

　　　　　　G92 X(U)　Z(W)　F　R　　　圆锥螺纹

G92 指令段内部各参数示意如图 9-9 和图 9-10 所示。

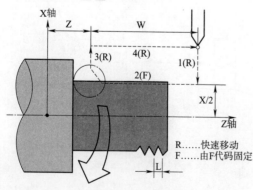

图 9-9　G92 指令段内部参数示意图（圆柱螺纹）

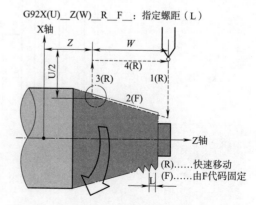

图 9-10　G92 指令段内部参数示意图（圆锥螺纹）

指令说明:

①X(U)、Z(W)为螺纹终点坐标。

②F为螺纹导程。(单线螺纹,螺距=导程)

③单程序段加工时,每按一次循环起动按钮,便进行1至4的轨迹操作。

④R:表示圆锥面切削起点X坐标减去终点X坐标的差的1/2(半径值)。

示例:试编写如图9-11所示外圆柱螺纹的加工程序段。

……

G00 X35 Z4;	快速定位至循环起点
G92 X29.2 Z－31.5 F1.5;	螺纹切削加工
X28.6;	逐层进刀切削
X28.2;	逐层进刀切削
X28.04;	逐层进刀切削

……

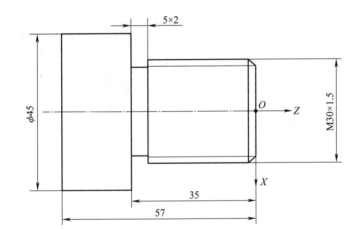

图9-11　G92外圆柱螺纹加工

任务二　数控车床基本操作实训

各种类型的数控车床的操作方法基本相同,都包括数控系统面板的操作和机床控制面板的操作。下面以FANUC-0i-Mate-TB数控车床为例介绍数控车床的基本操作。

一、数控系统操作面板

FANUC-0i-Mate-TB操作面板如图9-12所示。它由CRT显示器和MDI键盘两部分组成。表9-3列出了FANUC-0i-Mate-TB操作面板键盘部分主要软键的功能。

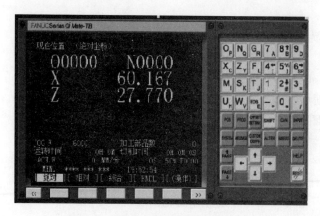

图 9-12　FANUC-0i-Mate-TB 操作面板

表 9-3　FANUC-0i-Mate-TB 系统操作面板主要软键功能

按　键	功　能	按　键	功　能
O_P	地址和数字键	EOB_E	按下该键生成";"
SHIFT	换挡键。当按下该键后,可以在某些键的两个功能间进行切换	CAN	取消键,用于删除最后一个进入输入缓存区的字符或符号
INPUT	输入键,用于输入工件偏移值、刀具补偿值	ALTER	替换键
INSERT	插入键	DELETE	删除键
HELP	帮助键	RESET	复位键,用于使 CNC 复位或取消报警等
PAGE↑ PAGE↓	换页键,用于将屏幕显示的页面向前或向后翻页	← ↑ → ↓	光标移动键
POS	显示位置屏幕	PROS	显示程序屏幕
OFFSET SETTING	显示偏置/设置屏幕	SYSTEM	显示系统屏幕
MESSAGE	显示信息屏幕	CUSTOM GRAPH	显示用户宏屏幕(宏程序屏幕)和图形显示屏幕

二、FANUC-0i-Mate-TB 数控车床操作面板

FANUC-0i-Mate-TB 数控车床操作面板如图 9-13 所示。该面板包括急停、系统启动、系统关闭、方式选择、进给倍率、空运转以及机床锁住等按钮。

图 9-13　机床操作面板

三、FANUC-0i-Mate-TB 系统数控车床的基本操作

1. 机床的启动与关闭

（1）机床的启动

首先打开机床的主电源,按下操作面板上的绿色系统启动键并松开急停按钮,等待数秒,等机床操作面板上的准备好指示灯亮后,表示机床启动成功。

注意:在系统启动的过程中切莫乱按机床上的任何按钮;如红色报警灯亮,请检查急停按钮是否松开,并按复位键。

（2）机床的关闭

等机床打扫干净后,将刀架移到导轨的偏右位置,把方式选择开关切换到 EDIT 挡、把倍率修调开关打到零,按下急停开关,按下红色系统关闭按钮,关闭仓门,切断机床主电源。

2. 机床回零

将方式选择开关切换到 ZRO 挡,先按住 +X 键不松,等机床坐标系的 X 轴坐标为零后,再按住 +Z 键,直至机床坐标系的 Z 轴坐标为零。回零后通过手动方式或手轮方式将刀架先沿 Z 轴,再沿 X 轴返回到导轨中间。

注意:

①回零前必须先看清刀架是否在导轨的中间位置。

②回零时必须先回 X 轴,再回 Z 轴。

③回零后用手动或手轮方式返回时必须先回 Z 轴,再回 X 轴。

如果出现以下几种情况必须重新回零操作:

①机床关机后马上重新接通电源。

②机床解除急停状态后。

③机床过行程解除后。

④数控车床在“机械锁定”状态进行程序的空运行操作后。

3. 手动操作

（1）JOG（手动）方式

①按下 JOG 方式键。单击坐标轴方向键,使坐标轴发生运动。持续按住坐标轴键不放,坐标轴就会按照设定数据中规定的速度持续运行。刀架的移动速度可以通过"进给速度修调开关"旋钮进行调节。

②同时按住坐标轴方向键和快速运行键,可使刀架沿该轴快速移动。

（2）增量进给方式

①按下"增量"键,系统处于增量进给运行方式。

②增量值共有四个挡位:1、10、100、1 000。单位为 0.001 mm。例如,选择 ×100,表示每按一次坐标轴方向键,刀架移动 0.1 mm。

③按下坐标轴方向键,坐标轴以选择的步进增量运行。

④按手动键,就可以去除增量方式。

（3）手轮方式

按下工作方式下的手摇键,即可实现手轮操作,按钮拨到 X 位置,摇动手轮,刀架即可在 X 方向上移动,按钮拨到 Z 位置,摇动手轮,刀架即可在 Z 方向上移动,按 ×1、×10、×100 可改变刀架移动的速度。

刀架超出机床限定行程位置的解决方法:

①用手动进给操作按钮或手动脉冲发生器将刀架沿负方向移动。

②按 RESET 键使 ALARM 消失。

③重新回机械原点。

（4）主轴操作

在 MDI 状态下已完成主轴转速设置的情况下,在手动、手摇、增量方式下,按正转键,可改变主轴的转速。

（5）冷却液操作

在手动、手摇、增量方式下,按绿色键则冷却液开,按红色键则冷却液停。

（6）手动换刀

在手动、手摇、增量方式下,按机床操作面板上的手动换刀键可实现换刀。

4. MDI 数据手动输入

图 9-14 所示为 MDI 方式显示画面。其操作步骤如下:

①将方式开关置于"MDI"状态。

②按 PRGRM 键,出现单程序句输入画面(当画面左上角没有 MDI 标志时,按 PAGE 的 ↓ 键,直至有 MDI 标志)。

③输入数据。

示例:主轴正转,转速为 300 r/min。

依次输入 M03 S300 按 EOB,再按 INSTERT 键。

示例:自动调用 2 号刀具。

输入 T0202 按 EOB,再按 INSTERT 键。

示例:Z 轴以 0.1 mm/r 的速度负方向移动 20 mm。

依次输入 G01 W-20 F0.1 按 EOB,再按 INSTERT 键。

注意:在输入过程中如果输错,须重新输入,按 RESET 键,上面的输入全部消失,从开始输入。

如果仅取消其中某一个输入错误的字,按 CAN 键即可。

④按下循环启动按钮,即可运行。

⑤如果停止运行,按 RESET 键取消。

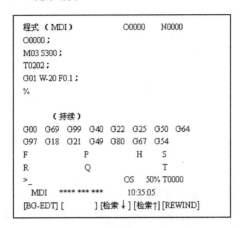

图 9-14　MOI 方式显示画面

5. 有关程序的操作

(1)程序的调用

示例:调用已有的程序 O0100。

①将方式开关选为编辑"EDIT"状态。

②按 PRGRM 键出现 PROGRAM 画面。

③输入程序号 O0100。

④按 CURSOR 键的↓键,即可出现 O0100 程序。

(2)字的修改

示例:将 Z10 改为 Z15。

①将光标移到 Z10 的位置。

②输入改变后的字 Z15。

③按 ALTER 键,即可更替。

(3)字的删除

示例:G00 G99 X30 S300 M03 T0101 F0.1;删除其中的字 X30

①将光标移到该行的 X30 位置。

②按 DELET 键,即删除 X30 字,光标将自动到 S300 位置。

(4)程序段的删除

示例:删除程序段 N30 G00 X30 Z2。

O0100;

N10 T0101;

N20 S400 M03;

N30 G00 X30 Z2;

N40 G98 G01 X26.5 Z0 F50;

①将光标移到要删除的程序段的第一个字 N30 的位置。

②按 EOB 键。

③按 DELET 键,即可删除整个程序段。

（5）插入字

示例:G00 G99 X30 S300 M03 T0101 F0.1。

在上面语句中加入 G40,改为下面表达式:

G00 G40 G99 X30 S300 M03 T0101 F0.1。

①将光标移到要插入字的前一个字的位置。

②输入要插入的字(G40)。

③按 INSRT 键,出现。

G00 G40 G99 X30 S300 M03 T0101 F0.1。

（6）程序的删除

示例:删除程序 O0100。

①将方式开关选为"EDIT"状态。

②按 PRGAM 键。

③输入要删除的程序号(O0100)。

④确认是不是要删除的程序。

⑤按 DELET 键,该程序即被删除。

6. 对刀操作

对刀操作即测定某一位置处刀具刀位点相对于对刀点的距离,一般对刀点设在工件原点上。其操作步骤如下:

①在 MDI 方式下设定主轴正转及转速,并将刀架转到相应的刀位(也可用手动转刀键)。

②按 OFFSET SETTING 键,再按软键[补正]及形状后,进入刀具偏置参数显示画面,如图 9-15 所示。

工具补正 / 形状			O0000
N0000			
番号	X	Z	R
T			
G 01	−123.456	−234.456	2.000
3			
G 02	0.000	0.000	0.000
0			
G 03	0.000	0.000	0.000
0			
G 04	0.000	0.000	0.000
0			
G 05	0.000	0.000	0.000

图 9-15　刀具补偿参数设置画面

③Z 向对刀:在手动方式下,按主轴正转键,通过手摇轮,试切工件端面,Z 向不动,沿 +X 向退刀,移动光标选择与刀具号相对应的刀补参数(如 1 号刀,则将光标移至"G001"行),输入"Z0",按[测量]软键,Z 向刀具偏移参数即自动存入。

④X 向对刀:在手动方式下,按主轴正转键,通过手摇轮,试切工件外圆,X 向不动,沿 +Z 方

退刀,按主轴停止键,测量试切外圆直径,移动光标选择与刀具号相对应的刀补参数(如 1 号刀,则将光标移至"G001"行),输入"试切外圆直径",按[测量]软键,X 向刀具偏移参数即自动存入。

注意:其余刀具的对刀方法与第一把刀基本相同,不同之处在于第一步不再切削工件表面,而是将刀尖逐渐接近并分别接触到端面及外圆表面后,即进行余下步骤的操作。

⑤校验:在 MDI 方式下选刀,并调用刀具偏置补偿,在 POS 画面下,手动移动刀具靠近工件,观察刀具与工件间的实际相对位置,对照屏幕显示的绝对坐标,判断刀具偏置参数设置是否正确。

⑥设置刀具刀尖圆弧半径补偿参数。如图 9-15 所示,将光标移动到与刀具号相对应的刀具半径参数:R 参数位置,输入相应的刀具半径,如"2.0",按 INPUT 键,即可完成设置。同样,将光标移动到 T 参数位置,输入相应的刀沿号,如"3",可设定刀沿号。

⑦设置及修改刀具磨耗。按 OFFSET SETTING 键,再按软键[补正]及[磨耗]后,即可进入刀具磨耗参数显示画面,如图 9-16 所示。在与刀具相对应的番号后,可分别输入 X 及 Z 向的磨耗值,按 INPUT 键即完成设定。如需修改,可键入新的磨耗值,按 INPUT 键或[输入]软键;当需要在原有的数值上叠加时,可先输入相应数值,再按[＋输入]软键。例如,原来 X 向磨耗为 0.5,现在要将刀具向前移动 0.2(直径值),则输入 0.3,按 INPUT 键或者输入 0.2,按[＋输入]软键,执行这两种操作后,相应的刀具磨耗值均变为 0.3。

工具补正 / 磨耗		O0000	N0000
番号	X	Z	R
T G 01 O	0.500	0.200	0.000
G 02 O	0.000	0.000	0.000
G 03 O	0.000	0.000	0.000
G 04 O	0.000	0.000	0.000
G 05 O	0.000	0.000	0.000

图 9-16 刀具磨耗参数显示画面

7. 自动加工

(1)机床试运行

①把方式开关切换到 MEM 模式。

②按下 PROG 键,按下[检视]软键,使屏幕显示正在执行的程序及坐标。

③按下"机床锁住"键(或在系统参数中将机床锁住),按下单步运行键 SBK。

④按"循环启动"键,每按一次,机床执行一段程序,这时即可检查编辑与输入的程序是否正确无误。

机床的试运行检查还可以在空运行状态下进行,两者虽然都被用于程序自动运行前的检查,但检查的内容却有区别。机床锁住运行主要用于检查程序编制是否正确,程序有无编写格式错误等;而机床空运行主要用于检查刀具轨迹是否符合要求。

(2)机床的自动运行

机床自动运行的操作步骤如下:

①调出需要执行的程序,确认程序正确无误。

②把方式开关切换到 MEM 自动模式。

③按下 PROG 键,按下[检视]软键,使屏幕显示正在执行的程序及坐标。

④按"循环启动"键,自动循环执行加工程序。

⑤根据实际需要调整主轴转速和刀具进给速度。在机床运行过程中,可以按"主轴倍率"按钮进行主轴转速的调整,但应注意不能进行高低挡转速的切换。旋动"进给倍率"旋钮可进行刀具进给速度的调整。

(3)手动干预和返回功能

在自动运行期间,如发现加工过程中有问题或需测量工件,可进行手动干预(如手动退刀、转刀、主轴停止)等操作。

①在程序自动运行过程中按下"循环暂停"键。

②在手动或手轮方式下移动刀具。

③按复位键。

④在编辑方式下,将光标移动到之前程序中断处,切换到自动方式,按下"循环启动"键,恢复自动运行。

(4)图形显示功能

图形显示功能可以显示自动运行或手动运行期间的刀具移动轨迹,操作者可通过观察屏幕显示出的轨迹来检查加工过程,显示的图形可以进行放大及复原。

任务三 数控车削加工综合实训

在数控车床上加工图 9-17 所示零件。

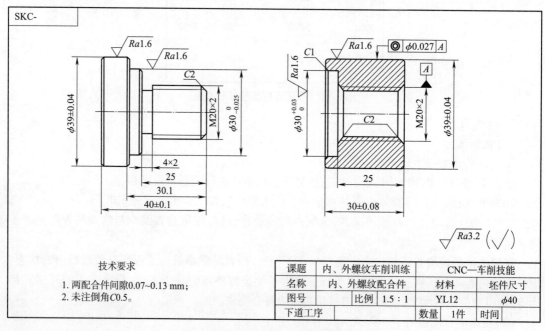

图 9-17 加工操作实例零件图

根据零件图样,进行工艺分析,并按照以下步骤完成零件的制作。

一、技术要求分析

此零件图为内、外螺纹配合件,包括外圆柱阶梯面、外螺纹、外退屑槽加工;内圆柱阶梯面、内螺纹和内倒角等加工,并配合手工截断、车端面、倒角等操作保证零件尺寸精度。零件材料为 LYl2 硬铝合金,内、外圆柱面粗糙度要求 $Ra1.6\ \mu m$,其余各处要求均为 $Ra3.2\ \mu m$,内螺纹件要求内螺纹孔与外圆柱面有同轴度要求;内、外圆柱 $\phi30$ 处为配合位置设计,尺寸精度要求分别为 $\phi30_{-0.025}^{\ 0}$,精度要求较高。两配合件间隙为 0.1 mm,配合处偏差范围为 0.07 ~ 0.13 mm。无热处理和硬度要求。

二、确定装夹方案、定位基准和刀位点

①装夹方案原料为毛坯棒料,可采用三爪自定心卡盘装夹定位。外螺纹轴工件伸出卡盘端面 50 mm。内螺纹套工件伸出卡盘端面 40 mm。

②设定程序原点。以工件右端面与轴线交点处建立工件坐标系(采用试切对刀法建立)。

③换刀点设置在工件坐标系 X200.0 Z100.0 处。

④加工起点设置:外螺纹轴工件粗、精加工设定在 X42.0 Z2.0 处;退屑槽设定在 X30.0 Z2.0 处;外螺纹设定在 X22.0 Z5.0 处。

⑤内螺纹套工件外圆粗、精加工设定在 X42 Z2 处;镗内孔粗、精加工设定在 X16 Z2 处;内倒角加工设定在 X17 Z2 处;内螺纹加工设定在 X17 Z2 处。

三、刀具选择、加工方案制定和切削用量确定

刀具选择、加工方案制定和切削用量确定分别见表9-4 和表9-5。

表 9-4　刀具卡

(a)

实训课题		车圆锥和圆弧回转面训练	零件名称		内、外螺纹配合件	零件图号	图 9-17
序号	刀具号	刀具名称	规格	数量	加工表面		备注
1	T0101	93°外圆车刀	20 mm × 20 mm	1	端面、外圆		粗、精车
2	T0303	60°外螺纹车刀	20 mm × 20 mm	1	外螺纹		粗、精车
3	T0404	切槽车刀(刀宽 4 mm)	20 mm × 20 mm	1	退屑槽		精车
4	T0404	切断刀(刀宽 4 mm)	20 mm × 20 mm	1	切断棒材		手动
5	T0202	45°外圆车刀	20 mm × 20 mm	1	倒角		手动

(b)

实训课题		车圆锥和圆弧回转面训练	零件名称		内、外螺纹	零件图号	图 9-17
序号	刀具号	刀具名称	规格	数量	加工表面		备注
1	T0101	93°外圆车刀	20 mm × 20 mm	1	端面、外圆		粗、精车
2	T0303	镗孔车刀	12 mm × 150 mm × 15 mm	1	内孔圆		粗、精车
3	T0303	60°内螺纹车刀	150 mm × 16 mm × 32 mm × 15 mm	1	外螺纹		粗、精车

续表

实训课题	车圆锥和圆弧 回转面训练	零件名称	内、外螺纹	零件图号	图 9-17
序号	刀具号	刀具名称	规格	数量	加工表面	备注
4	T0404	切槽车刀（刀宽 3 mm）	20 mm × 20 mm	1	内倒角	精车
5	T0404	切断刀（刀宽 4 mm）	20 mm × 20 mm	1	切断棒材	手动
6	T0202	45°外圆车刀	20 mm × 20 mm	1	倒角	手动

表 9-5　数控加工工序卡

（a）

材料	LY12	零件图号		图 9-17	系统	FANUC	工序号	01 外螺纹轴
操作序号	工步内容 （走刀路线）		G 功能		T 刀具	切削用量		
						转速 $S/$(r/min)	进给速度 $F/$(mm/r)	切削深度/ mm
主程序	夹住棒料一头，留出长度 50 mm（手动操作），调用主程序 OO1131 加工							
1	粗车外圆柱阶梯面		G71		T0101	600	0.15	1.5
2	精车外圆柱阶梯面		G71		T0101	1000	0.05	0.25
3	切退刀槽		G01		T0404	450	0.05	自动递减
4	车外螺纹		G76		T0303	400	螺距:2.0	手控
5	切断		—		T0404	450	手控	手控
6	调头车端面		—		T0101	800	手控	手控
7	调头车倒角		—		T0202	800	手控	手控

（b）

材料	LY12	零件图号		图 9-17	系统	FANUC	工序号	02 外螺纹轴
操作序号	工步内容 （走刀路线）		G 功能		T 刀具	切削用量		
						转速 $S/$(r/min)	进给速度 $F/$(mm/r)	切削深度/ mm
主程序	夹住棒料一头，留出长度 50 mm（手动操作），调用主程序 OO1131 加工							
1	粗车外圆表面		G90		T0101	600	0.15	0.25
2	粗镗内孔表面		G71		T0202	600	0.1	1
3	精镗内孔表面		G70		T0202	1 000	0.05	0.25
4	内倒角加工		G01		T0404	400	0.05	2
5	内螺纹加工		G92		T0303	400	螺距:2.0	逐渐递减
6	精车外圆表面		G01		T0101	1 000	0.08	0.25
7	调头车端面		—		T0101	800	手控	手控
8	调头车倒角		—		T0202	800	手控	手控

四、数值计算

①设定程序原点。外螺纹件以工件右端面与轴线的交点为程序原点,建立工件坐标系。内螺纹套件以工件左端面与轴线的交点为程序原点,建立工件坐标系。

②计算基点位置坐标值。图中各基点坐标值可通过标注尺寸识读或换算出来(略)。

③螺纹的计算。

轴螺纹的计算:

根据公式 $d = D - 1.3P = 20 - 1.3 \times 2 = 17.4$ mm。

轴螺纹底径坐标尺寸(螺纹加工最后一刀尺寸)为 X17.4 Z－23。

套螺纹的计算:

根据公式 $d_1 = d - P = 20 - 2 = 18$ mm。

套螺纹孔底径坐标尺寸为 X18 Z－33.5。

五、工艺路线的确定

1. 螺纹轴的加工

①用 G71 复合固定循环指令粗车外圆表面(精加工余量 0.5 mm)。

②用 G70 精加工循环指令精车内圆表面。精车轨迹为:G00 移刀至 X0 Z2.0—G01 工进移刀至 X0 Z0—工进切削端面并倒角 C2 至 X19.8 Z0—工进切削外圆面至 X19.8 Z－25—工进车端面台至 X30 Z－25—工进车外圆阶台轴至 X30 Z－30.1—工进车端面台并倒角 C0.5 至 X39 Z－30.1—工进车外圆阶台轴至 X39 Z－41。

③切退屑槽。轨迹为:快速移刀至 X30 Z2—快速移刀至 X30 Z－25—工进移刀至 X20 Z－25—工进切削至 X16 Z－25—刀具在槽底停 2 秒(G04 U2)—工进返回至 X20 Z－25。

④切外螺纹。用 G76 复合螺纹切削循环指令切削外螺纹。螺纹底径至 X17.4 Z－23;精加工重复次数(m:3 次);刀尖角度(α:60°);最小切削深度(Ad$_{min}$:0.1 mm);精加工余量(d:0.2 mm);锥螺纹的半径差(i:0);螺纹的牙高(H:1.3 mm);第一次车削深度(Ad:0.5 mm)。

⑤手动切断工件—工件调头装夹(工件表面应包一层铜皮),用划针或百分表校正工件后夹紧—车端面至规定尺寸并倒角 0.5 mm。

2. 螺纹套的加工

①手动钻毛坯孔—钻中心孔 φ3.0—用 φ10 钻头钻孔,深 34 mm—用 φ16 钻头扩孔,深 34 mm—用 φ16 平头钻平孔底面。

②用 G90 单一固定循环指令粗车外圆表面(精加工余量 0.5 mm)。

③用 G71 复合固定循环指令粗镗内孔表面(精加工余量 0.5 mm)。

④用 G70 精加工循环指令精镗内孔表面。精车轨迹为:G00 移刀至 X32.0 Z2.0—G01 工进移刀至 X32.0 Z0—工进切削倒角至 X30.0 Z－1.0—工进切削内圆孔至 X30.0 Z－5.0—工进车内端面台并倒角 C2.0 至 X30.0 Z－5.0—工进车削螺纹孔径至 X18.0 Z－33.5。

⑤车孔径内倒角。轨迹为:G00 移刀至 X17.0 Z2.0—G01 工进移刀至 X17.0 Z－33.0—工进切槽至 X22.0 Z－33.0—刀具在槽底停 2 转(G04 U2.0)—工退返回至 X17.0 Z－33.0—Z 正向工进移刀至 X17.0 Z－31.0—X 向工进进刀至 X18.0 Z－31.0—工进车削倒角 C2.0 至 X22.0 Z－33.0—刀具在槽底停 2 转(G04 U2.0)—X 向工退至(X17.0 Z－33.0)—Z 向工退至 X17.0 Z2.0。

⑥车内螺纹。用 G92 螺纹循环切削指令切削内螺纹(精车时,采用螺纹轴配合车削)。

⑦精加工外圆表面。精车轨迹为：G00 移刀至起刀点 X42 Z2—G00 移刀至 X30 Z2—G01 工进移刀至 X30.0 Z0—工进切削端面并倒角 C0.5 至 X39.0 Z0—工进车削外圆表面至 X39.0 Z‒30.5。

⑧手动切断工件—工件调头装夹(工件表面应包一层铜皮)，用划针或百分表校正工件后夹紧—车端面至规定尺寸并倒角 C0.5。

六、编程

1. 外螺纹轴加工程序

程序内容	说明
001131;	输入程序号
N1;	粗加工外圆表面
G99 G97S600 M03;	转进给方式加工,主轴正转
T0101;	调用 1 号刀,建立工件坐标系
G00 X200.0 Z100.0;	换刀点
X42.0 Z2.0;	循环点(加工起刀点)
G71 U1.5 R0.5;	用 G71 复合固定循环指令粗车外圆表面
G71 P10 Q11 U0.5 W0.05 F0.15;	
N10 G00 X0;	
G01 Z0;	
X19.8 C2.0;	
Z‒25.0;	
X30.0 C0.5;	
Z‒30.1;	
X39.0 C0.5;	
N11 Z‒40.5;	
G00 X200.0 Z100.0;	返回换刀点
M05;	主轴停
M00;	进给停,检测
N2;	精车外圆表面
G99 G97 S1000 M03;	转进给方式加工,主轴正转
T0101;	调 1 号刀,建立工件坐标系
G00 X42.0 X2.0;	循环点(加工起刀点)
G70 P10 Q11 F0.08;	用 G70 精加工循环指令粗车外圆表面
G00 X200.0 Z100.0;	返回换刀点
M05;	主轴停
M00;	进给停,检测
N3;	切退刀槽
G99 G97 S450 M03;	转进给方式加工,主轴正转
T0404;	调 4 号刀,建立工件坐标系
G00 X30.0 Z2.0;	循环点(加工起刀点)

z－25.0;	快速移刀
G01 X20.0 F0.3;	工进移刀
X16.0 F0.05;	工进切削
G04 U2.0;	槽底停2转
G01 X20.0 F0.3;	工进返回
G00 X200.0 Z100.0;	返回换刀点
M05;	主轴停
M00;	进给停,检测
N4;	切外螺纹
G99 G97S400 M03;	转进给方式加工,主轴正转
T0303;	调3号刀,建立工件坐标系
G00 X22.0 Z5.0;	循环点(加工起刀点)
G76 P030060 Q100 R0.2;	用G76复合螺纹切削循环指令切削外螺纹
G76 X17.4 Z－23.0 R0 P1300 Q500 F2.0;	
G00 X200.0 Z100.0;	返回换刀点
M05;	主轴停
M30;	程序停止,返回程序头
%	

2. 内螺纹套加工程序

程序内容	说明
O01132;	输入程序号
N1;	粗加工外圆表面
G99 G97S600 M03;	转进给方式加工,主轴正转
T0101;	调用1号刀,建立工件坐标系
G00 X42.0 Z2.0;	循环点(加工起刀点)
G90 X39.5 Z－30.5 F0.15;	用G90单一固定循环指令粗车外圆表面
G00 X200.0 Z100.0;	返回换刀点
M05;	主轴停
M00;	进给停,检测
N2;	粗车内孔表面
G99 G97S600 M03;	转进给方式加工,主轴正转
T0202;	调2号刀,建立工件坐标系
G00 X16.0 Z2.0;	循环点(加工起刀点)
G71 U1.0 R0.5;	用G71复合固定循环指令粗车内圆表面
G71 P10 Q11 U－0.5 W0.05 F0.1;	
N10 G00 X32.0;	
G01 Z0;	
X30.0 Z－1.0;	
Z－5.0;	
X18.0 C2.0;	

N11 Z－33.5;

G00 X200.0 Z100.0;   返回换刀点

M05;   主轴停

M00;   进给停,检测

N3;   精车内孔表面

G99 G97 S1000 M03;   转进给方式加工,主轴正转

T0202;   调2号刀,建立工件坐标系

G00 X16.0 Z2.0;   循环点(加工起刀点)

G70 P10 Q11 F0.05;   用G70精加工循环指令精车内圆表面

G00 X200.0 Z100.0;   返回换刀点

M05;   主轴停

M00;   进给停,检测

N4;   车孔径内倒角

G99 G97 $400 M03;   转进给方式加工,主轴正转

T0404;   调4号刀,建立工件坐标系

G00 X200.0 Z100.0;   换刀点

X17.0 Z2.0;   加工起刀点

G01 Z－33.0 F0.3;   工进移刀

X22.0 F0.05;   工进切槽

G04 U2.0;   槽底停2转

G01 X17.0 F0.3;   工退返回

Z－31.0; Z正向工进移刀

X18.0 F0.05; X向工进进刀

X22.0 Z－33.0;   工进车削倒内角

G04 U2.0;   槽底停2转

X17.0 F0.3; X向工退

Z2.0; Z向工退

G00 X200.0 Z100.0;   返回换刀点

M05;   主轴停

M00;   进给停,检测

N5;   车内螺纹

G99 G97 S400 M03;   转进给方式加工,主轴正转

T0303;   调3号刀,建立工件坐标系

C00 X17.0 Z2.0;   循环点(加工起刀点)

G92 X18.5 Z－29.0 F2.0;   用G92螺纹循环切削指令切削内螺纹

X19.0;

X19.4;

X19.7;

X19.9;

X20.0;

X20.0;	
G00 Z100.0;	返回换刀点 Z 向
X200.0;	返回换刀点 X 向
M05;	主轴停
M00;	进给停,检测
N6;	精车外圆表面
G99 G97 S1000 M03;	转进给方式加工,主轴正转
T0101;	调 1 号刀,建立工件坐标系
G00 X42.0 Z2.0;	循环点(加工起刀点)
X30.0;	快速移刀
G01 Z0 F0.08;	工进移刀
X39.0 C0.5;	工进切削端面并倒角
Z－30.5;	工进车削外圆表面
G00 X200.0 Z100.0;	返回换刀点
M05;	主轴停
M30;	程序停止,返回程序头
%	

七、操作加工

①开机,各坐标轴手动回机床原点。

②将刀具依次装上刀架。

③对刀,并设置好刀具参数。

④输入和调试加工程序。

⑤确认程序无误后,即可进行自动加工。

⑥取下工件,进行检测。

⑦关机。

⑧清理加工现场。

阅读材料 数控车床概述

数控车床是指用计算机数字技术控制的车床。它是通过将编好的加工程序输入到数控系统中,由数控系统通过车床横向和纵向坐标轴的伺服电动机控制车床进给运动部件的动作顺序、移动量和进给速度,再配以主轴的转速和转向,便能加工出各种形状不同的轴类或盘类等回转体零件,因此,数控车床是目前使用较为广泛的数控机床。

1. 数控车床的分类

随着数控技术的不断发展,数控车床形成了品种繁多、规格不一的局面。对数控车床分类可以采用如下不同的方法。

(1)按车床主轴位置分类

数控车床根据车床主轴的位置可分为卧式数控车床(见图 9-18)和立式数控车床(见图 9-19)两类。

图 9-18　卧式数控车床

图 9-19　立式数控车床

卧式数控车床的主轴轴线与水平面平行。卧式数控车床又可分为数控水平导轨卧式车床和数控倾斜导轨卧式车床。

立式数控车床主轴轴线垂直于水平面,一般采用圆形工作台来装夹工件。这类车床主要用于加工径向尺寸大、轴向尺寸相对较小的大型复杂零件。

（2）按照车床功能分类

按其功能,数控车床可分为经济型数控车床、全功能型数控车床和车削加工中心三类。图 9-20 所示为车削加工中心。

图 9-20　车削加工中心

经济型数控车床通常配备经济型数控系统,由普通车床进行数控改造而成。这类机床常采用开环或半闭环伺服系统控制,主轴较多采用变频调速,机床结构与普通车床相似。

全功能型数控车床一般采用后置转塔式刀架,可装刀具数量较多;主轴为伺服驱动;车床采用倾斜床身结构以便于排屑;数控系统的功能较多,可靠性较好。

车削中心在全功能数控车床的基础上,增加了 C 轴和动力头,更高级的数控车床带有刀库和自动换刀装置,可实现三轴（X 轴、Z 轴和 C 轴）中任意两轴的联动控制。

（3）其他分类方式

除以上分类方式外,数控车床还可根据加工零件的基本类型、刀架数量、数控系统的不同控制方式等指标进行分类。

2. 数控车床的组成

数控车床由程序编制及程序载体、输入装置、数控装置(CNC)、伺服驱动及位置检测、辅助控制装置、机床本体等几部分组成,如图 9-21 所示。

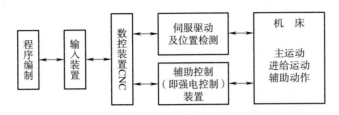

图 9-21　数控车床的基本组成

(1)程序编制及程序载体

数控程序是数控机床自动加工零件的工作指令。所谓程序编制是指在对加工零件进行工艺分析的基础上,得到零件的所有尺寸、工艺参数等加工信息后,用文字、数字和符号组成的标准数控代码,按规定的方法和格式,编制零件加工的数控程序单。编好的数控程序,存放在便于输入到数控装置的一种存储载体上,它可以是穿孔纸带、磁带和磁盘等,采用哪一种存储载体,取决于数控装置的设计类型。

(2)输入装置

输入装置的作用是将程序载体(信息载体)上的数控代码传递并存入数控系统内。根据控制存储介质的不同,输入装置可以是光电阅读机、磁带机或软盘驱动器等。数控机床加工程序也可通过键盘用手工方式直接输入数控系统;数控加工程序还可由编程计算机用 RS232C 或采用网络通信方式传送到数控系统中。

(3)数控装置

数控装置是数控机床的核心。数控装置从内部存储器中取出或接受输入装置送来的一段或几段数控加工程序,经过数控装置的逻辑电路或系统软件进行编译、运算和逻辑处理后,输出各种控制信息和指令,控制机床各部分的工作,使其进行规定的有序运动和动作。

(4)驱动装置和位置检测装置

驱动装置接受来自数控装置的指令信息,经功率放大后,严格按照指令信息的要求驱动,以加工出符合图样要求的零件。因此,它的伺服精度和动态响应性能是影响数控机床加工精度、表面质量和生产率的重要因素之一。驱动装置包括控制器(含功率放大器)和执行机构两大部分。目前大都采用直流或交流伺服电动机作为执行机构。

位置检测装置将数控机床各坐标轴的实际位移量检测出来,经反馈系统输入到机床的数控装置之后,数控装置将反馈回来的实际位移量值与设定值进行比较,控制驱动装置按照指令设定值运动。

(5)辅助控制装置

辅助控制装置经功率放大后驱动相应的电器,带动机床的机械、液压、气动等辅助装置完成指令规定的开关量动作。这些控制包括主轴运动部件的变速、换向和启停指令,刀具的选择和交换指令,冷却、润滑装置的启动停止,工件和机床部件的松开、夹紧,分度工作台转位分度等开关辅助动作。

（6）机床本体

数控机床的机床本体与传统机床相似，由主轴传动装置、进给传动装置、床身、工作台以及辅助运动装置、液压气动系统、润滑系统、冷却装置等组成。但数控机床在整体布局、外观造型、传动系统、刀具系统的结构以及操作机构等方面都已发生了很大的变化。这种变化的目的是满足数控机床的要求和充分发挥数控机床的特点。

3. 数控车床的加工特点

与普通车床相比，数控车床加工具有以下特点。

（1）适应性强

由于数控车床能实现坐标轴的联动，所以数控车床能完成复杂形面的加工，特别是对于可用数学方程式和坐标点表示的形状复杂的零件，加工非常方便。当改变加工零件时，数控车床有时只需更换零件加工的 NC 程序，不必用凸轮、靠模、样板或其他模具等专用工艺装备。

（2）加工质量稳定

对于同一批零件，由于数控车床是根据数控程序使用同一刀具自动进行加工，刀具的运动轨迹完全相同，从而可以避免人为的误差，这就保证了零件加工的一致性好且质量稳定。

（3）生产效率高

数控车床在加工中由于可以采用较大的切削用量，有效地节省了机动工时。又由于有自动换速、自动换刀和其他辅助操作自动化等功能，使辅助时间大为缩短，而且无须工序间的检验与测量，所以，比普通车床的生产率高 3～4 倍甚至更高。

（4）加工精度高

数控车床有较高的加工精度，加工误差一般为 0.005～0.01 mm。数控车床的加工精度不受零件复杂程度的影响，机床传动链的反向齿轮间隙和丝杠的螺距误差等都可以通过数控装置自动进行补偿，其定位精度比较高，同时还可以利用数控软件进行精度校正和补偿。

（5）改善劳动条件

在输入程序并启动后，数控车床就自动地连续加工，直至零件加工完毕，而不必进行重复性的繁重的手工操作。劳动强度与紧张程度均可大大减轻，劳动条件也得到相应改善。

4. 常用数控系统介绍

目前，我国通常使用的数控车床控制系统从来源地区主要可分为国内产品、日本产品、欧盟产品等。下面介绍我国市场上常见的三种数控系统。

（1）日本 FANUC 数控系统

FANUC 数控系统是日本法纳克公司的产品，以其高质量、低成本、高性能、较全的功能占据了整个数控系统市场很大的份额。用于车床的数控系统主要有 FANUC-0i-Mate-TB、FANUC-0i-Mate-TC 等。系统设计中采用大量的模块化结构，具有很强的 DNC 功能，系统软件的功能齐全，操作方便，同时具有完备的防护措施。

（2）德国西门子数控系统

德国西门子数控系统是德国西门子公司的产品，在中国的使用非常广泛，用于车床的数控系统主要有 SINMENS 802S、802C、802D 等，802C/S 是面向中国企业推出的经济型数控系统，具有较高的性价比和强大的功能，802D 是与德国同步推出的新产品，适用于全功能型数控车床，实现四轴驱动。

（3）国产数控系统

广州数控系统是我国自主研发的数控系统，应用于数控车床的控制系统主要有 GSK980i 车床数控系统、GSK980T 车床数控系统等。其中 GSK980i 车床数控系统为新研发的新一代中高档数控系统，其功能强大，稳定性好，具有多种复合循环功能。

思考与实训

1. 试编写图 9-22 所示手柄轴的加工程序。毛坯为 ϕ30 mm $\times$ 103 mm 的棒料，材料为 45 钢。

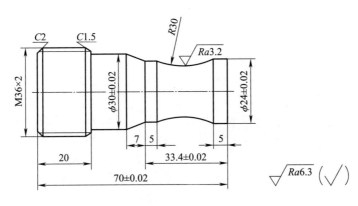

图 9-22　实训练习零件图

2. 在数控车床上加工图 9-23 所示零件。

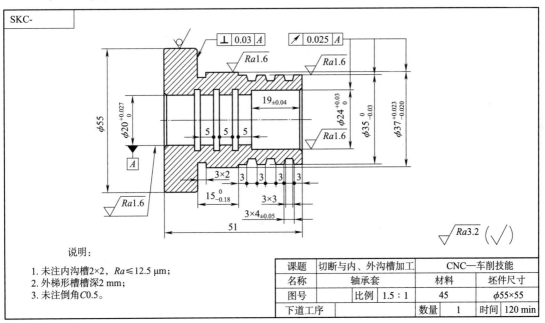

说明：

1. 未注内沟槽2×2，$Ra \leqslant 12.5$ μm；
2. 外梯形槽槽深2 mm；
3. 未注倒角C0.5。

课题	切断与内、外沟槽加工		CNC—车削技能	
名称	轴承套		材料	坯件尺寸
图号		比例　1.5∶1	45	ϕ55×55
下道工序			数量　1	时间　120 min

图 9-23　加工操作实例零件图

项目十 数控铣床/加工中心实训

学习目标

1. 掌握数控铣床/加工中心编程方法。
2. 刀具半径补偿的功能、建立格式及其引用。
3. 掌握数控铣床/加工中心的基本操作。
4. 数控铣床/加工中心加工一般零件。

导入：数控铣床是在普通铣床的基础上发展起来的,两者的加工工艺基本相同,结构也相似,但数控铣床是靠程序控制的自动加工机床,所以其结构也与普通铣床有很大区别。数控加工是现代制造技术的基础,这一发明对于制造业而言,具有划时代的意义和深远的影响,经过几十年的发展,目前的数控机床已经实现了计算机控制,并在机械制造界得到广泛应用。因此,学生应当做到理论学习与实践并重,积极向本领域内的优秀前辈学习。

中国心——王树军,致力于中国高端装备研制,坚守打造重型发动机,他攻克的进口高精加工中心光栅尺气密保护设计缺陷,填补国内空白,成为中国工匠勇于挑战进口设备的经典案例。他独创的"垂直投影逆向复原法",解决了进口加工中心定位精度为千分之一度的 NC 转台锁紧故障,打破了国外技术的封锁和垄断。

任务一　数控铣床/加工中心编程实训

一、数控编程的概念

数控机床与普通机床控制方式是不一样的。它是按照事先编制好的加工程序,自动地对被加工零件进行加工。编程人员首先应了解所用数控机床的规格、性能与数控系统所具有的功能及编程指令格式等。编程时,应先对图纸规定的技术要求、零件的几何形状、尺寸及工艺要求进行分析,确定加工方法和加工路线,再进行数学计算,获得刀位数据,然后按数控机床规定的代码和程序格式,将工件的加工工艺路线、工艺参数、刀具的运动轨迹、位移量、切削参数(主轴转数、进给量、背吃刀量等)以及辅助功能(换刀、主轴正转或反转、切削液开或关等)编写成加工程序,再把这一程序单中的内容记录在控制介质上,然后输入到数控机床的数控装置中,从而指挥机床加工零件。

二、数控编程的种类

数控编程一般分为手工编程和自动编程两种。

1. 手工编程

从分析图样、确定工艺过程、数值计算、编写零件加工程序单、制备控制介质到程序校验都是由手工完成的,这种编程方法称为手工编程。

对于加工形状简单的零件,计算比较简单,程序不多,采用手工编程较容易完成,而且经济、及时,因此在点定位加工及由直线与圆弧组成的轮廓加工中,手工编程仍广泛应用。但对于形状复杂的零件,特别是具有非圆曲线、列表曲线及曲面的零件,用手工编程就有一定的困难,出错的概率增大,有的甚至无法编出程序,因此必须用自动编程的方法编制程序。

2. 自动编程 CAD/CAM

自动编程是利用 CAD/CAM 技术进行零件设计、分析和造型,并通过后置处理,自动生成加工程序,经过程序校验和修改后,形成加工程序。这种方法适应面广、效率高、程序质量好,目前正被广泛应用。

三、数控程序结构与格式

每种数控系统,根据系统本身的特点及编程的需要,都有一定的程序格式。对于不同的机床,其程序的格式也不同。因此编程人员必须严格按照机床说明书的规定格式进行编程。

1. 程序的结构

一个完整的程序由程序名、程序内容和程序结束三部分组成。例如:

O0001	程序名
N10　G54 M03 S800;	
N20　G90 G00 X28.0 Y30.0;	
N30　G0l X－8.0 Y8.0 F200;	程序内容
N40　X0 Y0;	
N50　X28.0 Y30.0;	
N60　G00 Z50.0;	
N70　M30;	程序结束

1)程序名

程序名即程序的开始部分,又称程序号,为了区别存储器中的程序,每个程序都要有程序名,在同一数控系统中程序名(号)不能重复,必须单独占一项。

在 FANUC 系统中,程序名格式如下:

格式:

O××××

说明:

O 为地址符;

××××为四位数字,数值从 0000 到 9999。

举例:

O0011

注意:程序名在书写时其数字前的零可以省略不写,也可以写成 O11。

2)程序内容

程序内容部分是整个程序的核心,它由许多程序段组成,每个程序段由一个或多个指令构成,它表示数控机床要完成的全部动作。

3)程序结束

程序结束是以 M02 或 M30 作为整个程序结束的指令,来结束整个程序。为了保证最后程序段的正常执行,通常要求 M02/M30 单独占一行。

2. 程序段格式

零件的加工程序是由程序段组成的,每个程序段由若干个程序字组成,每个字是控制系统的具体指令,它由表示地址的英语字母、特殊文字和数字集合而成。

程序段格式是指在一个程序段中,字、字符、数据的排列、书写方式和顺序。

目前广泛使用的是字-地址程序段格式,它是由程序段号、数据字和程序段结束组成。各字前有地址,各字的排列顺序要求不严格,数据的位数可多可少,不需要的字以及与上一程序段相同的有效字可以不写。该格式的优点是程序简短、直观以及容易校验、修改。

字-地址程序段格式如下:

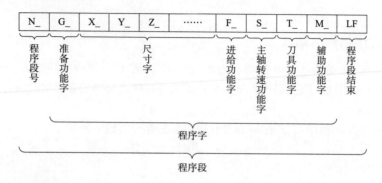

例如:

N20　G01　X25.0　Y-36.0　F100　S300　T02　M03;

3. 数控系统常用功能

数控系统常用功能有准备功能(G功能)、辅助功能(M功能)和其他功能(F、S、T功能等)三种,这些功能是编程的基础。

1) 准备功能

准备功能又称G功能或G指令,G功能是使数控机床做好某种操作的准备指令,用地址G和两位数字来表示,从G00~G99共100种。随着数控系统功能不断增加,有些数控系统采用三位数的功能指令,如SIEMENS 802S系统中的G158、G258等。FANUC 0i系统常用的G指令见表10-1。

表10-1　FANUC 0i 系统常用 G 指令

G 代码	组	功　　能
G00		定位
G01	01	直线插补
G02		圆弧插补/螺旋线插补 CW
G03		圆弧插补/螺旋线插补 CCW
G04		暂停,准确停止
G05.1		预读控制,超前读多个程序段
G07.1		(G107)圆柱插补
G08	00	预读控制
G09		准确停止
G10		可编程数据输入
G11		可编程数据输入方式取消

G 代码	组	功　能
G15	17	极坐标指令消除
G16		极坐标指令
G17	02	选择 XPYP 平面 XPX 轴或其平行轴
G18		选择 ZPXP 平面 YPY 轴或其平行轴
G19		选择 YPZP 平面 ZPZ 轴或其平行轴
G20	06	英寸输入
G21		毫米输入
G22	04	存储行程检测功能接通
G23		存储行程检测功能断开
G27	00	返回参考点检测
G28		返回参考点
G29		从参考点返回
G30		返回第 2、3、4 参考点
G31		跳转功能
G33	01	螺纹切削
G37	00	自动刀具长度测量
G39		拐角偏置圆弧插补
G40	07	刀具半径补偿取消
G41		刀具半径补偿左侧
G42		刀具半径补偿右侧
G40.1（G150）	19	法线方向控制取消方式
G41.1（G151）		法线方向控制左侧接通
G42.1（G152）		法线方向控制右侧接通
G43	08	正向刀具长度补偿
G44		负向刀具长度补偿
G45	00	刀具位置偏置加
G46		刀具位置偏置减
G47		刀具位置偏置加 2 倍
G48		刀具位置偏置减 2 倍
G49	08	刀具长度补偿取消
G50	11	比例缩放取消
G51		比例缩放有效
G50.1	22	可编程镜像取消
G51.1		可编程镜像有效
G52	00	局部坐标系设定
G53		选择机床坐标系

G 代码	组	功　能
G54	14	选择工件坐标系 1
G54.1		选择附加工件坐标系
G55		选择工件坐标系 2
G56	14	选择工件坐标系 3
G57		选择工件坐标系 4
G58		选择工件坐标系 5
G59		选择工件坐标系 6
G60	00/01	单方向定位
G61	15	准确停止方式
G62		自动拐角倍率
G63		攻丝方式
G64		切削方式
G65	00	宏程序调用
G66	12	宏程序模态调用
G67		宏程序模态调用取消
G68	16	坐标旋转有效
G69		坐标旋转取消
G73	09	深孔钻循环
G74		左旋攻丝循环
G76		精镗循环
G80		固定循环取消/外部操作功能取消
G81		钻孔循环锪镗循环或外部操作功能
G82		钻孔循环或反镗循环
G83		深孔钻循环
G84	09	攻丝循环
G85		镗孔循环
G86		镗孔循环
G87		背镗循环
G88		镗孔循环
G89		镗孔循环
G90	03	绝对值编程
G91		增量值编程
G92	00	设定工件坐标系或最大主轴速度控制
G92.1		工件坐标系预置
G94	05	每分进给
G95		每转进给

G 代码	组	功　能
G96	13	恒周速控制切削速度
G97		恒周速控制取消切削速度
G98	10	固定循环返回到初始点
G99		固定循环返回到 R 点
G160	20	横向进磨控制取消(磨床)
G161		横向进磨控制(磨床)

2)辅助功能

辅助功能又称 M 功能或 M 指令,用地址码 M 和后面两位数字表示。从 M00~M99 共 100 种。

M 功能用于表示一些机床辅助动作的指令,如切削液的开和关,主轴的正转、反转和停转及程序结束等。

虽然 G 指令和 M 指令已标准化,但因数控系统及数控机床厂家的不同,其 G 指令和 M 指令的功能也不尽相同,所以在数控编程时,一定要严格按照机床说明书的规定应用。常用 M 指令见表 10-2。

表 10-2　常用 M 指令

序号	指令	功　能	序号	指令	功　能
1	M00	程序停止	7	M06	换刀指令
2	M01	程序选择性停止	8	M30	程序结束并返回程序开始
3	M02	程序结束	9	M08	切削液开
4	M03	主轴顺时针旋转	10	M09	切削液关
5	M04	主轴逆时针旋转	11	M98	子程序调用
6	M05	主轴停止转动	12	M99	子程序结束

3)其他功能

(1)程序段号

程序段号用以识别程序段的编号。用地址码 N 和后面的若干位数字表示。

例如:N20 表示该语句的语句号为20。

(2)坐标功能

坐标功能字由地址码、"＋"、"－"符号及绝对值(或增量)的数值构成。

尺寸字的地址码有 X、Y、Z、U、V、W、P、Q、R、A、B、C、I、J、K、D 和 H 等。

例如:X20　Y－40。尺寸字的"＋"可省略。

表示地址码的英文字母的含义见表 10-3。

表 10-3　地址码的含义

地　址　码	含　　义
O、P	程序号、子程序号
N	程序段号

地 址 码	含 义
X、Y、Z	X、Y、Z 方向的主运动
U、V、W	平行于 X、Y、Z 坐标的第二坐标
A、B、C	绕 X、Y、Z 坐标的旋转运动
I、J、K	圆弧圆心相对于圆弧起点的增量坐标
D、H	补偿号指定

（3）进给功能

进给功能（F 功能）表示刀具相对于零件的运动速度。它由地址码 F 和后面若干位数字构成。这个数字的单位根据加工需要，分为每分钟进给和每转进给两种。

①每分钟进给 G94。刀具进给量单位为 mm/min，由 G94 来指令，F 后的数值为大于零的常数。例如：

G94 G01 X20.0 Y30.0 F120；

表示刀具的进给速度为 120 mm/min。

②每转进给 G95。刀具进给单位为 mm/r，由 G95 来指令，与每分钟进给一样，F 后的数值也为大于零的常数。例如：

G95 G01 X20.0 Y30.0 F0.2；

表示刀具的进给速度为 0.2 mm/r。

每转进给、每分钟进给及每齿进给之间可以相互换算，其换算关系如下：

$$F_r = F_z \cdot Z$$
$$F = F_r n$$

式中　F_r——每转进给量，mm/r；

　　　F_z——刀具每齿进给量，mm/齿；

　　　Z——刀具齿数；

　　　F——每分钟进给量，mm/min；

　　　n——主轴转速，mm/min。

在编程过程中，F 功能的数值是无符号的，不允许用负值表示。另外在数控加工过程中，还可以通过操作机床面板上的进给倍率旋钮对进给速度值进行实时修正。本书介绍的加工中心机床，修正范围为 0~150%。

（4）主轴转速功能字

用以控制主轴转速的功能称为主轴功能（S 功能），由地址码 S 和其后面的一组数字组成，单位为 r/min。例如：S800 表示主轴转速为 800 r/min。

主轴转速的高低，由所选用的刀具、加工零件材料等因素确定，其计算公式如下：

$$v = \frac{\pi D n}{1\,000}$$

$$n = \frac{1\,000 v}{\pi D}$$

式中　v——切削线速度，m/min；

　　　D——刀具直径，mm；

　　　n——主轴转速，r/min。

在编程过程中,S 功能的数值是无符号的,与 F 功能一样也可以通过操作机床面板上的主轴转速倍率旋钮来对主轴转速进行实时修正。FANUC 系统介绍的加工中心机床,修正范围为 0～120%。

在程序中,主轴的正转、反转及停转分别由辅助功能指令 M03、M04 及 M05 进行控制。

(5)刀具功能字

刀具功能(T 功能)是指系统进行选刀或换刀的功能指令,由地址码 T 和一组数字组成。刀具功能字的数字是指定的刀号。数字的位数由所用系统决定。例如:

T08——表示第八号刀。

(6)程序段结束

程序段由程序段号 N××开始,程序段结束符号写在每一程序段之后,用来表示程序段的结束。常用结束符号“;”或“＊”,本书中用符号“;”表示程序段结束,由键 EOB 输入。

4. 常用功能指令的属性

1)指令分组

所谓指令分组,就是将系统中不能同时执行的指令分为一组,并以编号区别。例如指令 G00、G01、G02、G03 就属于同组指令,其分组编号为 01 组。

同组指令具有相互取代的作用,同一组指令在一个程序段中只能有一个有效。当在同一程序段中出现两个或两个以上的同组指令时,只执行其最后输入的指令,有些数控机床此时会出现报警。对于不同组的指令,在同一程序段中可以进行不同的组合。例如:

G40 G90 G17 G54；　　　　(本程序段是规范正确的,所在指令均不同组)

G00 G03 X0 Y0 R20.0 F80；　　(本程序段是不规范的,G00 与 G03 属于同组指令)

2)模态指令

模态指令(又称续效指令)表示该指令在程序段中一经指定,在接下来的程序段中将一直有效,直到出现同组的另一个指令时,该指令才失效,例如常用的 G00、G01、G02、G03 及 F、S、T 等指令。

模态指令使程序变得清晰明了,避免了程序中大量重复指令的出现,减轻了编程的工作量。另外,尺寸功能字也具有模态功能,在前后程序段中重复出现,则该尺寸功能字适当时可以省略。例如:

G01 X0 Y0 F80；　　　　　　　　　　　　G01 X0 Y0 F80；

G01 X0 Y15.0 F80；　　　可以写成　　　Y15.0；

G03 X0 Y－15.0 R15.0 F80；　　　　　　G03 Y－15.0 R15.0；

在众多的指令代码中,并不是所有指令都具有模态功能,也有一部分指令不具有模态功能,它们仅在编入的程序段中才有效,称为非模态指令(又称非续效指令),例如 G 指令中的 G04 指令,M 指令中的 M00 等指令。

对于模态指令与非模态指令的具体规定,因数控系统的不同而各有差异,编程前请认真查阅有关系统说明书。

3)开机默认指令

在数控系统中每一组指令,都有其中一个指令作为开机默认指令,此指令在开机或系统复位时可以自动生效。

常见的开机默认指令有 G17、G40、G90、G94、G54 等。

四、程序输入与编辑

1. 程序编辑操作

1）建立一个新程序

①按下模式按键"EDIT"；

②按下功能键"PROG"；

③输入程序号（如 O0011），按下"INSERT"键完成程序号的插入；

④按下"EOB"键，表示程序段结束。

2）调用存储器中存储的程序

①按下模式按键"EDIT"；

②按下功能键"PROG"；

③输入程序号（如 O0011），按下光标向下移动键即可完成程序 O0011 的调用。

3）删除程序

①按下模式按键"EDIT"；

②按下功能键"PROG"；

③输入程序号（如 O0011），按下功能键"DELETE"即可完成单个程序 O0011 的删除。

如果要删除所有程序，输入"O—9999"后按下功能键"DELETE"即可删除存储器中所有程序。

2. 程序段编辑操作

1）程序段输入

①按下模式按键"EDIT"；

②按下功能键"PROG"，输入程序号（O0011）；

③输入程序字"G90 G40"，按下"EOB"键；

④按下"INSERT"键即可完成程序段"G90 G40；"的插入；

⑤以后的程序段输入方法都一样。

注意：

①在 FANUC 0i 系统中程序名的输入步骤与程序段的输入步骤是不一样的，详见程序输入步骤。

②输入程序段时，可以输入程序号 N，也可以不输入。

2）程序段删除

①按下模式按键"EDIT"；

②按下功能键"PROG"，输入程序号（O0011）；

③用光标移动键检索或扫描到将要删除的程序段地址 N，按下功能键"EOB"；

④按下功能键"DELETE"，将当前光标所在的程序段删除。

如果要删除多个程序段，则用光标移动键检索或扫描到将要删除的程序段开始地址 N（如 N0020），键入地址 N 和最后一个程序段号（如 N0110），按下功能键"DELETE"，即可将 N0020 ~ N0110 的所有程序段删除。

3. 程序字编辑操作

1）查寻程序字

在"EDIT"模式下，按下光标向上、向下、向左及向右移动键，光标将在屏幕上相应地移动。按下"PAGE UP"和"PAGE DOWN"键,光标将向前或向后翻页显示。

2)跳到程序开头

在"EDIT"模式下,按下"RESET"键即可使光标跳到程序开头。

3)插入程序字

在"EDIT"模式下,将光标移动到要插入位置前的程序字,输入要插入的程序字,按下"INSERT"键即可完成程序字的插入。

4)程序字的替换

在"EDIT"模式下,将光标移动到要被替换的程序字,输入要替换的程序字,按下"ALTER"键即可完成程序字的替换。

5)程序字的删除

在"EDIT"模式下,将光标移动到要删除的程序字,按下"DELETE"键即可完成程序字的删除。

6)输入过程中的程序字删除

在程序输入过程中,如发现当前字符输入错误,则按下"CAN"键,即可删除当前输入的字符。

任务二　手动操作数控铣床/加工中心训练

要操作数控机床,首先要从操作面板入手。操作面板上有许多按钮,每个按钮有不同的功能,掌握这些按钮的功能,完成数控机床的开关机操作和手动操作。

一、FANUC Oi-MB 系统数控铣床面板功能

图 10-1 所示为 FANUC Oi 系统立式数控铣床操作面板。

图 10-1　FANUC Oi 系统立式数控铣床操作面板

1. 屏幕显示画面

屏幕显示画面如图 10-2 所示。

屏幕主要显示当前操作状态、程序状态、报警信息、参数设置、显示加工程序信息等。在不同的状态，显示不同的画面。

2. 编辑面板

如图 10-3 所示，为 FANUC Oi 数控系统的编辑面板，该面板中各按键的功能解释见表 10-4。

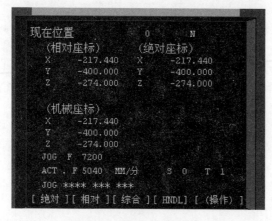

图 10-2　屏幕显示画面图

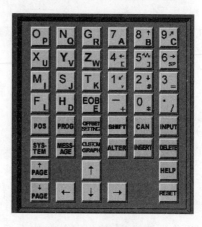

图 10-3　编辑面板图

表 10-4　编辑面板各按键功能解释

按　键	含　义	功　能
地址键数字/符号键	地址键数字/符号键	用于输入数据到输入区域，系统自动判别字母还是数字。字母、数字及符号通过 ▧（上档）键切换输入
POS	坐标显示键	坐标显示有三种方式，用 PAGE 按钮切换
PROG	程序键	程序显示与编辑页面
OFFSET SETTING	参数输入键	按第一次进入坐标系设置页面，按第二次进入刀具补偿参数页面。进入不同的页面以后，用 PAGE 按钮切换
SYSTEM	系统参数键	显示系统参数页面
MESSAGE	报警显示键	显示报警信息
CUSTOM GRAPH	轨迹显示键	图形参数设置及显示页面

按　键	含　义	功　能
SHIFT	上挡键	用于字母、数字及符号的切换
CAN	取消键	消除输入区内的数据
INPUT	输入键	将输入区内的数据输入参数页面
ALTER	替换键	用输入的数据替换光标所在的数据
INSERT	插入键	将输入区的数据插入到当前光标之后的位置
DELETE	删除键	删除光标所在的数据,或者删除一个程序或者删除全部程序
↑PAGE ↓PAGE	翻页键	向上翻页与向下翻页
↑ ← ↓ →	光标键	向上下左右移动光标
HELP	帮助键	系统帮助页面
RESET	复位键	用于使所有操作停止,返回初始状态

3. 操作面板

图 10-4 所示为 FANUC Oi 系统控制面板,其按键的功能解释见表 10-5。

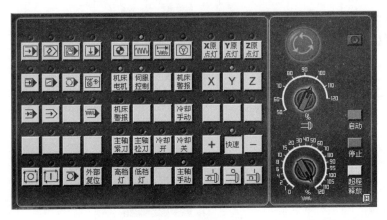

图 10-4　操作面板

表 10-5　控制面板按键表

按　键	含　义	按　键	含　义
	自动运行键		程序编辑键
	手动数据输入		在线加工运行键
	回参考点键		手动方式键
	增量进给键		手轮方式键
	单段键		跳运行键
	选择性停止键		程序断点重启键
	机床锁按键		空运行键
	程序暂停键		程序运行键
主轴紧刀 主轴松刀	主轴松紧刀按键	冷却开 冷却关	冷却液开关
X原点灯 Y原点灯 Z原点灯	X、Y、Z 轴回零点指示灯	X Y Z ＋ 快速 －	X、Y、Z 方向控制键
	主轴正转、停、反转按键		急停开关
	主轴倍率旋钮		进给倍率旋钮

二、机床控制面板按钮功能介绍

1. 机床电源开关

机床电源开关一般位于机床的背面,根据生产厂家的不同,也有的在机床侧面。

2. 急停键

当出现紧急情况时,按下机床面板上的急停键(见图 10-5),机床及 CNC 系统处于停止状态,此时在系统屏幕上出现"EMG"报警字样,数控机床的报警灯亮。

图 10-5　急停键

消除急停报警状态,一般情况下,按急停键上所示的方向转动按键,直至向上弹起,然后按下面板上的复位键即可。

3. 模式选择按键

模式选择按键共有 8 个,如图 10-6 所示,用以选择机床的工作方式。这类按键均为单选键,即只能选择其中一个。选中其中一个按键时,相应的指示灯亮,同时在屏幕下方显示相应的工作方式,如图 10-7 所示机床正处于 JOG 手动方式。

图 10-6　模式选择按键

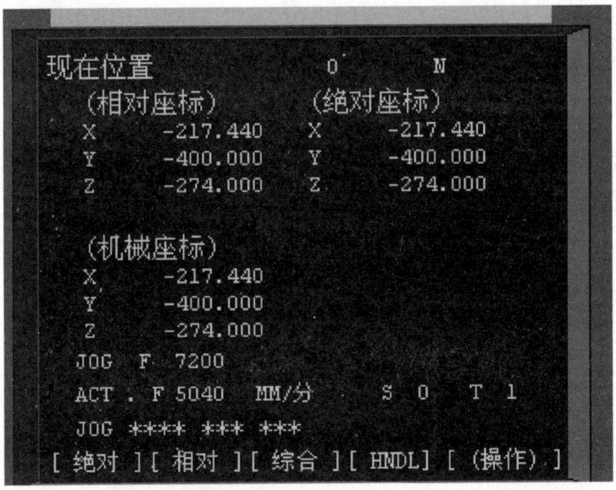

```
现在位置                O        N
  (相对坐标)          (绝对坐标)
X      -217.440      X      -217.440
Y      -400.000      Y      -400.000
Z      -274.000      Z      -274.000


  (机械坐标)
X      -217.440
Y      -400.000
Z      -274.000
JOG  F  7200
ACT. F 5040  MM/分          S  0  T  1
JOG ****  ***  ***
[ 绝对 ] [ 相对 ] [ 综合 ] [ HNDL] [ (操作) ]
```

图 10-7　屏幕显示画面

各个按键的功能见表 10-6。

表 10-6　模式选择按键功能表

按　键	含　义	英文标记	功　能
	自动运行键	AUTO	在 AUTO 状态下,可自动执行程序
	程序编辑键	EDIT	在 EDIT 状态下,可以输入程序,可对存储在内存中的程序进行编程
	手动数据输入	MDI	在 MDI 状态下,可以输入单一或多段命令并按下循环启动按键使机床动作;同时也可以对系统参数进行修改
	在线加工运行键	DNC	在 DNC 状态下,通过计算机与 CNC 连接,可以实现大容量程序的在线加工
	回参考点键	REF	在 REF 状态下,可以执行机床的返回参考点功能
	手动方式键	JOG	在 JOG 状态下,可以实现手动切削连续进给和手动快速连续进给
	增量进给键	INC	在 INC 状态下,机床坐标轴向相应的方向移动一个增量距离
	手轮方式键	HANDLE	在 HANDLE 状态下,可以通过挂在机床上的手摇脉冲发生器使坐标轴进行移动

4. 循环启动执行按键

循环启动执行按键的功能见表 10-7。

表 10-7　循环启动执行按键功能

按键图	含　义	英文标记	功　能
	程序暂停键	CYCLE STOP	在机床循环启动状态下按下该按键,程序运行及刀具运动将处于暂停状态,其他指令主轴转速、冷却状态等保持不变
	程序运行键	CYCLE START	在自动运行状态下按下该按键,机床自动运行程序

5. 主轴按键

主轴按键功能见表 10-8。

表 10-8　主轴按键功能

按键图	含　义	英文标记	功　能
	主轴正转	CW	按下该按键,主轴将顺时针转动
	主轴停转	STOP	按下该按键,主轴将停止转动

按 键 图	含 义	英文标记	功 能
	主轴反转	CCW	按下该按键，主轴将逆时针转动

注意：主轴按键的操作，需在"JOG"和"HANDLE"模式下操作。

6. 其他按键

其他按键功能见表10-9。

表10-9　其他按键功能

按 键 图	含 义	功 能
	程序保护开关	当旋钮处于开状态时，不能对程序进行编辑；只有当旋钮处于关状态时，才能对程序进行编辑
	超程解除按键	当机床出现超程报警时，按下该按键不松开，同时移动坐标轴反向移动，从而解除报警
	主轴倍率旋钮	在主轴旋转过程中，可以通过主轴倍率旋钮调整主轴的转速
	进给倍率旋钮	在手动切削连续进给时，可通过进给倍率旋钮调整进给速度

7. 用户自定义键

用户自定义键功能见表10-10。

表10-10　用户自定义键功能

按 键 图	含 义	功 能
	刀具夹紧与松开按键	用于手动换刀过程中的装刀与卸刀
	冷却开与关按键	用于切削液的打开与关闭
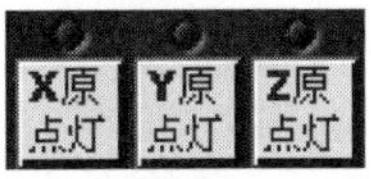	机床原点灯	当机床回到机床原点时灯亮

三、机床开机操作

①检查机床状态是否正常。

②接通机床电源。

③接通系统电源,检查 CRT 画面显示内容。

④检查面板上的指示灯是否正常。

⑤检查风扇电动机运转是否正常。

接通数控系统电源后,系统软件自动运行。启动完毕后,CRT 画面显示"EMG"报警画面,此时应松开急停键,再按面板上的复位键,机床将复位。

四、手动返回参考点操作

返回参考点操作是为了建立机床坐标系,步骤如下:

①模式按键选择"REF"方式。

②分别选择返回参考点的坐标轴,顺序为 Z 轴、X 轴、Y 轴,移动速度由倍率开关调整。

③按下坐标轴的"＋"方向键不松开,直至相应坐标轴返回参考点的指示灯亮,如图 10-8 所示。

图 10-8　X、Y、Z 轴
参考点灯亮

注意:

①返回参考点时应确保安全,在机床运行方向上不能发生碰撞,一般应选择 Z 轴先回参考点,将刀具抬起;然后再选择 X 轴和 Y 轴。

②在机床返回参考点过程时,坐标轴不能离参考点太近,否则会出现超程报警。

③在回参考点过程中,若出现超程,可按住面板上的"超程解除"按键,向相反方向手动移动该轴使其退出超程状态,解除报警。

五、手动进给和手摇进给操作

1. 手动(JOG)进给操作

在手动方式中,按下操作面板上的进给轴及其方向选择开关,会使刀具沿着所选轴的所选方向连续移动。

手动进给的步骤:

①按下模式按键中的手动进给选择开关。

②分别选择移动轴("Z"轴、"X"轴或"Y"轴)以及运动方向("＋"方向或"－"方向),坐标轴则按相应的方向及速度移动。

③手动的移动速度分为切削进给和快速进给。切削进给通过进给倍率旋钮进行控制,顺时针旋转时进给速度逐步增加,逆时针旋转时则逐步减小;快速进给是在按下方向键("＋"方向或"－"方向)的同时按下方向键中间的快速移动键,则进给轴按指定方向快速移动。在快速移动过程中,快速移动倍率开关有效。

注意:

①本书介绍的加工中心,手动进给操作一次只能移动一个轴。

②手动进给操作时,进给方向一定不能搞错,这是数控机床的基本操作。

2. 手摇(HANDLE)进给操作

在手摇进给方式中,刀具可以通过旋转机床操作面板上的手摇脉冲发生器微量移动。使用手摇进给轴选择开关选择要移动的轴,如图 10-9 所示。

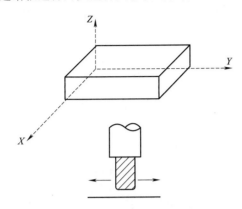

手摇脉冲发生器

图 10-9　手轮脉冲进给方式

手摇进给的操作步骤:

①按下模式按键中的手摇(HANDLE)进给方式选择开关。

②按下手摇进给轴选择开关选择刀具要移动的轴。

③通过手摇进给放大倍数开关选择刀具移动距离的放大倍数。旋转手摇脉冲发生器一个刻度时刀具移动的最小距离等于最小输入增量。对应关系见表 10-11。

表 10-11　手摇脉冲发生器移动距离对应关系表

位　　置	×1	×10	×100
增量值/mm	0.001	0.01	0.1

④旋转手轮以手轮转向对应的方向移动刀具。

六、MDI 运行方式(手动输入)

在 MDI 方式中,通过 MDI 面板,可以编制最多 10 行程序并被执行,MDI 运行程序格式和通常程序一样。MDI 运行适用于简单的程序操作。

MDI 操作步骤:

①按下模式按键中的 MDI 方式选择开关。

②按下 MDI 操作面板上的"PRGRM"功能键,选择程序屏幕,自动加入程序号"O0000"。

③用通常的程序编辑操作编制一个要执行的程序。在 MDI 方式编制程序,可以用插入、修改、删除、字检索、地址检索和程序检索等操作。

④为了执行程序,需要将光标移动到程序头。(从中间点启动执行也是可以的)按下操作面板上的循环启动按钮,程序便启动运行。当执行程序结束语句(M02 或 M30)后,运行结束。

⑤要是在中途停止或结束 MDI 操作,请按以下步骤进行:

停止 MDI 操作:

按下操作面板上的进给暂停开关。进给暂停指示灯亮,循环启动指示灯熄灭。机床响应如下:当机床在运动时,进给操作减速并停止;当执行 M、S 或 T 指令时,操作在 M、S 和 T 执行完毕后运行停止。

当操作面板上的循环启动按钮再次被按下时,机床的运行重新启动。

结束 MDI 操作：

按下面板上的 RESET 键。自动运行结束，并进入复位状态。当在机床运动中执行了复位命令后，运动会减速并停止。

七、机床关机操作

操作步骤如下：

①检查操作面板上的循环启动灯是否关闭。

②检查数控机床的移动部件是否都已停止。

③如有外部输入/输出设备接到机床上，先关外部设备的电源。

④检查完毕后，按下急停键，再按下"POWER OFF"键，关机床电源，切断总电源。

任务三　典型零件加工训练

加工图 10-10 所示缸盖零件的型腔，材料为硬铝，尺寸为 90 mm × 90 mm × 20 mm，试编写其数控铣加工程序并进行加工。

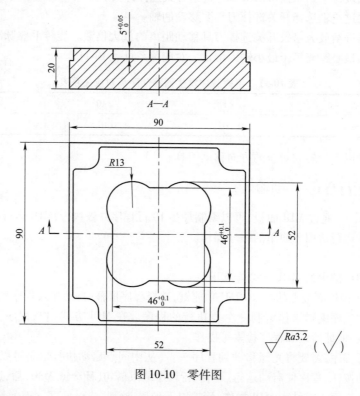

图 10-10　零件图

根据零件图样，进行工艺分析，并按照以下步骤完成零件的制作。

一、分析零件图样

该零件加工内容主要为型腔，尺寸精度为 IT10，表面粗糙度为 $Ra3.2$，没有形位公差要求。

二、制订加工工艺

1. 制订加工方案

根据零件图样分析,该零件外轮廓相对复杂,要素较多,如采用刀位点编程工作量较大,应采用刀具半径补偿指令编程。

本活动零件型腔内余量不多,选择环切法并由内向外加工,加工中行距取刀具直径的 60% ~ 85%。

2. 制订装夹方案

该零件为单件生产,且零件毛坯外形为正方形,选用平口钳装夹,工件上表面高出钳口 8 ~ 10 mm。

3. 选择刀具及切削用量

加工本活动零件时,轮廓上凹圆弧半径为 $R13$ mm,所选铣刀直径不能大于 $\phi26$ mm,此处选择直径 $\phi12$ 的高速钢键槽铣刀进行加工。加工材料为 45 钢,硬度比硬铝高,切削用量推荐值如下:切削速度 $n = 600$ r/min,铣削深度 ap = 2.5 mm,垂直进给速度 $f = 50$ mm/min,平面进给速度 $f = 80$ mm/min。

三、编写加工程序

1. 建立工件坐标系

根据图样分析,如图 10-11 所示,工件坐标系原点选择在零件的中间位置。

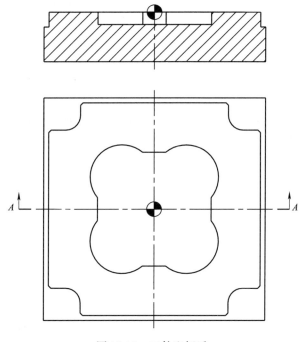

图 10-11　工件坐标系

2. 设计进给路线

加工本零件材料为 45 钢,加工轮廓时,深度为 5 mm,需分两层加工,每层 2.5 mm。

型腔余量加工路线如图 10-12(a)所示,刀具由 1→2→3……→12→13→10 的顺序按环切方式进行加工。

型腔精加工采用顺铣,即沿工件逆时针方向铣削,进给路线如图 10-12(b)所示。刀具由 1 点移动至 14 点建立刀具半径补偿,然后按 14→15→16……→21→14 的顺序铣削加工,切出由 14 点移动至 1 点取消刀具半径补偿。

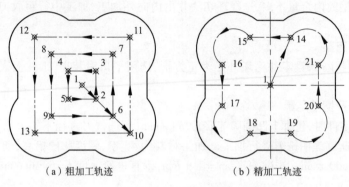

(a)粗加工轨迹　　　　　　　　(b)精加工轨迹

图 10-12　刀具轨迹图

3. 计算基点坐标

确定进给路线后,根据进给路线确定刀具轨迹中的基点坐标。采用 CAD 软件进行基点坐标计算,得出图 10-12 各基点坐标如下:

1 点	(0.0,0.0)	2 点	(5.0,−5.0)
3 点	(5.0,5.0)	4 点	(−5.0,5.0)
5 点	(−5.0,−5.0)	6 点	(11.0,−11.0)
7 点	(11.0,11.0)	8 点	(−11.0,11.0)
9 点	(−11.0,−11.0)	10 点	(17.0,−17.0)
11 点	(17.0,17.0)	12 点	(−17.0,17.0)
13 点	(−17.0,−17.0)	14 点	(7.255,17.0)
15 点	(−7.255,17.0)	16 点	(−17.0,7.255)
17 点	(−17.0,−7.255)	18 点	(−7.255,−17.0)
19 点	(7.255,−17.0)	20 点	(17.0,−7.255)
21 点	(17.0,−7.255)		

4. 编写加工程序

数控铣削加工程序见表 10-12 ~ 表 10-15。

表 10-12　粗加工主程序

加工程序	程序说明
O0001;	程序名(主程序)
G90 G94 G21 G17;	初始化指令
G91 G28 Z0;	Z 轴回参考点
G90 G54 M03 S600;	绝对量编程,主轴正转,转速 600 r/min
G00 X0.0 Y0.0;	快速定位到 1 点

加工程序	程序说明
Z5.0；	Z轴快速定位到Z5.0的位置
G01 Z－2.5 F50；	切削进给至－2.5的深度
M98 P0002；	调用子程序P0002
G00 X0.0 Y0.0；	快速定位到1点
Z5.0；	Z轴快速定位到Z5.0的位置
G01 Z－5.0 F50；	切削进给至－5的深度
M98 P0002；	调用子程序P0002
G00 Z20.0；	Z轴快速定位到Z20.0的位置
G91 G28 Z0；	Z轴回参考点
M30；	程序结束

表 10-13　子程序

加工程序	程序说明
O0002；	程序名（子程序）
G01 X5.0 Y－5.0 F80；	切削进给至2点
Y5.0；	切削进给至3点
X－5.0；	切削进给至4点
Y－5.0；	切削进给至5点
X5.0；	切削进给至2点
X11.0 Y－11.0；	切削进给至6点
Y11.0；	切削进给至7点
X－11.0；	切削进给至8点
Y－11.0；	切削进给至9点
X11.0；	切削进给至6点
X17.0 Y－17.0；	切削进给至10点
Y17.0；	切削进给至11点
X－17.0；	切削进给至12点
Y－17.0；	切削进给至13点
X17.0；	切削进给至10点
M99；	子程序结束

表 10-14　精加工主程序

加工程序	程序说明
O0003；	程序名（主程序）
G90 G94 G21 G17；	初始化指令
G91 G28 Z0；	Z轴回参考点
G90 G54 M03 S1000；	绝对量编程，主轴正转，转速1 000 r/min

加工程序	程序说明
G00 X0.0 Y0.0;	快速定位到 1 点
Z5.0;	Z 轴快速定位到 Z5.0 的位置
G01 Z-2.5 F50;	切削进给至-3 的深度
M98 P0004;	调用子程序 P0004
G00 X0.0 Y0.0;	快速定位到 1 点
Z5.0;	Z 轴快速定位到 Z5.0 的位置
G01 Z-5 F50;	切削进给至-6 的深度
M98 P0004;	调用子程序 P0004
G00 Z20.0;	Z 轴快速定位到 Z20.0 的位置
G91 G28 Z0;	Z 轴回参考点
M30;	程序结束

表 10-15　子程序

加工程序	程序说明
O0004;	程序名(子程序)
G41 D01 G01 X7.255 Y17.0 F100;	切削进给至 14 点,建立刀具半径补偿
X-7.255;	切削进给至 15 点
G03 X-17.0 Y7.255 R13.0;	逆时针圆弧切削进给至 16 点
G01 Y-7.255;	切削进给至 17 点
G03 X-7.255 Y-17 R13.0;	逆时针圆弧切削进给至 18 点
G01 X7.255;	切削进给至 19 点
G03 X17.0 Y-7.255 R13.0;	逆时针圆弧切削进给至 20 点
G01 Y7.255;	切削进给至 21 点
G03 X7.255 Y17.0 R13.0;	逆时针圆弧切削进给至 14 点
G40 G01 X0.0 Y0.0;	切削进给至 1 点,取消刀具半径补偿

四、数控加工

1. 安装刀具与装夹零件

（1）安装刀具

选用 ϕ12 mm 键槽铣刀,11～12 mm 弹簧夹头,把弹簧夹头装入铣刀刀柄中,再装入铣刀并夹紧,最后把刀柄装入主轴中。

（2）装夹零件

先把平口钳装夹在工作台上,用百分表校正平口钳,使钳口与铣床 X 方向平行。零件装夹在平口钳上,下面垫上平行垫块,使工件放平并伸出钳口 8～10 mm,夹紧零件。

2. 加工零件

输入程序,选择自动运行模式,调好进给倍率,按下循环启动按钮。

3. 控制零件尺寸

加工中,采用键槽铣刀粗精加工的方式,精加工余量用刀具半径补偿控制,尺寸精度由调整刀具半径补偿值来控制。

4. 加工结束,拆下零件,清理机床

阅读材料 数控铣床/加工中心基本知识

1. 概念及分类

(1)数控铣床的概念及分类

用于完成铣削加工或镗削加工的数控机床称为数控铣床。图 10-13 所示为立式数控铣床,图 10-14 所示为卧式数控铣床。

图 10-13 立式数控铣床

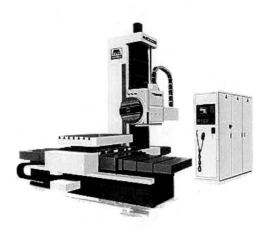

图 10-14 卧式数控铣床

(2)加工中心的概念及分类

加工中心是指带有刀库和刀具自动交换装置(ATC)的数控机床。本文所指的加工中心是指以铣削功能为主的铣削加工中心,图 10-15 所示为立式加工中心,图 10-16 所示为卧式加工中心。

图 10-15 立式加工中心

图 10-16 卧式加工中心

2. 组成

数控铣床一般由机床本体、数控装置、驱动装置、辅助装置等部分组成,加工中心在结构上比数控铣床增加了刀库和换刀装置,见表10-16。

表10-16　数控铣床/加工中心组成部分

序号	组成部分	说　　明	图　　示
1	机床本体	它是数控铣床/加工中心的基础构件,可以是铸铁件,也可以是焊接钢结构,均要承受加工中心的静载荷以及在加工时的切削载荷,是质量和体积最大的部件。包括床身、床鞍、工作台、立柱、主轴箱、进给机构等	
2	数控装置	它是数控机床的控制核心,由各种数控系统完成对机床的控制	
3	驱动装置	驱动装置是数控机床的执行机构,作用是把来自数控装置的信号转换为机床移动部件的运动,其性能是决定机床加工精度、表面质量和生产效率的主要因素之一,包括主轴电动机和进给伺服电动机	主轴电动机 进给伺服电动机

序号	组成部分	说　明	图　示
4	辅助装置	主要包括润滑、冷却、排屑、防护、液压和随机检测系统等部分	 排屑装置  润滑系统
5	刀库及自动换刀装置	它是加工中心特有的部件。刀库是用来存储刀具和辅助工具的地方；自动换刀装置是将加工中心主轴上的刀具与刀库中的刀具交换的机构，由换刀指令完成加工中心的换刀	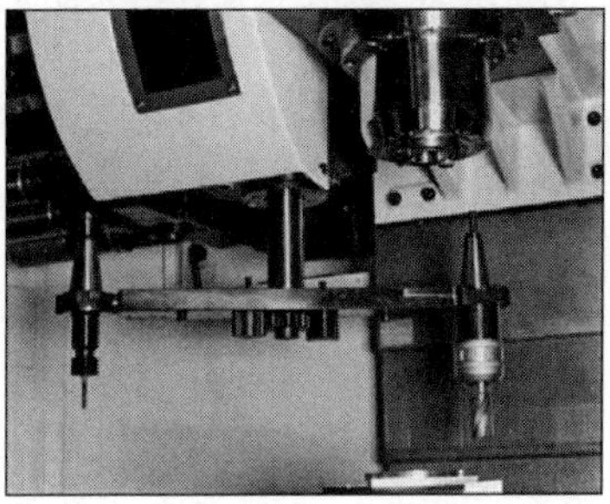

3. 加工特点

数控铣削加工除了具有普通铣床加工的特点外，还有如下特点：

①零件加工的适应性强、灵活性好，能加工轮廓形状特别复杂或难以控制尺寸的零件，如模具类零件、壳体类零件等。

②能加工普通机床无法加工或很难加工的零件，如用数学模型描述的复杂曲线零件以及三维空间曲面类零件。

③能加工一次装夹定位后，需进行多道工序加工的零件。

④加工精度高、加工质量稳定可靠。

⑤生产自动化程度高，可以减轻操作者的劳动强度。有利于生产管理自动化。

⑥生产效率高。

⑦从切削原理上讲，无论端铣或是周铣都属于断续切削方式，而不像车削那样连续切削，因此对刀具的要求较高，具有良好的抗冲击性、韧性和耐磨性。在干式切削状况下，还要求有良好的红硬性。

4. 应用场合

数控铣床比一般机床具备许多优点，但是这些优点都是以一定的条件为前提的。数控机床的应用范围在不断扩大，但它并不能完全代替其他类型的机床，也还不能以最经济的方式解决机械加工中的所有问题。它常适用于以下几种情况。

①多品种、小批量生产的零件。图 10-17 所示为三类机床的零件加工批量数与综合费用的关系。零件加工批量大时选用数控铣床是不利的，而选择专用机床效率高、费用低。通常，采用数控机床加工的合理生产批量为 10~100 件。

②结构比较复杂的零件。图 10-18 所示为三类机床的被加工零件复杂程序与零件批量大小的关系。通常数控机床适宜加工结构比较复杂，在非数控机床上加工时需要有昂贵的工艺装备（工具、夹具及模具）及无法加工的零件。

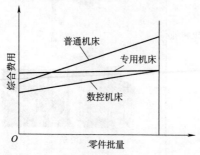

图 10-17　加工批量数与综合费用的关系

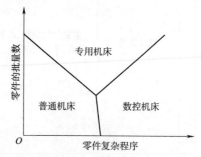

图 10-18　零件复杂程序与批量数的关系

③需要频繁改形的零件。当生产的产品不断更新，使用数控机床只需要修改相应数控加工程序即可，从而节约大量的工艺装备，使综合费用降低。

④价值昂贵，不允许报废的关键零件。

⑤设计制造周期短的急需零件。

5. 工作过程

数控铣床/加工中心的工作过程是根据零件图样，制订工艺方案，采用手工或计算机自动编制零件加工程序，把零件所需的机床各种动作及全部工艺参数变成机床的数控装置能接受的信息代码，并把这些代码存储在信息载体（磁盘、移动存储器等）上，将信息载体送到输入装置，读出信息并送入数控装置。（以上是常用的程序输入方法。）另一种方法是利用计算机和加工中心直接进行通信，实现零件程序的输入和输出。

进入数控装置的信息，经过一系列处理和运算转变为脉冲信号。有的信号送到机床的伺服系统，通过伺服机构进行转换和放大，再经过传动机构，驱动机床有关零部件，使刀具和工件严格执行零件程序所规定的相应运动。还有的信号送到可编程序控制器中用以顺序控制机体的其他辅助动作，如实现刀具自动更换等，如图 10-19 所示。

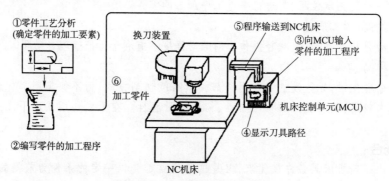

图 10-19　加工中心工作原理图

思考与实训

1. 加工图 10-20 所示缸盖零件的轮廓,材料为 45 钢,尺寸为 90 mm × 90 mm × 20 mm,试编写其数控铣加工程序并进行加工。

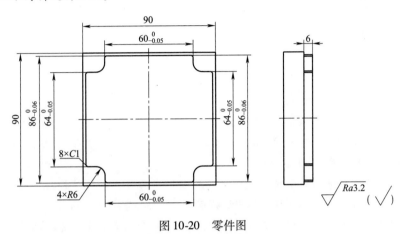

图 10-20　零件图

2. 加工图 10-21 所示的定位板零件,毛坯材料为 45 钢,尺寸为 90 mm × 90 mm × 20 mm。本任务的主要内容是钻孔、扩孔、锪孔及铰孔,并达到图样要求。

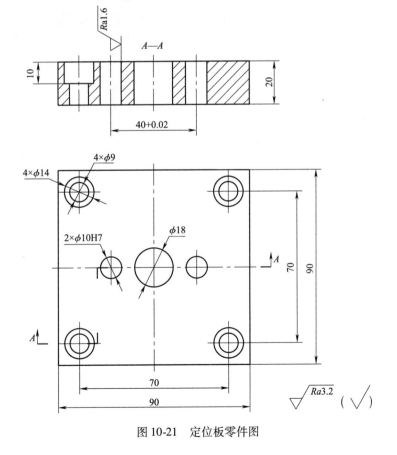

图 10-21　定位板零件图

项目十一 **特种加工实训**

学习目标

1. 熟悉电火花加工的原理、设备、加工方法。
2. 熟悉电解加工的原理、设备、加工方法。
3. 熟悉超声波加工的原理、设备、加工方法。
4. 熟悉激光加工的原理、设备、加工方法。

导入:本实训旨在培养精益求精、吃苦耐劳、责任担当的大国工匠精神,提升服务风险、团结协作、守诚守信的职业素养。在实训过程中进行安全考核,把安全落实到每一个人、每一台机床、每一个工位,树立牢固的安全意识。实习过程中,卫生工作全权由学生负责,做到"三无",即机床无油渍,工位、桌面无灰尘、无杂物,地面无废屑 ,让学生树立起"一屋不扫何以扫天下"的劳动意识。

任务一 数控电火花成形加工实训

一、电火花成形加工的基本原理

电火花加工又称电腐蚀加工,它是利用直流脉冲放电对导电材料的腐蚀作用去除材料,以满足一定形状和尺寸要求的一种加工方法,其工作原理如图 11-1 所示。

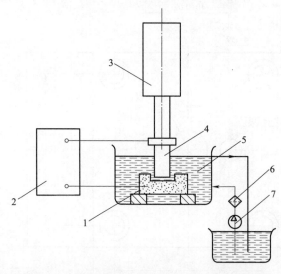

图 11-1 电火花加工原理和基本设备示意图

1—工件;2—直流脉冲电源;3—自动进给调节装置;4—工具电极;5—工作液;6—过滤器;7—工作液泵

工件 1 与工具电极 4 分别与脉冲电源 2 的两输出端相连接。自动进给调节装置 3 使工具电极和工件间经常保持一很小的放电间隙,当脉冲电压加到两极之间时,便在当时条件下相对某一间隙最小处或绝缘强度最低处击穿介质,在该处局部产生火花放电,瞬时高温使工具电极和工件表面都蚀除一小部分金属,各自形成一个小凹坑,如图 11-2 所示。其中图 11-2(a)表示单个脉冲放电后的电蚀坑,图 11-2(b)表示多次脉冲放电后的电极表面。脉冲放电结束后,经过一段间隔时间(即脉冲间隔),使工作液恢复绝缘后,第二个脉冲电压又加到两极上,又会在当时极间距离相对最近或绝缘强度最弱处击穿放电,又电蚀出一个小凹坑。这样随着相当高的频率连续不断地重复放电,工具电极不断地向工件进给,就可将工具端面和横截面的形状复制在工件上,加工出所需的和工具状阴阳相反的零件,整个加工表面由无数个小凹坑组成。这些电蚀坑的大小、深浅决定了被加工工件的表面粗糙度。电蚀坑越大越深,工件表面越粗糙;反之,表面越光洁。

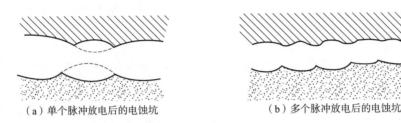

（a）单个脉冲放电后的电蚀坑　　　　　　（b）多个脉冲放电后的电蚀坑

图 11-2　脉冲放电后的电蚀坑

应当注意的是:利用电腐蚀现象进行电火花加工,必须具备一定的条件,如瞬时高能、脉冲放电、消电离、排屑等。

二、电火花成形加工机床

近年来电火花加工机床发展迅猛,较为典型的电火花加工机床有电火花成形机床、电火花线切割机床等,如图 11-3 所示,电火花成形机床主要包括机床主体、数控系统、脉冲电源箱等部分。

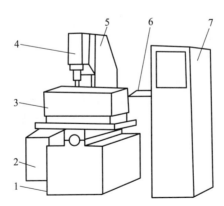

图 11-3　电火花成形加工机床结构示意图

1—床身;2—液压油箱;3—工作台;4—主轴头;5—立柱;6—工作液箱;7—电源箱

1. 电火花成形机床主体

机床主体主要由床身、立柱、主轴头、工作台等组成。

1）床身和立柱

床身和立柱为机床基础,立柱与纵横托板安装在床身上,变速箱位于立柱顶部,主轴头安装在立柱的导轨上。要求床身和立柱有足够的刚度以防振动和变形,保证加工精度。

2）工作台

工作台用于装夹工件,在步进电动机的驱动下可作纵横运动。工作台上装有工作液箱。

3）主轴头

主轴头是电火花成形机床的关键部件,它的结构由伺服进给机构、导向和防扭机构、辅助机构三部分组成。主轴头可作上下运动和旋转运动,分别为 Z 轴和 C 轴。主轴头的质量直接影响加工工艺指标,如生产率、精度和表面粗糙度等。要求主轴头具有足够的刚度及精度;具有足够的进给和回升速度;主轴头直线性和扭转性好,灵敏度高,无爬行等性能。

目前,普遍采用步进电动机、直流电动机或交流伺服电动机作进给驱动的主轴头。

4）主轴头和工作台的主要附件

（1）可调节工具电极角度的夹头

夹在主轴头下的工具电极,加工前需要调节到与工件基准面垂直或成一定的角度,通常采用球面铰链来实现。

（2）平动头

平动头是一个能使装在其上的电极产生向外机械补偿动作的工艺附件,它在电火花成形加工采用单电极加工型腔时,可以补偿上下两个加工规准之间的放电间隙差,达到表面修光。平动头的动作原理是:利用偏心机构将伺服电动机的旋转运动通过平动轨迹保持机构,转化成电极上的每一个质点都能围绕其原始位置在水平面内作小圆周运动,许多小圆的外包络线就形成了加工表面。平动头由偏心机构和平动轨迹保持机构两部分组成。

（3）油杯

油杯是实现工作液冲油或抽油强迫循环的一个主要附件,其侧壁和底边上开有冲油或抽油孔,电蚀产物在放电间隙通过冲油和抽油排出。

2. 电火花成形机床的数控系统和伺服进给系统

一般电火花机床有 X、Y、Z、C 轴四个坐标轴,数控系统的作用就是控制 X、Y、Z、C 轴运动,程序的编制,加工参数的设定和加工过程的控制。与其他数控机床的数控系统基本类似,有开环控制系统、闭环控制系统和半闭环控制系统。数控系统的硬件结构一般采用 PC 前端 + 高速 I/O 平台的复式结构,PC 通过高速信息交换控制每一个 I/O 端口,所有数控功能都由软件实现。操作人员通过显示器用键盘、手控盒进行机床操作。

在电火花加工过程中,电极和工件必须保持一定间隙。由于放电间隙很小且与加工面积、速度等有关,所以进给速度是不等速的,人工无法控制,必须采用伺服进给系统。

伺服进给系统的组成如图 11-4 所示。

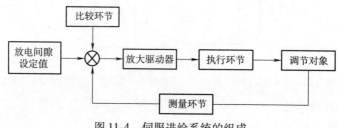

图 11-4 伺服进给系统的组成

①调节对象。调节电极和工件的放电间隙。

②测量环节。通过测量与放电间隙成比例关系的电参数来间接反映放电间隙的大小。

③比较环节。把测量到的信号与给定值的信号进行比较来控制加工过程。

④放大驱动器。放大测量到的信号。

⑤执行环节。用各种伺服电动机根据测量信号及时调节电极进给量以保持合适的放电间隙。

3. 工作液循环过滤系统

电火花机床的工作液循环过滤系统包括工作液泵、容器、过滤器及管道等。该系统使工作液强迫循环,以达到保持工作液清洁和排出电蚀物及热量的目的。

4. 电火花成形机床的脉冲电源

电火花加工机床的脉冲电源是整个设备的重要组成部分,其作用是把普通的220 V或380 V、50 Hz交流电转变成较高频率范围、一定输出功率的单向脉冲电流,以提供电火花成形所需要的放电能量来蚀除金属。脉冲电源技术性能的好坏,直接影响电火花成形加工的各项工艺指标,如加工精度、加工速度、电极损耗等。

一般情况下对脉冲电源有以下要求。

①能输出一系列脉冲。

②每个脉冲应具备一定的能量,波形要合适,脉冲电压幅值、电流峰值、脉宽和间隔度要满足加工要求。

③工作稳定可靠,不受外界干扰。常用的脉冲电源有RC线路脉冲电源、电子管式和闸流管式脉冲电源、晶体管式和晶闸管式脉冲电源。近年来随着电火花加工技术的发展,为更进一步提高有效脉冲的利用率,达到高速度、低能耗、稳定加工和一些特殊要求,在晶闸管和晶体管脉冲电源的基础上研究出许多新型的电源电路,如多回路脉冲电源、高频分组和梳状电源、智能化和自适应控制脉冲电源以及节能脉冲电源等。

三、电极与工件的安装

1. 电极与工件的装夹

1)工具电极的安装

一般采用通用夹具和专用夹具将工具电极装在机床的主轴上。通常有以下几种安装方法。

用标准套筒安装:此种安装多适用于圆柱形电极或尾端是圆柱形的电极的装夹,如图11-5(a)所示。

用钻夹头装夹:此种方法适用于小直径电极的装夹,如图11-5(b)所示。

用标准螺钉安装:此种方法适用于尺寸较大的电极装夹,如图11-5(c)所示。

用定位块装夹:此种方法适用于多电极装夹。

用连接板装夹:此种方法适用于镶拼式的电极装夹。

2)工件的安装

将工件直接安装在工作台上,与工具电极相互定位后,用压板和螺钉压紧即可。

2. 工具电极的校正

工具电极安装好后,必须进行校正,使其轴线与机床主轴的进给轴线保持一致。目前常用的校正方法有两种:按电极侧面校正和按电极固定板基面校正,如图11-6所示。

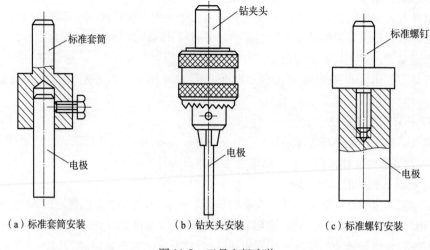

（a）标准套筒安装　　　　（b）钻夹头安装　　　　（c）标准螺钉安装

图 11-5　工具电极安装

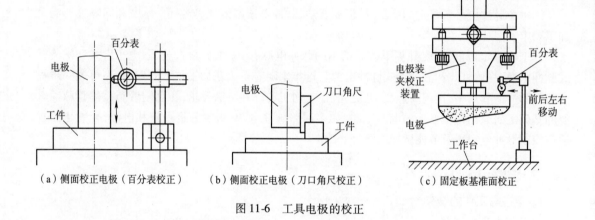

（a）侧面校正电极（百分表校正）　　（b）侧面校正电极（刀口角尺校正）　　（c）固定板基准面校正

图 11-6　工具电极的校正

3. 工具电极与工件的相互定位

主要采用以下几种方法：

目测法：目测电极与工件相互位置，利用工作台纵、横坐标的移动进行调整，达到找正定位的要求。

打印法：目测大致调整好电极与工件的相互位置后，接通脉冲电源弱规准，加工出一浅印，使模具型孔周围都有放电加工量，即可继续放电加工。

测量法：利用量具、量块、卡尺定位、划法定位法等。

四、电火花成形加工实例

尽管电火花成形加工机床的型号很多，但其加工操作方式基本相同，下面以在一圆柱体工件上穿一通孔的加工工艺路线为例，进行说明。

1. 操作步骤

①准备电极和工件,如图 11-7 所示。

②安全检查。检查机床电源开关及门开关正确复位情况;操作者着装情况。

③开机。

④装夹工具电极、工件并校正。在装夹前,先将 Z 轴快速上升到一定位置后,再利用钻夹头将工具电极装夹好,用90°角尺对其进行垂直校正,如图 11-8 所示。电极装夹好后,直接将工件放在工作台上,用压板和螺钉将其固定即可。

⑤定位。

⑥注入工作液。

⑦编写程序。

⑧加工。

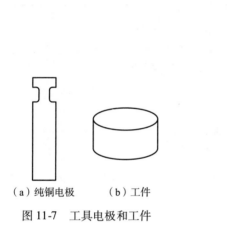

钻夹头

电极

（a）纯铜电极　　（b）工件

图 11-7　工具电极和工件　　　　图 11-8　校正工具电极

2. 注意事项

①根据工件的要求、电极与工件的材料、加工工艺指标和经济效果等因素,确定合适的加工规准,并在加工过程中正确、及时地转换。

②冲模加工时,常选用粗、中、精三种规准,但也要考虑其他工艺条件,如在粗加工时,为了提高工效,可用大电流、宽脉冲的粗规准;当加工件表面粗糙度要求很高时,可以通过中、精规准来实现。

阅读材料　电火花加工概述

1. 电火花加工的主要工艺参数

（1）电极材料

理论上任何导电材料都可以用来制作电极,在生产中通常选择损耗小、加工过程稳定、生产率高、机械加工性能好、来源丰富、价格低廉的材料作为电极材料。

常用的材料有钢、铸铁、石墨、黄铜、紫铜、铜钨合金、银钨合金等。

电火花成形加工生产中为了得到良好的加工特性,电极材料的选择是个极其重要的因素。

表 11-1 所示为常用电极材料及其性能。

表 11-1　常用电极材料及其性能

电极材料	电火花加工性能		机械加工性能	说　　明
	加工稳定性	电极损耗		
纯铜	好	较小	较差	常用电极,但磨削加工困难
石墨	较好	较小	好	常用电极。但机械强度差,制造电极时粉尘较大
铸铁	一般	一般	好	常用电极材料
钢	较差	一般	好	常用电极材料
黄铜	较好	较大	一般	较少使用
铜钨合金	好	小	一般	价格贵、来源难,多用于深长直壁孔、硬质合金穿孔加工
银钨合金	好	小	一般	较好的电极材料,但价格贵,只用于特殊加工要求

(2)电极结构

电极结构分为整体式电极、组合式电极和镶拼电极 3 种。

(3)电极极性的选择

工具电极极性的一般选择原则是:

①铜电极对钢,或钢电极对钢,选"＋"极性。

②铜电极对铜,或石墨电极对铜,或石墨电极对硬质合金,选"－"极性。

③铜电极对硬质合金,选"＋"或"－"极性都可以。

④石墨电极对钢,加工 R_{max} 为 15 μm 以下的孔,选"－"极性;加工 R_{max} 为 15 μm 以上的孔,选"＋"极性。

(4)加工脉冲电流峰值 I_o 和脉冲宽度 t_i 的选择

I_o 和 t_i 主要影响加工表面粗糙度和加工速度。脉冲电流峰值和脉冲宽度愈大,单个脉冲能量也愈大,表面粗糙度值愈大;反之,表面粗糙度值小,加工速度要下降很多。

(5)脉冲间隔的选择

脉冲间隔 t_o 主要影响加工效率,但间隔太小会引起放电异常。应重点考虑排屑情况,以保证正常加工。

2. 电火花加工的特点

与常规切削加工相比,电火花加工具有以下特点:

①电火花加工属于不接触加工,工具电极与工件之间存在一个火花放电间隙(0.01 ~ 0.1 mm),其间充满工作液。脉冲放电的能量很高,便于加工用普通的机械加工方法难以加工或无法加工的特殊材料和复杂形状的工件。

②加工过程中工具电极与工件材料不接触,两者之间的宏观作用力小,火花放电时,局部、瞬时爆炸力的平均值很小,不足以引起工件的变形和位移。

③可以用较软的电极去加工硬的工件,实现"以柔克刚"。

④可以在同一台机床上进行粗、半精、精加工及微细精加工。精加工时,精度一般可达 0.01 mm,表面粗糙度 Ra 值可达 0.63 ~ 1.25 μm;微细精加工时,精度一般可达 0.002 ~ 0.004 mm,表面粗糙

度 Ra 值可达 $0.04\sim0.16~\mu m$。

⑤直接利用电能进行加工,便于实现加工过程自动化。

但电火花加工也有一定的局限性,表现在:

①主要用于金属导电材料的加工,对于半导体、非导体必须经过导电处理后才能进行电火花加工。

②加工速度慢。

③存在电极损耗。

3. 电火花加工的适用范围

图 11-9 所示为电火花加工的适用范围,特别是以下几个方面:

①可以加工任何难加工的金属材料和其他导电材料。

②可以加工形状复杂的表面,如各类锻模、压铸模、落料模、复合模、挤压模等型腔和叶轮、叶片等各种曲面的加工。

③可以加工薄壁、弹性、低刚度、细微小孔、异形小孔、深小孔等有特殊要求的零件。

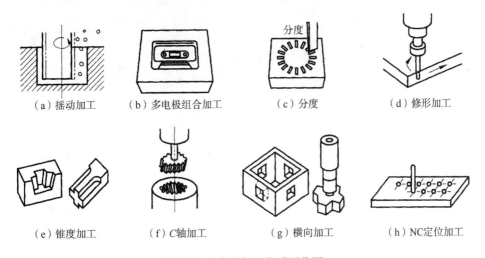

（a）摇动加工　　（b）多电极组合加工　　（c）分度　　（d）修形加工

（e）锥度加工　　（f）C轴加工　　（g）横向加工　　（h）NC定位加工

图 11-9　电火花加工的适用范围

4. 工作液的处理

放电过程中产生的加工切屑、工作液在高温下分解生产的碳化物和气体排放是否顺畅,会影响加工件质量和加工效率。目前常见的工作处理方法有以下几种:

①电极跃动法:该方法是使电极做周期性的上下运动(Z 轴加工时),使加工屑等从极间排出。

②喷流法:分电极喷流法和底孔喷流法两种,如图 11-10 所示。电极喷流时的流量要根据放电面积、极间距及生成物的多少来调整,并不是要将极间都冲尽就算好。流量要根据放电的稳定性控制进行,否则喷流会造成不能维持连续稳定放电,电极异常损耗等弊端。而底孔喷流时还须注意:(a)当加工余量偏向一侧时,注意保持喷流路径平衡或加强夹具刚性,否则会造成电极变位和加工超差;(b)要注意喷流容器和工件是否有泄漏,否则得不到喷流效果;(c)要注意不要在容器及电极下部遗留下气体。

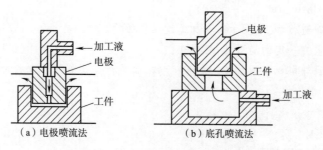

图 11-10 加工液的处理方法(喷流法)

③吸引法:吸引法分为电极吸引和底孔吸引法两种,如图 11-11 所示。该方法用于深孔的精加工,同时在数控电火花机床上进行螺纹和斜齿轮的加工时,也经常使用。但应注意,在底孔吸入时应设置辅助进油口,以防止可能产生的在容器内气体聚集引起的爆炸事故。

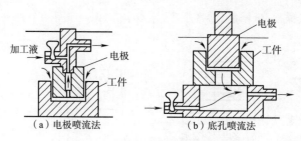

图 11-11 加工液的处理方法(吸引法)

④喷射法:主要用于窄小的不通缝隙的加工,如图 11-12 所示。由于很难在电极上设置工作液喷流或吸引孔,只以在电极侧面间隙强行进行喷射工作液,会使大部分工作液被电极及工件所阻挡,只有一小部分进入放电部位,导致可能在加工过程中产生局部二次放电,影响加工质量。通常采用将喷头粘接在电极上,如图 11-13(a)所示,或在电极上加工了流道和浇口,使工作液尽可能送入电极前端,如图 11-13(b)所示。

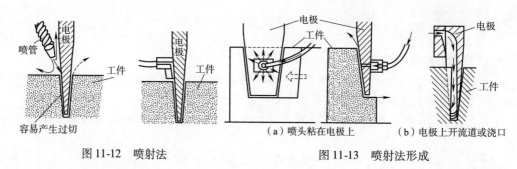

图 11-12 喷射法   图 11-13 喷射法形成

任务二 数控电火花线切割加工训练

一、线切割加工原理

数控电火花线切割是在电火花成形加工基础上发展起来的,它是用线状电极(铜丝或钼丝等)通过脉冲式火花放电对工件进行切割,故称为电火花线切割,简称线切割。

电火花线切割加工的基本原理在本质上与电火花成形加工相同,只是工具电极由铜丝或钼丝等电极丝所代替,如图11-14所示。电极丝作为工具电极接高频脉冲电源的负极,被加工工件接高频脉冲电源的正极。电极丝与工件之间施加足够的具有一定绝缘性能的工作液(图中未画出),当二者之间距离小到一定程度时,在脉冲电源发生的一连串脉冲电压的作用下,工作液被击穿,在电极丝与工件之间形成瞬时的放电通道,产生瞬时高温,使金属局部熔化甚至汽化而被蚀除下来。

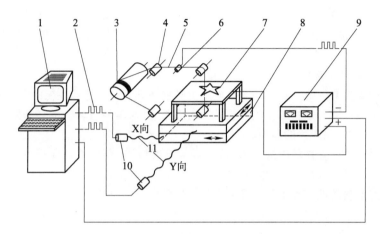

图11-14 线切割加工原理图
1—数控装置;2—电脉冲信号;3—储丝筒;4—导轮;5—电极丝;
6—导电块;7—工件;8—工作台;9—脉冲电源;10—步进电动机;11—滚轴丝杠

若工作台带动工件沿预定轨迹不断进给,就可以切割出所要求的形状。由于储丝筒带动电极丝交替作正、反方向的高速移动,避免了因放电总发生在局部位置而被烧断,所以电极丝基本上不被蚀除,可使用较长时间。

二、电火花线切割加工机床

电火花线切割加工机床主要由机床主机、脉冲电源装置和数控装置三部分组成。

1. 机床主机

机床主机由床身、工作台、绕丝机构和工作液系统组成。

1)床身

床身用于支承工作台、绕丝机构及丝架和固定基础。通常采用箱式结构,其内部安置电源和工作液系统。

2)工作台

工作台又称纵横十字滑板。用于安装并带动工件在工作台平面内作 X、Y 两个方向的移动。工作台分上下两层,分别与 X、Y 向丝杠相连,由两个步进电动机分别驱动。控制系统向 X(或 Y)方向步进电动机每发出一个脉冲信号,X(或 Y)方向步进电动机主轴就旋转一个步距角,通过丝杠螺母传动,使 X(或 Y)方向前进或后退一个步距(称为机床的脉冲当量)。

3)走丝机构

走丝机构又称电极丝驱动装置。走丝系统使电极丝以一定的速度(通常为 8～12 m/s)运动并保持一定的张力。在快走丝线切割机床中,走丝系统一般由驱动电动机、储丝筒和丝架组成。电极丝以一定的间距整齐排列绕在储丝筒上,由驱动电动机通过换向装置来回运丝,在走丝过程中,电极丝由丝架支撑,并依靠导向轮保持其与工作台面垂直。

4)工作液系统

工作液系统一般由工作液泵、液箱、过滤器、管道、流量控制阀和浇注喷嘴等组成。

线切割加工时由于切缝很窄,顺利排除电蚀产物极为重要,因此工作液循环过滤系统是机床不可缺少的组成部分。其作用是充分地、连续地向放电区域供给清洁的工作液,及时排除其间的电蚀产物,冷却电极丝和工件,以保持脉冲放电过程持续稳定地进行。电火花线切割加工常用的工作液有乳化液和去离子水。高速走丝线切割机床一般采用乳化液作为工作液。

对于电火花线切割加工的工作液,应具有如下性能:

①一定的绝缘性能。电火花线切割放电加工必须在具有一定绝缘性能的介质中进行。

②较好的洗涤性能。是指工作液有较小的表面张力,对工件有较大的亲和附着力,能渗透进入缝隙中,具有洗涤电蚀产物的能力。

③较好的冷却性能。在放电加工时,放电局部温度极高,会使工件变形、退火、烧断电极丝。因此工作液要有较好的冷却性能,以便及时冷却。

④具有良好的防锈性能。工作液在放电加工过程中。不应锈蚀机床和工件。

⑤对环境无污染,对人体无危害。此外,工作液还应配制方便、使用寿命长、乳化充分,冲制后油水不分离,长时间储存也不应有沉淀或变质现象。

2. 脉冲电源装置(高频脉冲电源)

电火花加工用的脉冲电源的作用是把普通 50 Hz 工频交流电流转换成高频的单向脉冲电流,提供以火花放电间隙所需要的能量来蚀除金属。脉冲电源对电火花加工的生产率、表面质量、加工速度、加工过程的稳定性和工具电极损耗等技术经济指标有很大的影响,应给予足够的重视。

受加工表面粗糙度和电极丝允许承载电流的限制,线切割加工总是采用"正极性"加工,即电极丝接脉冲电源负极,工件接脉冲电源正极。

3. 数控装置

数控装置由 PC 和其他硬件及控制软件构成。加工程序可由键盘输入或移动硬盘导入。通过它可实现放大、缩小等多种功能的加工,其控制精度为 ±0.001 mm,加工精度为 ±0.001 mm。

三、线切割加工工艺准备

在进行电火花线切割加工前,必须完成一系列准备工作,包括工艺准备和数控加工程序的编制等。

1. 电极丝的选择

线切割加工使用的电极丝由专门生产厂家生产。可根据具体加工要求选取电极丝的材料和直径。

1)电极丝材料

高速走丝线切割机床一般采用钼丝或钨钼合金丝;低速走丝线切割机床一般采用硬黄铜丝。

2)电极丝直径

常用电极丝直径一般为 0.03 ~ 0.25 mm。可按以下原则选取：

①工件厚度较大、形状较简单时，宜采用较大直径电极丝；反之，宜采用较小直径电极丝。

②工件切缝宽度尺寸有要求时，根据切缝宽度按下式确定电极丝直径：

$$d = b - 2\delta$$

式中　　d——电极丝直径，mm；

　　　　b——工件切缝宽度，mm；

　　　　δ——单面火花放电间隙，mm。

③在高速走丝线切割机床上加工时，电极丝直径须小于储丝的排丝距。

2. 工件的准备

1）工艺基准

为了便于加工程序编制、工件装夹和线切割加工，依据加工要求和工件形状应预先确定相应的加工基准和装夹校正基准，并尽量和图纸上的设计基准一致。同时，依据加工基准建立工件坐标系，作为加工程序编制的依据。

①如果工件外形具有相互垂直的两个精确侧面，则可以作为校正基准和加工基准。

②以内孔中心线为加工基准，以外形的一个平直侧面为校正基准。

③工件的上下表面、装夹定位面、校正基准面应预先加工好。

2）穿丝孔的准备

线切割加工工件上的内孔时，为保证工件的完整性，必须准备穿丝孔；加工工件外形时，为使余料完整，从而减少因工件变形所造成的误差，也应准备穿丝孔。

穿丝孔的直径一般为 3 ~ 8 mm。穿丝孔的位置可按照以下原则确定：

①穿丝孔选在工件待加工孔的中心或孔边缘处。

②穿丝孔选在起始切割点附近。加工型孔时，穿丝孔在图形内侧；加工外形时，孔在图形外侧。

3）切割路线的确定

切割路线是指组成待切割图形各线段的切割顺序。

①起始切割点选择：如果加工图形为封闭轮廓时，起始切割点与终点相同。为了减少加工痕迹，起始切割点应选在表面粗糙度要求较低处、图形拐角处或便于钳工修整的位置处。

②确定切割路线时，应把距装夹部分最近的线段安排在最后。

四、线切割加工程序的编制

数控电火花线切割机床所使用的程序格式有 3B、4B、ISO 等。近几年来所生产的数控电火花机床多使用计算控制系统，采用 ISO 代码（G 代码）格式，而早期的多采用 3B 或 4B 格式。下面以 ISO 代码（G 代码）格式为例说明。

1. 手工编程

1）ISO 代码格式

ISO 代码（G 代码）格式是国际标准化机构制定的 G 指令和 M 指令代码，代码中有准备功能代码 G 指令和辅助功能代码 M 指令，如表 11-2 所示。该代码是从切削加工机床的数控系统中套用过来的，不同企业的代码，在含义上可能会稍有差异，因此在使用时应遵照所使用的加工机床说明书中的规定。

表 11-2　电火花线切割机床常用的 G 指令和 M 指令

代码	功　能	代码	功　能
G00	快速定位	G54	工作坐标系1
G01	直线插补	G55	工作坐标系2
G02	顺时针圆弧插补	G56	工作坐标系3
G03	逆时针圆弧插补	G57	工作坐标系4
G05	X 轴镜像	G58	工作坐标系5
G06	Y 轴镜像	G59	工作坐标系6
G07	X、Y 轴交换	G80	有接触感知
G08	X 轴镜像、Y 轴镜像	G84	微弱放电找正
G09	X 轴镜像，X、Y 轴交换	G90	绝对坐标系
G10	Y 轴镜像，X、Y 轴交换	G91	增量坐标系
G11	X 轴镜像，X 轴镜像，X、Y 轴交换	G92	赋予坐标系
G12	取消镜像	M00	程序暂停
G40	取消间隙补偿	M02	程序结束
G41	左偏间隙补偿，D 偏移量	M96	主程序调用文件程序
G42	右偏间隙补偿，D 偏移量	M97	主程序调用文件结束
G50	取消锥度	W	导轮到工作台面高度
G51	锥度左偏，A 角度值	H	工件厚度
G52	锥度右偏，A 角度值	S	工作台面到上导轮高度

2）坐标系与坐标值 X、Y、I、J 的确定

ISO 代码编程时的坐标系一般采用相对坐标系，即坐标系的原点随程序段的不同而变化。

加工直线时，以直线的起点为坐标系的原点，X ____　　 Y ____为直线终点的坐标。

加工圆弧时，以圆弧的起点为坐标系的原点，X ____　　　 Y ____为圆弧终点的坐标，I ____ J ____为圆弧圆心坐标，单位均为 μm。

3）ISO 编程常用指令

（1）G00 快速定位指令

编程格式：G00　X ____　　　 Y ____

该指令可使指定的某轴，在机床不加工的情况下，以最快的速度移动到指定位置。

（2）G90、G91、G92 指令

G90 绝对坐标系指令，表示该程序中的编程尺寸是按绝对尺寸确定的，即移动指令终点坐标值 X、Y 都是以工件坐标系原点为基准来计算的。

G91 增量坐标系指令，表示该程序中的编程尺寸是按增量尺寸确定的，即坐标值均以前一个坐标位置作为起点来计算下一点位置值。

G92 加工坐标系设置指令,指令中的坐标值为加工程序的起点的坐标值。

编程格式:G92　X ____　　　Y ____

一般情况下,起点坐标取在(0,0)点,即 G92 X0 Y0。

(3)G01 直线插补指令

编程格式:G01　X ____　　　Y ____

该指令可使机床在各个坐标平面内加工任意斜率直线轮廓和用直线段逼近曲线轮廓。例如:

G92 X0 Y0;

G01 X30000 Y40000;

如图 11-15 所示。

注意:目前可加工锥度的电火花线切割机床具有 X、Y 坐标轴和 U、V 附加轴工作台。程序格式为:

G00　X ____　　　Y ____　　　U ____　　　V ____

(4)G02/G03 圆弧插补指令

G02 为顺时针圆弧插补指令,G03 为逆时针圆弧插补指令。

编程格式:G02　X ____　　　Y ____　　　I ____　　　J ____

　　　　　G03　X ____　　　Y ____　　　I ____　　　J ____

式中:X ____　Y ____为圆弧终点的坐标,I ____　J ____为圆弧圆心坐标。I ____是 X 方向坐标值,J ____是 Y 方向坐标值。图 11-16 所示圆弧,加工程序为:

G92 X0 Y0　　　　　　　　　　(起点 0 设置加工坐标系)

G02 X20000 Y20000 I20000 J0　　(OA 段圆弧)

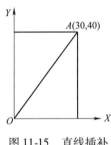

图 11-15　直线插补

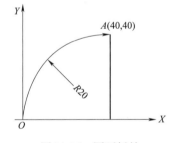

图 11-16　圆弧插补

(5)G05、G06、G07、G08、G10、G11、G12 镜像交换指令

G05 X 轴镜像,函数关系式为:$X = -X$,如图 11-17 所示。

G06 Y 轴镜像,函数关系式为:$Y = -Y$。

G07 X、Y 轴交换,函数关系式为:$X = Y, Y = X$。

G08 X 轴镜像,Y 轴镜像,函数关系式为:$X = -Y, Y = -Y$,即 G08 = G05 + G06。

G09 X 轴镜像,X、Y 轴交换,即 G09 = G05 + G07。

G10 Y 轴镜像,X、Y 轴交换,即 G10 = G06 + G07。

G11 X 轴镜像,Y 轴镜像,X、Y 轴交换,即 G11 = G05 + G06 + G07。

G12 取消镜像。每个程序镜像后都要加上此命令,消除镜像后程序段的含义与原程序段相同。

在加工模具零件时,经常碰到所加工零件的结构是对称的,这样就可以先编制零件一半的加工程序,然后通过镜像交换命令即可加工,如图 11-17 所示。

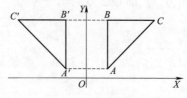

图 11-17　G05 指令

(6) G41、G42、G40 间隙补偿指令

G41 左间隙补偿。注意沿着电极丝前进的方向看,电极丝在工件的左边,如图 11-18 所示。

编程格式:G41 D ____

G42 右间隙补偿。注意沿着电极丝前进的方向看,电极丝在工件的右边,如图 11-18 所示。

编程格式:G42 D ____

上式中 D 表示间隙补偿量。

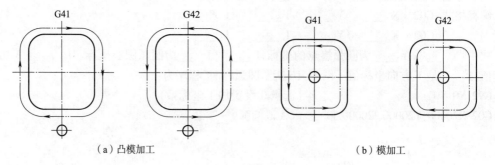

(a)凸模加工　　　　　　　　(b)模加工

图 11-18　间隙补偿指令

G40 取消间隙补偿指令。注意该命令须放在退刀线前。

(7) G51、G52、G50 锥度加工指令

G51 锥度左偏。沿着电极丝前进方向看,电极丝向左偏离。

编程格式:G51 A ____

G52 锥度右偏。沿着电极丝前进方向看,电极丝向右偏离。

编程格式:G52 A ____

上式中 A 表示锥度值。

G50 取消锥度加工指令。

注意:G51 和 G52 程序段必须放在进刀线之前;G50 指令则必须放在通刀之前;下导轮到工作台的高度 W、工件的厚度 H、工作台到上导轮中心的高度 S 需要在使用 G51 和 G52 之前使用。

(8) M 辅助功能指令

M00 程序暂停指令。主要用于加工过程中该段程序结束后的停止加工,它可以出现在任何一段程序之后。

M02 程序结束指令。一旦执行该命令,则机床自动停机。该指令只能出现在程序结尾。

2. 编程实例

如图 11-19 所示凸模,用 $\phi0.14$ mm 电极丝加工,单边放电间隙为 0.01 mm,编制加工程序。

取 O 点为穿丝点,加工顺序为:

$O \rightarrow A \rightarrow B \rightarrow C \rightarrow D \rightarrow E \rightarrow F \rightarrow G \rightarrow H \rightarrow I \rightarrow J \rightarrow A \rightarrow O$

间隙补偿量 $f = (0.14/2 + 0.01)$ mm $= 0.08$ mm。

加工程序编制如下:

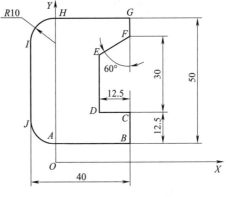

图 11-19　加工工件图

```
G90 G92    X0 Y0;
G42 D80;
G01 X0            Y8000;
G01 X30000        Y8000;
G01 X30000        Y20500;
G01 X17500        Y20500;
G01 X17500        Y43283;
G01 X30000        Y50500;
G01 X0            Y58000;
G03 X – 10000     Y48000      I0        J – 10000;
G01 X – 10000     Y33000;
G01 X – 10000     Y18000;
G03 X0            Y8000       I10000    J0;
G40;
G01 X0            Y0;
M02;
```

3. 自动编程

CAXA 线切割是一个面向线切割机床数控编程的软件系统,在我国线切割加工领域有广泛的应用。它可以为各种线切割机床提供快速、高效率、高品质的数控编程代码,极大地简化了数控编程人员的工作。CAXA 线切割可以快速、准确地完成在传统编程方式下很难完成的工作,可提供线切割机床的自动编程工具,使操作者以交互方式绘制需切割的图形,生成带有复杂形状轮廓的两轴线切割加工轨迹。CAXA 线切割支持快走丝线切割机床,可输出 3B、4B 及 ISO 格式的线切割加工程序。其自动化编程的过程一般是:利用 CAXA 线切割的 CAD 功能,绘制加工图形→生成加工轨迹及加工仿真→生成线切割加工程序→将线切割加工程序传输给线切割加工机床。

下面以六角形加工为例,说明其操作过程。

1) 绘制六角形

可直接在 CAXA 中进行绘制,也可将其他软件中生成的 CAD 图形导入(如 DWG、IGES 等)。图 11-20 所示为绘制好的加工图形。

2) 生成加工轨迹

①单击菜单中的"线切割"→"轨迹生成"命令,弹出"线切割轨迹生成参数表"对话框。

②按照图 11-21 填写"线切割参数"选项卡。

③按照图 11-22 填写"偏移量/补偿值"选项卡。

④单击"确定"按钮。

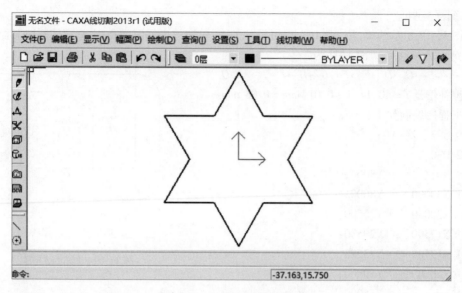

图 11-20　绘制好的加工图形

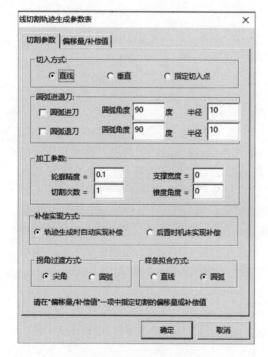

图 11-21　"切割参数"选项卡

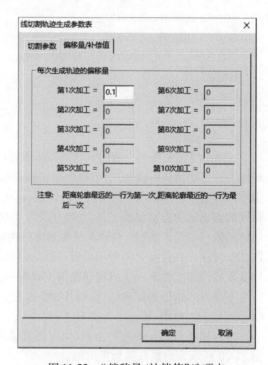

图 11-22　"偏移量/补偿值"选项卡

⑤系统提示拾取轮廓,单击轮廓上的一点,此时在轮廓上出现一双向箭头,如图 11-23 所示。

⑥选择顺时针的箭头作为切割方向。

⑦切割方向确定后,在轮廓法线上出现一双向箭头,要求选择补偿方向,如图 11-24 所示。

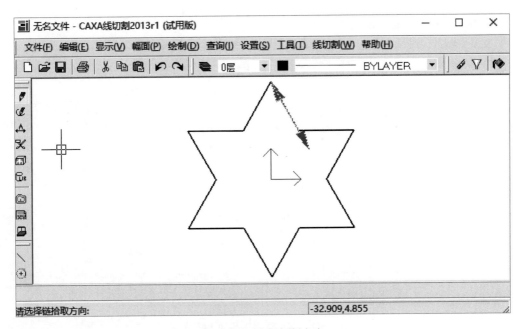

图 11-23　选择切削方向

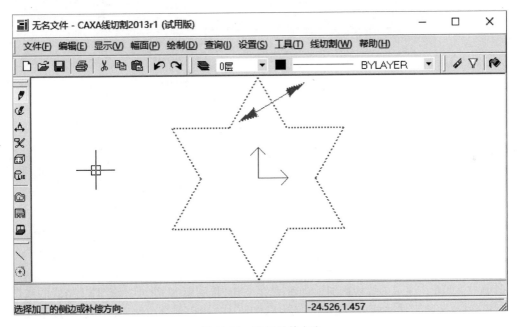

图 11-24　选择补偿方向

⑧选择轮廓外侧的箭头作为补偿方向。

⑨选择六角形最下顶点作为穿丝点,其坐标值为(0,15)。

⑩按【Enter】键,使穿丝点与退出点重合,完成六角形的线切割加工轨迹,如图 11-25 所示。

⑪单击菜单中的"线切割"→"生成 3B 代码"命令,弹出图 11-26 所示的保存对话框,输入"代码保存位置"以及"文件名"。

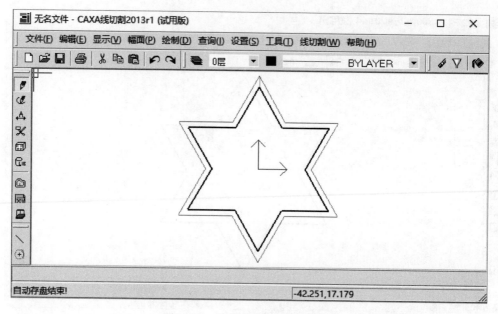

图 11-25　六角形线切割加工轨迹

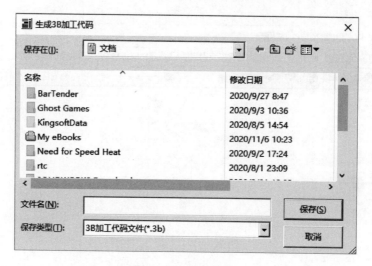

图 11-26　保存代码

⑫单击第⑩步中生成的线切割加工轨迹,然后右击,得到图 11-27 所示的 TXT 格式的线切割加工程序代码,关闭 TXT 格式的线切割加工程序代码,在"代码保存位置"路径处,生成了线切割3B 代码文件。

五、线切割加工工艺

1. 电参数的选择

脉冲电源的波形与参数是影响线切割加工工艺指标的主要因素。图 11-28 所示为矩形波脉冲电源的波形图。

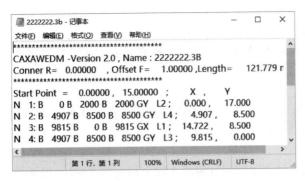

图 11-27　TXT 格式的线切割加工程序代码

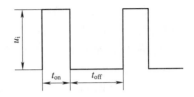

图 11-28　矩形波脉冲

电参数与加工工件技术指标的关系表现为：

峰值电流 I_m 增大、脉冲宽度 t_{on} 增加、脉冲间隔 t_{off} 减小、脉冲电压幅值 u_i 增大都会使切割速度提高，但加工件的表面粗糙度和精度则会下降。反之，则可以改善表面粗糙度，提高加工精度。因此，如要求切割速度高时，选择大的电流和脉冲宽度、高电压和适当的脉冲间隔；要求表面粗糙度好时，则选择小的电流和脉冲宽度、低电压和适当的脉冲间隔；切割厚度较大的工件时，应选用大电流、大脉冲宽度和大脉冲间隔以及高电压。

2. 工件装夹

（1）常用夹具和支承装夹

常用夹具主要有压板夹具和磁性夹具等。

压板夹具主要用于固定平板状的工件，对于稍大工件的夹具要成对使用。夹具上如有定位基准面，则加工前应预先用划针或百分表将夹具定位基准面与工作台对应的导轨校正平行。各种支承方式如图 11-29 所示。

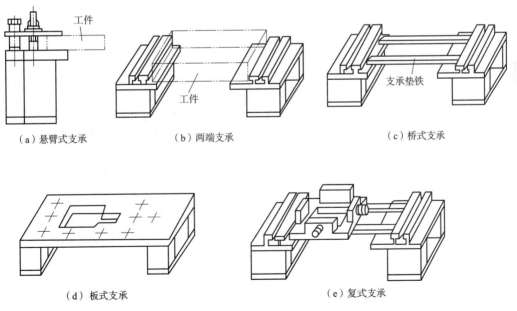

（a）悬臂式支承　　　　　（b）两端支承　　　　　（c）桥式支承

（d）板式支承　　　　　　（e）复式支承

图 11-29　支承方式

磁性夹具采用磁性工作台或磁性表座夹持工件,主要适用于夹持钢质工件,因依靠磁力吸住工件,不需要压板和螺钉,操作快速方便,定位后不会压紧而变动。

另外,常用的支承装夹方式有两端支承方式、桥式支承方式、板式支承方式和复式支承方式等。

(2)工件的找正及调整

在装夹工件时,必须配合找正进行调整,以使工件的定位基准面与机床工作台面或工作台进给方向保持平行,保证所切割的表面与基准面之间的相对位置精度。常用的找正方法有划线找正、百分表找正、外形找正等。

划线找正:如图11-30(a)所示,用固定在丝架上的划针对正工件上划出的基准线,往复移动工作台,目测划针与基准线间的偏离情况,调整工件位置,适用于精度要求不高的工件加工。

百分表找正:如图11-30(b)所示,利用磁力表架将百分表固定在丝架上,往复移动工作台,按百分表上的指示值调整工件位置,直到百分表指针偏摆范围达到所要求的精度。

外形找正时,要预先磨出侧垂直基准面,有时甚至要磨出六面。按外形找正有两种:一是直接按外形找正,二是按工件外形配做胎具。

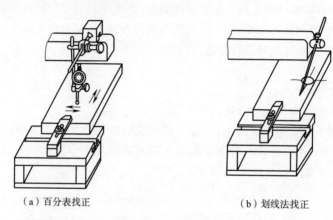

(a)百分表找正　　　　　　　　(b)划线法找正

图11-30　工件的找正

(3)电极丝位置调整

在线切割加工前,须将电极丝位置调整到切割的起始坐标位置上,调整方法有:

①目测法:它是利用穿丝画出的十字基准线,分别沿划线方向观察电极丝与基准线的相对位置,根据二者的偏离情况移动工作台,当电极丝中心分别与纵、横方向基准重合时,工作台纵、横方向刻度上的读数就确定了电极丝的中心位置,如图11-31(a)所示。

②火花法:如图11-31(b)所示,开启高频电源及储丝筒,移动工作台使工件的基准面靠近电极丝,在出现火花的瞬时,记下工作台的相对坐标值,再根据放电间隙计算电极丝中心坐标。此方法比较简便,但定位精度不高。同时要注意,在使用此方法时,电压、幅值、脉冲宽度和峰值电流要最小,且不要开冷却液。

③自动找正法:一般的线切割机床,都具有自动找边、找中心的功能,且找正精度很高。

(4)切割路线的选择

①加工程序的引入点:该点不能与工件上的起点重合,需要有一段引入程序。加工外形时,引入点一般在坯料之外,加工型孔时在坯料之内。有时需要加工工艺孔以便穿丝,穿丝孔的位置最好选择在便于计算的坐标点上。

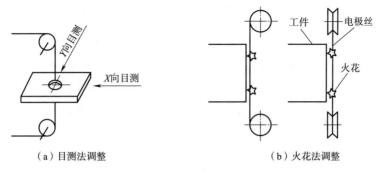

（a）目测法调整　　　　　　　　　　（b）火花法调整

图 11-31　电极丝位置调整

②切割路线:选择切割路线以防止或减小材料变形为原则,通常应考虑靠近装夹一边的图形后切割为宜。如图 11-32 所示,加工程序引入点为 A,起点为 a,则切割路线为:$A→a→b→c→d→e→f→a→A$。但如果选择 B 点为引入点,起点为 d 点,则无论选择何种走向,都会受到材料变形影响。

3. 加工步骤

①根据加工工件坯料情况,选择合理的装夹位置和切割路线。

②计算电极丝中心轨迹,编制加工程序。

③接通电源,开机,输入程序。

④选择脉冲电源的电参数。

⑤调整进给速度。

⑥装夹工件,要做到夹紧力均匀、不得使工件变形或翘曲。

⑦将十字拖板移动到合适的位置上,防止拖板走到极限位置时工件还未切割好。

⑧穿电极丝。

⑨校正工件。

⑩运行程序,进行切割加工。

⑪工件质量检验。

六、典型零件加工训练

如图 11-33 所示零件,其厚度为 5 mm,加工步骤如下。

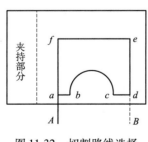

图 11-32　切割路线选择

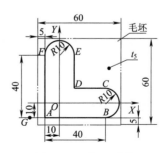

图 11-33　加工零件

①工艺分析。材料毛坯尺寸为 60 mm × 60 mm,对刀位置须设置在毛坯之外,以图中 G 点坐

标(– 20, – 10)作为引入点。为便于计算,在此例中不考虑钼丝半径补偿值,采用逆时针方向走刀。

②编制程序(手工编制)。G 代码程序编制如下:

G92	X – 20000　Y – 10000;	以 O 点为原点建立工件坐标系,引入点坐标为(–20, –10)
G01	X10000　　Y0;	从 G 点走到 A 点,A 点为切割起点
G01	X40000　　Y0;	从 A 点到 B 点
G03	X0　　　　Y20000　I0　J10000;	从 B 点到 C 点
G01	X – 20000　Y0;	从 C 点到 D 点
G01	X0　　　　Y20000;	从 D 点到 E 点
G03	X – 20000　Y0　I – 10000　J0;	从 E 点到 F 点
G01	X0　　　　Y – 40000;	从 F 点到 A 点
G01	X – 10000　Y0;	从 A 点回到切割起点 G
M00;		程序结束

③机床准备。开启机床,装好电极丝、加注润滑液、冷却液等。

④模拟加工。对程序进行模拟加工,以确认程序的准确性。

⑤装夹工件。因示例中毛坯尺寸较小,采用磁性夹具将其固定在机床工作台上,找正工件,使其两垂直边分别平行于机床的 X 轴和 Y 轴。

⑥确定切割起点。移动工作台面,将电极丝定位到图 11-23 的 G 点位置。

⑦选择电加工参数

⑧自动加工。开启储丝筒,打开高频和冷却液,单击控制界面上的"加工"按钮,即可进行自动加工。

⑨后处理工作。拆下工件、夹具、检查零件尺寸,清理机床、关闭总电源。

阅读材料　线切割加工概述

1. 线切割加工机床分类

(1)分类

按电极丝的运动速度分为快走丝线切割机床和慢走丝线切割机床。快走丝线切割机床中电极丝作高速往复运动,一般走丝速度为 8 ~ 12 m/s,机床的数控系统大多数采用比较简单的步进电动机开环系统,快走丝线切割机床是我国特有的线切割机床品种和加工模式,国内应用比较广泛。而慢走丝线切割机床的电极丝作低速单向运动,一般走丝速度为 0.2 m/s,数控系统大多数采用伺服电动机半闭环系统,是国外生产和使用的主要机种,属于精密加工设备,代表着线切割机床的发展方向。

其他分类方法还有:

按加工尺寸范围和特点可分为大、中、小型以及普通直壁型与锥度切割型线切割机床;按脉冲电源形式可分为 RC 电源、晶体管电源、分组脉冲电源及自适应控制电源线切割机床;按电极丝位置可分为立式线切割机床和卧式线切割机床等。

（2）线切割机床的型号标注示例

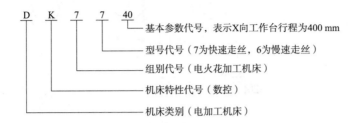

2. **数控电火花线切割的特点**

数控电火花线切割加工，有以下特点：

①数控线切割加工是轮廓切割加工，无须设计和制造特定形状工具电极，是采用直径不等的细金属丝，因此切割刀具简单，大大降低了加工费用，缩短了生产周期。

②直接利用电能进行脉冲放电加工，工具电极和工件不直接接触，无机械加工中的宏观切削力，适宜于加工低刚度零件及细小零件。

③无论工件硬度如何，只要是导电金属或半导电的材料都能进行加工，常用来加工淬火钢和硬质合金。

④切缝可窄达仅 0.05 mm，只对工件材料沿轮廓进行"套料"加工，材料利用率高，能有效节约贵重材料。

⑤移动的长电极丝连续不断地通过切割区，单位长度电极丝的损耗量较小，加工精度高。

⑥加工对象主要是平面形状，台阶盲孔型零件还无法加工，但当机床上加上能使电极丝作相应倾斜运动功能后，也可进行小锥度切割和加工上下截面异形体、形状扭曲的曲面体等零件加工。

⑦当零件内为封闭型腔时，工件上需钻穿丝孔。

3. **线切割加工应用范围**

数控电火花线切割加工在生产中得到了广泛应用，目前国内外的线切割机床已占电加工机床的 60% 以上，其主要应用如下。

（1）加工模具

适用于加工各种形状的冲模、挤压模、注塑模、粉末冶金模等。

（2）加工零件

适用于加工材料试验样件、各种型孔、特殊齿轮凸轮、样板、成形刀具等复杂形状零件及高硬材料的零件；还可进行微细结构、异型槽和标准缺陷的加工；在试制新产品时，可在坯料上直接切割出零件。

（3）加工电火花成形加工用的电极

适用于加工一般穿孔加工用的电极、带锥度型腔加工用电极、微细复杂形状的电极，以及铜钨、银钨合金类的电极材料等。

图 11-34 所示为线切割加工的各种形状零件。

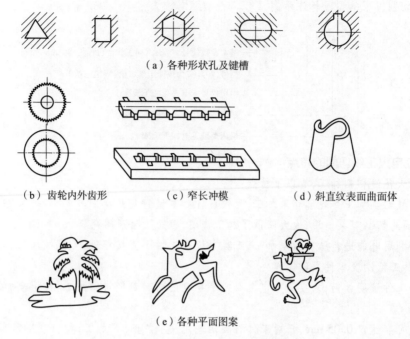

（a）各种形状孔及键槽

（b）齿轮内外齿形　　　　　（c）窄长冲模　　　　　　（d）斜直纹表面曲面体

（e）各种平面图案

图 11-34　线切割加工的各种形状零件

任务三　熟悉其他特种加工方法

除上面介绍的数控电火花成形加工、数控线切割以外，其他特种加工方法还有：激光加工、超声加工、电解加工、电解磨削、电解抛光、化学加工、电子束加工、等离子弧加工、磨料喷射加工、磨料流加工、液体喷射流加工等。下面以激光加工、超声波加工和电解加工为例进行介绍。

一、激光加工

1. 激光加工基本原理

激光是一种亮度高、方向性好、单色性好（光的波长及其频率趋于固定值）的相干光。由于激光发散角小和单色性好，通过光学系统可以聚焦成为一个极小光束（微米级）。激光加工时，把光束聚集在工件表面上，由于区域很小、亮度高，其焦点处的功率密度可达 $10^8 \sim 10^{10}$ W/mm^2，温度可高至万摄氏度。在此高温下，任何坚硬的材料都将瞬间急剧熔化和蒸发，并产生很强的冲击波，使熔化物质爆炸式地喷射去除，激光加工就是利用这种原理进行打孔、切割的。激光加工原理示意图如图 11-35 所示。

2. 激光加工的特点

①激光加工不受工件材料性能的限制，几乎能加工所有金属材料和非金属材料，如硬质合金、不锈钢、宝石、金刚石、陶瓷等。

②不受加工形状限制，能加工各种微孔（$\phi 0.01 \sim 1$ mm）、深孔（深径比 $50 \sim 100$）、窄缝等，也可以切割异形孔，且适于精密加工。

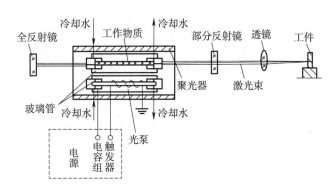

图 11-35 激光加工原理示意图

③激光加工无切削力、不存在工具损耗,加工速度快、加工时间短、热影响区小、工件热变形小,易实现加工过程自动化。

④由于激光束易实现空间控制和时间控制,能进行微细的精密图形加工。

⑤激光加工可透过透明介质进行。与电子束、离子束加工相比,不需要高电压、真空环境以及射线保护装置。这对某些特殊情况(如在真空中加工)是十分有利的。

3. 激光加工的应用

(1)激光打孔

利用激光可加工微型小孔,如化学纤维喷丝头打孔(如在直径 $\phi100$ mm 的圆盘上打 12 000 个直径 $\phi0.06$ mm 的孔)、仪表中的宝石轴承打孔、金刚石拉丝模具加工以及火箭发动机和柴油机的燃料喷嘴加工等。

(2)激光切割与焊接

切割时,激光束与工件作相对移动,即可将工件分割开。激光切割可以在任何方向上切割,包括内尖角。目前激光已成功地用于钢板、不锈钢、钛、钽、铌、镍等金属材料以及布匹、木材、纸张、塑料等非金属材料的切割加工。激光焊接常用于微型精密焊,能焊接不同的材料,如金属和非金属材料的焊接。

(3)激光热处理

利用激光对金属表面进行扫描,在极短的时间内工件被加热到淬火温度,由于表面高温迅速向基体内部传导而冷却,使工件表面淬硬。激光热处理有很多独特的优点,如快速、无须淬火介质、硬化均匀、变形小、硬度高达 60HRC 以上、硬化深度能精确控制等。

二、超声波加工

1. 超声波加工的基本原理

超声波加工是利用工具作超声频(16~30 Hz)振动,通过磨料撞击和抛磨工件,从而使工件成形的一种加工方法,其原理如图 11-36 所示。由超声波发生器产生的高声频电振荡,通过换能器转换成高声频机械振动,但这种振动的振幅很小,不能直接用来对材料加工,必须借助于振幅扩大棒将振幅放大(放大振幅为 0.01~0.15 mm),然后再传给工具,驱动工具振动。加工时,在工具和工件之间不断注入液体(水或煤油等)和磨料混合的悬浮液,磨料在工具的超声振荡作用下,以极高的速度不断撞击工件表面,其冲击加速度可达重力加速度的一万倍左右,致使工件加工区域内的材料在瞬时高压下粉碎成很细的微粒。由于悬浮液的高速搅动,又使磨料不断抛磨工件表面。随着悬浮液的循环流动,使磨料不断得到更新,同时带走被粉碎下来的材料微粒。加工中,工具逐渐伸入到工件中,工具的形状便"复印"在工件上。

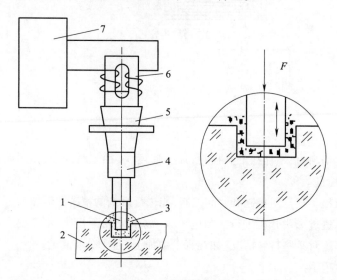

图 11-36 超声波加工

1—工具;2—工件;3—磨料悬浮液;4,5—变幅杆;6—换能器;7—超声波发生器

2. 超声波加工的特点

超声波加工有如下特点:

①适用于加工各种硬脆材料,特别是不导电的非金属材料,如玻璃、陶瓷、石英、锗、硅、石墨、玛瑙、宝石、金刚石等。对于导电的硬质合金、淬火钢等也可以加工,但加工效率比较低。

②在加工中不需要工具旋转,因此易于加工各种复杂形状的型孔、型腔、成形表面等。如采用中空形工具,还可以实现各种形状的套料。

③超声波加工是靠极小的磨料作用,所以加工精度较高,一般可达 0.02 mm,表面粗糙度 Ra 可达 1.25 ~ 0.1 μm,被加工表面也无残余应力、组织改变及烧伤等现象。

④因为材料的去除是靠磨料直接作用,故磨料硬度一般应比加工材料高,而工具材料的硬度可以低于加工材料的硬度,如可采用中碳钢、各种型材、管材和线材作工具。

⑤超声波加工机床结构简单,操作、维修方便,加工精度较高,但生产效率低,工具磨损也较大。

3. 超声波加工的应用

电火花加工和电解加工,一般只能加工金属导电材料,而较难加工不导电的非金属材料。然而超声波加工不仅能加工高熔点的硬质合金、淬火钢等硬脆合金材料,而且适合于加工玻璃、陶瓷、半导体锗和硅片等不导电的非金属硬脆材料。它主要用于孔加工、套料、雕刻、切割以及研磨金刚石拉丝模等,同时还可以用于清洗、焊接和探伤等,如图 11-37 所示。

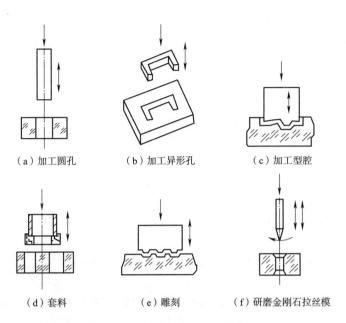

（a）加工圆孔　　　（b）加工异形孔　　　（c）加工型腔

（d）套料　　　（e）雕刻　　　（f）研磨金刚石拉丝模

图 11-37　超声波加工的应用范围

三、电解加工（电化学加工）

1. 电解加工的基本原理

电解加工是利用金属在电解液中产生阳极溶解的电化学腐蚀原理将工件加工成形的，所以又称电化学加工，其原理如图 11-38 所示。在工件和工具之间接上低电压（6 ~ 24 V）大电流（500 ~ 2 000 A）的稳压直流电，工件接正极（阳极），工具接负极（阴极），两者之间保持较小的间隙（通常 0.02 ~ 0.7 mm），在间隙中间通过高速流动的导电的电解液。在工件和工具之间施加一定的电压时，工件表面的金属就不断地产生阳极溶解，溶解的产物被高速流动的电解液不断冲走，使阳极溶解能够不断进行。

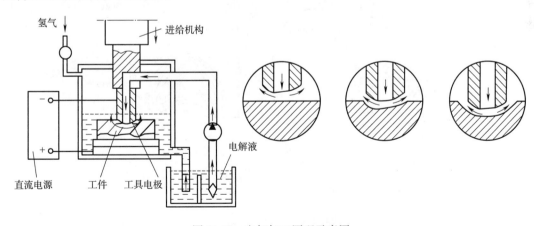

图 11-38　电解加工原理示意图

电解加工开始时，工件的形状与工具阴极形状不同，工件上各点距工具表面的距离不相等，

253

因而各点的电流密度不一样。距离近的地方电流密度大，阳极溶解的速度快；距离远的地方电流密度小，阳极溶解的速度慢。这样，当工具不断进给时，工件表面各点就以不同的溶解速度进行溶解，工件的型面就逐渐地接近工具阴极的型面，加工完毕时，即得到与工具型面相似的工件。

2. 电解加工的特点

电解加工有如下特点：

①以简单的进给运动，一次加工出复杂的型面或型腔，加工速度随电流密度增大而加快，且不产生毛刺。表面质量高，Ra 可达 $1.25 \sim 0.2\ \mu m$。

②可加工各种高硬度、高强度、高韧性等难切削材料，且加工后材料表面的硬度不发生变化。

③在加工中，工具电极是阴极，阴极上只发生氢气和沉淀而无溶解作用，因此工具电极无损耗。

④加工中无机械力和切削热的作用，所以在加工面上不存在加工变质层、加工应力和加工变形。

⑤生产率高，其加工速度约为电火花加工的 $5 \sim 10$ 倍，约为机械切削加工的 $3 \sim 10$ 倍。

但由于影响电解加工的因素很多，加工稳定性不高，不易达到较高的加工精度；同时电解液有腐蚀性，电解产物有污染，因此机床要有防腐措施，电解产物要进行处理，设备总费用高；另外工具电极制造需要熟练的技术。

3. 电解加工的应用

电解加工是继电火花加工之后发展较快、应用较广的一种新工艺，生产效率比电火花加工高 $5 \sim 10$ 倍。电解加工主要用于加工各种形状复杂的型面，如气轮机、航空发动机叶片（见图 11-39）；各种型腔模具，如锻模、冲压模、各种型孔、深孔；膛线，如炮管、枪管内的来复线等。此外还有电解抛光、去毛刺、切割和刻印等。电解加工适用于成批和大量生产，多用于粗加工和半精加工。

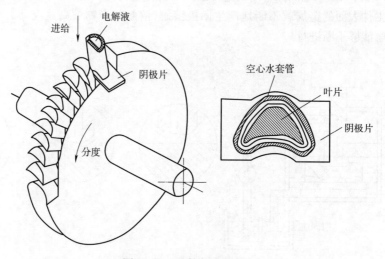

图 11-39　叶轮的电解加工

四、快速成形制造技术

随着制造业的竞争日益激烈,产品开发的速度和能力已成为制造业市场竞争的基础。同时还需满足日益变化的个性化市场需求,又要求制造技术有较强的灵活性,能够以小批量甚至单件生产而不增加产品的成本。因此,产品的开发速度和制造技术的柔性就变得十分关键。然而在产品设计完成到批量生产阶段之间,往往还要制造产品的原型样品,以便尽早地对产品设计进行验证和改进,但是按照常规方法制造原型,一般需采用多个机床加工,时间长达几周或几个月,加工费用昂贵,对于一些复杂形状的零件或一些硬质合金材料的零件,即使采用多轴 CNC 加工也存在一些无法解决的问题。

在此背景下,20 世纪 80 年代末、90 年代初发展起来的快速成形技术(Rapid Prototy-ping & Manufacturing,RPM),突破了传统加工模式,无须机械加工设备即可快速地制造形状极为复杂的工件,被认为是近 20 年制造技术领域的一次重大突破。

1. RPM 技术原理

传统的零件加工工程是先制造毛坯,然后经切削加工,从毛坯上去除多余的材料得到零件的形状和尺寸,这种方法统称为材料去除制造。

快速成形技术彻底摆脱了传统的"去除"加工法,而基于"材料逐层堆积"的制造理念,将复杂的三维加工分解为简单的材料二维组合,它能在 CAD 模型的直接驱动下,快速制造任意复杂形状的三维实体,其基本过程如下:

(1)建立产品的三维 CAD 模型

设计人员可以应用各种三维 CAD 造型软件(如 Solidworks、UG、CATIA)进行三维实体造型,将所构思的零件概念模型转换为三维 CAD 数据模型。

(2)三维模型的近似处理

由三维造型系统将零件 CAD 数据模型转换为可被快速成形系统所能接受的数据文件,如 STL、IGES 等格式文件。目前,绝大多数快速成形系统采用 STL 格式文件,因为 STL 文件易于进行分层切片处理。

(3)分层处理

将三维实体沿给定的方向切成一个个二维薄片的过程,其厚度可根据快速成形系统制造精度在 0.05 ~ 0.5 mm 之间选择。

(4)逐层堆积制造

根据层片几何信息,生成层片加工数控代码,用以控制成型机的加工运动,根据生成的数控指令,RP 系统中的成型头在 $X - Y$ 平面内按截面轮廓进行扫描堆积出当前的一个层面,堆积一个层面后工作台面下降一个层厚的距离再堆积新的一层。如此反复进行直到整个零件加工完成。

(5)后处理

零件加工完成之后,对原型进行处理,如深度固化、去除支撑、修磨、着色等,使之达到要求。

2. 快速成型的特点

(1)高度柔性化

对整个制造过程,仅需改变 CAD 模型或反求数据结构模型,对成形设备进行适当的参数调整,即可在计算机的管理和控制下制造出不同形状的零件或模型。

(2)技术高度集成化

快速成形技术是计算机技术、数控技术、控制技术、激光技术、材料技术和机械工程等多项交叉学科的综合集成。它以离散/堆积为方法,在计算机和数控技术的基础上,追求最大的柔性为目标。

（3）设计制造一体化

CAD/CAM 一体化。由于采用了离散/堆积的分层制造工艺,能够很好地将 CAD、CAM 结合起来。

（4）制造成形自由化

可根据零件的形状,不受任何专用工具或模具的限制而自由成形,也不受零件复杂程度的限制,能够制造任意复杂形状与结构、不同材料复合的零件。

（5）大幅度缩短新产品周期性

可减少产品开发成本 30%~70%,缩短开发时间 50% 甚至更少。

（6）材料使用广泛性

金属、纸张、塑料、树脂、石蜡、陶瓷,甚至纤维等材料在快速原型制造领域已有很好的应用。

3. 典型的 RPM 工艺方法

目前,快速成形的方法有几十种,其中以 SLA、LOM、SLS、FDM 工艺使用最为广泛和成熟。下面简要介绍几种典型的快速成形工艺的基本原理。

（1）光固化成形法（Stereo Lithography Apparatus,SLA）

SLA 技术又称液态光敏树脂选择性固化。这是一种最早出现的 RPT。它的原理(见图 11-40)是:液槽中盛满液态光固化树脂,激光束在偏转镜作用下,能在液态表面上扫描,扫描的轨迹及光线的有无均由计算机控制,光点打到的地方,液体就固化,形成该层面的固化层。然后工作台下降一层的高度,其上覆盖另一层液态树脂,再进行第二层的扫描固化,与此同时新固化的一层牢固地黏结在前一层上,如此重复直到整个产品完成。

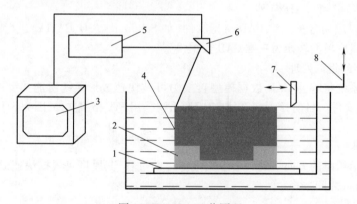

图 11-40 SLA 工艺原理

1—加工平台;2—支承;3—PC;4—成形零件;5—激光器;6—振镜;7—刮板;8—升降台

SLA 方法的工艺优点:能直接得到产品,表面粗糙度质量较好,尺寸精度较高。缺点:需要设计支承结构,才能确保制件的每一个结构部分都能可靠定位;原材料有污染,容易使皮肤过敏。

（2）叠层实体制造法（Laminated Object Manufacturing,LOM）

LOM 工艺采用薄片材料,如纸、塑料薄膜等。片材表面事先涂覆上一层热熔胶。加工时,热压辊热压片材,使之与下面已成形的工件粘接;用 CO_2 激光器在刚粘接的新层上切割出零件截面轮廓和工件外框,并在截面轮廓与外框之间多余的区域内切割出上下对齐的网格;激光切割完成后,工作台带动已成形的工件下降,与带状片材(料带)分离。这样逐步得到各层截面,并黏结在一起,形成三维产品。其原理如图 11-41 所示。

LOM 方法的工艺优点:适合大、中型零件成形,翘曲变形小,成形时间较短。

缺点:尺寸精度不高,材料浪费大,且清除废料困难。

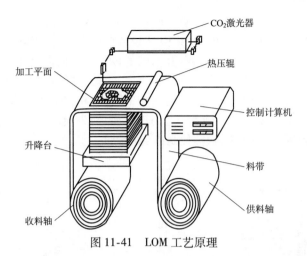

图 11-41　LOM 工艺原理

（3）选择性激光烧结法（Selective Laser Sintering，SLS）

SLS 工艺是利用粉末状材料成形的。将材料粉末铺洒在已成形零件的上表面，并刮平；用高强度的 CO_2 激光器在刚铺的新层上扫描出零件截面；材料粉末在高强度的激光照射下被烧结在一起，得到零件的截面，并与下面已成形的部分连接；当一层截面烧结完后，铺上新的一层材料粉末，选择性地烧结下层截面。其原理如图 11-42 所示。

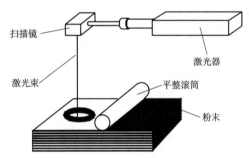

图 11-42　SLS 工艺原理

SLS 方法的工艺优点：适合中、小型零件成形，能直接制造蜡模或塑料、陶瓷等产品。

缺点：成形时间较长，需对容易发生变形的地方设计支承结构。

（4）熔融沉积制造法（Fused Deposition Modeling，FDM）

熔融挤压成形又称丝状材料选择性熔覆。三维喷头在计算机控制下，根据截面轮廓的信息，做 X-Y-Z 运动。丝材由供丝机构送至喷头，并在喷头中加热、熔化，然后被选择性地涂覆在工作台上，快速冷却后形成一层截面。一层完成后，工作台下降一层厚，再进行后一层的涂覆，如此循环，形成三维产品。其原理如图 11-43 所示。

FDM 方法的工艺特点是无须激光系统，因而设备简单，运行费用便宜，尺寸精度高，表面粗糙度好，特别适合薄壁零件。但需要支承，这是其不足之处。

4. RPM 技术的应用

目前，快速成形技术已在航空航天、工业造型、机械制造（汽车、摩托车）、军事、建筑、影视、家电、轻工、医学等领域得到了广泛应用。

（1）在航空航天技术领域的应用

在航空航天领域中，空气动力学地面模拟实验（即风洞实验）是设计性能先进的天地往返系统（即航天飞机）所必不可少的重要环节。该试验中所用的模型形状复杂、精度要求高、又具有流线形特性，采用 RPM 技术，根据 CAD 模型，由 RPM 设备自动完成实体模型，能够很好地保证模型质量。对航空、航天、国防、汽车等制造行业，其基础的核心部件大多是非对称的，具有不规则自由曲面或内部含有精细结构的复杂金属零件（如叶片、叶轮、进气歧管、发动机缸体、缸盖、排气管、油路等），其模具制造过程难度非常大，因此迫切需要 RPM 技术在快速制模方面发挥更大的优势。利用快速成形技术直接或间接制造铸造用消失模、消失模凹模、铸造模样、模板、铸型、型芯或型壳等，然后结合传统铸造工艺，快捷地制造金属零件。

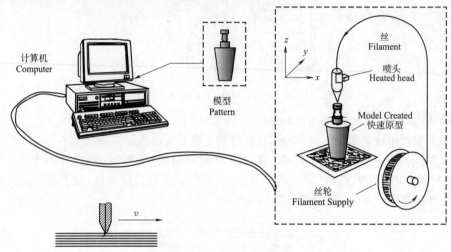

图 11-43　FDM 工艺原理

（2）在新产品造型设计过程中的应用

快速成形技术为工业产品的设计开发人员建立了一种崭新的产品开发模式。运用 RPM 技术能够快速、直接、精确地将设计思想转化为具有一定功能的实物模型（样件），这不仅缩短了开发周期，而且降低了开发费用，也使企业在激烈的市场竞争中占有先机。

（3）在机械制造领域的应用

由于 RPM 技术自身的特点，使得其在机械制造领域内获得广泛应用，多用于制造单件、小批量金属零件的制造。有些特殊复杂制件，由于只需单件生产或少于 50 件的小批量，一般均可用 RPM 技术直接进行成形，成本低、周期短。

（4）在模具制造中的应用

用 SLA、SLS、FDM 或 LOM 方法加工熔模铸造中的蜡模，这是目前生产金属零件和金属模具最主要的途径之一。对快速造型得到的原型表面进行特殊处理后代替木模，直接制造石膏型或瓷型，或是由 RPM 原型经硅橡胶模过渡转换得到石膏或陶瓷型，再由石膏型或陶瓷型浇注出金属模具。这也是行之有效的方法之一。

阅读材料　特种加工方法概述

1. 特种加工的产生及其发展

随着工业生产和科学技术的发展，具有高硬度、高强度、高熔点、高脆性、高韧性等性能的新材料不断出现，具有各种细微结构和特殊要求的零件越来越多，采用传统的切削加工方法很难对其进行加工，有些甚至无法加工。特种加工由此应运而生。

　　特种加工是 20 世纪 40 年代至 60 年代发展起来的新工艺,目前仍在不断地革新和发展。它实际上是利用各种能量,如电能、光能、化学能、电化学能、声能、热能等去除或添加材料以达到零件设计要求的一类加工方法的总称。相对于传统的切削加工而言,称为非传统加工方法。非传统加工方法是无法用传统机械加工方法替代的加工方法,也是对传统机械加工方法的有力补充和延伸,并已成为机械制造领域中不可缺少的加工技术。

　　特种加工方法很多,常用的有电火花成形穿孔加工、电火花线切割加工、超声波加工和激光加工等。

2. 特种加工的特点

　　与传统的机械切削加工方法比较,特种加工具有以下特点:

　　①加工过程中不存在切削力。加工时主要采用电、光、化学、电化学、声、热等能量去除多余材料,而不是主要靠机械能量切除多余材料。

　　②加工用的工具材料的硬度可以低于被加工材料的硬度。

3. 特种加工的分类

　　特种加工一般按照所利用的能量形式分为以下几类:

　　①电、热能:电火花加工、电子束加工、等离子弧加工。

　　②电、机械能:电解加工、电解抛光。

　　③电、化学、机械能:电解磨削、电解珩磨、阳极机械磨削。

　　④光、热能:激光加工。

　　⑤化学能:化学加工、化学抛光。

　　⑥声、机械能:超声波加工。

　　⑦液、气、机械能:磨料喷射加工、磨料流加工、液体喷射加工。

　　值得注意的是,将两种以上的不同能量形式和工作原理结合在一起,可以取长补短获得很好的效果,近年来这些新的复合加工方法正在不断出现。

4. 特种加工的应用范围

　　①加工各种高强度、高硬度、高韧性、高脆性等难加工材料,如耐热钢、不锈钢、钛合金、淬硬钢、硬质合金、陶瓷、宝石、聚晶金刚石、锗和硅等。

　　②加工各种形状复杂的零件及细微结构,如热锻模、冲裁模、冷拔模的型腔和型孔,整体蜗轮、喷气蜗轮的叶片,喷油嘴、喷丝头的微小型孔等。

　　③加工各种有特殊要求的精密零件,如特别细长的低刚度螺杆、精度和表面质量要求特别高的陀螺仪等。

思考与实训

　　1. 简述电火花成形加工的基本原理。

　　2. 简述电火花成形加工机床的基本组成及作用。

　　3. 简述电火花线切割的基本原理。

　　4. 简述电火花线切割机床的基本组成及作用。

　　5. 简述激光加工的原理及工艺过程。

　　6. 简述超声波加工的基本原理

　　7. 简述电解加工的成形原理。

学习目标

1. 熟悉智能制造的概念。

2. 理解智能制造系统和特点。

3. 了解智能制造关键技术和发展趋势。

导入： 高速发展的经济推动了我国机械制造行业的快速发展。在现代科技发展水平不断提高和产业改革持续深化的情况下，新型信息技术的应用促进了智能制造模式的兴起和发展，同时彻底突破了传统机械制造方式的束缚，而智能制造模式在现代机械制造领域中的应用越发广泛。

虽然我国经济发展实力得到了良好的提升，但是随着科技发展水平的不断提高，对机械制造产业提出了更加严格的要求。从目前我国机械智能制造业的发展情况来看，与发达国家相比还存在一定的差距。通过了解智能制造的相关案例，培养民族自豪感，切实感受智能制造对国民经济发展的重要作用，培养学习的使命感和责任感，增强爱国情怀。

智能制造技术旨在将人工智能融进制造过程的各个环节（即产品整个生命周期的所有环节），通过模拟专家的智能活动，对制造问题进行分析、判断、推理、构思、决策，旨在取代或延伸制造环境中人的部分脑力劳动；并对人类专家的制造智能进行收集、存储、完善、共享、继承和发展；从而在制造过程中系统能自动监测其运行状态，在受外界或内部激励时能自动调整其参数，以期达到最佳状态，具有自组织能力。

一、智能制造的背景与发展趋势

自 20 世纪 80 年代以来，随着产品性能的完善化及其结构的复杂化、精密化，以及功能的多样化，促使产品所包含的设计信息量和工艺信息量猛增，随之而来的是生产线及生产设备内部的信息量增加，制造过程和管理工作的信息量也必然剧增，因而推动制造技术发展的热点与前沿转向了提高制造系统对于爆炸性增长的制造信息处理的能力、效率及规模上。目前，先进的制造设备离开了信息的输入就无法运转，柔性制造系统（FMS）和计算机集成制造系统（CIMS）的信息来源一旦被切断就会立刻瘫痪。专家认为，制造系统正在由原先的能量驱动型转变为信息驱动型，这就要求制造系统不但要具备柔性，而且还要具有智能，否则是难以处理如此大量、多样化及复杂化（残余和冗余信息）的信息工作量的。

当前和未来企业面临的是一个瞬息多变的市场需求和激烈的国际化竞争环境。社会的需求使产品生产正从大批量产品生产转向小批量、客户化单件产品的生产。企业欲在这样的市场环境中立于不败之地，必须从产品的时间、质量、成本、服务和环保（T、Q、C、S、E）等方面提高自身的竞争力，以快速响应市场频繁的变化。为此，企业的制造系统应表现出更高的灵活性和智能性。

过去由于人们对制造技术的注意力偏重于制造过程的自动化，从而导致在自动化水平不断提高的同时，产品设计及生产管理效率提高缓慢。生产过程中人们的体力劳动虽然获得了极大解放,但脑力劳动的自动化程度(即决策自动化程度)却很低,各种问题的最终决策或解决在很大程度上仍依赖于人的智慧;并且随着市场竞争的加剧和信息量的增加,这种依赖程度将越来越大。为此,要求未来制造系统具有信息加工能力,特别是信息的智能加工能力。

从 20 世纪 70 年代开始,发达国家为了追求廉价的劳动力,逐渐将制造业移向了发展中国家,从而引起本国技术力量向其他行业的转移,同时发展中国家专业人才又严重短缺,其结果制约了制造业的发展。因此,制造业希望减少对人类智慧的依赖,以解决人才供应的矛盾。智能制造正是适应这种情况而得以发展的。

当今世界各国的制造业活动趋向于全球化,制造、经营活动、开发研究等都在向多国化发展。为了有效地进行国际间信息交换及世界先进制造技术共享,各国的企业都希望以统一的方式来交换信息和数据。因此,必须开发出一个快速有效的信息交换工具,创建并促进一个全球化的公共标准来实现这一目标。

先进的计算机技术和制造技术向产品、工艺及系统的设计和管理人员提出了新的挑战,传统的设计和管理方法不能有效地解决现代制造系统中所出现的问题,这就促使人们通过集成传统制造技术、计算机技术与人工智能等技术,发展一种新型的制造模式——智能制造。

二、智能制造的概念

智能制造应当包含智能制造技术(IMT)和智能制造系统(IMS),智能制造技术是指利用计算机模拟制造专家的分析、判断、推理、构思和决策等智能活动,并将这些智能活动与智能机器有机地融合起来,将其贯穿应用于整个制造企业的各个子系统(如经营决策、采购、产品设计、生产计划、制造、装配、质量保证和市场销售等),以实现整个制造企业经营运作的高度柔性化和集成化,从而取代或延伸制造环境中专家的部分脑力劳动,并对制造业专家的智能信息进行收集、存储、完善、共享、继承和发展的一种极大地提高生产效率的先进制造技术。

智能制造系统是指基于 IMT,利用计算机综合应用人工智能技术(如人工神经网络、遗传算法等)、智能制造机器、代理(agent)技术、材料技术、现代管理技术、制造技术、信息技术、自动化技术、并行工程、生命科学和系统工程理论与方法,在国际标准化和互换性的基础上,使整个企业制造系统中的各个子系统分别智能化,并使制造系统形成由网络集成的、高度自动化的一种制造系统。IMS 是智能技术集成应用的环境,也是智能制造模式展现的载体。IMS 理念建立在自组织、分布自治和社会生态学机制上,目的是通过设备柔性和计算机人工智能控制,自动地完成设计、加工、控制管理过程,旨在解决适应高度变化的环境制造的有效性。由于智能制造模式突出了知识在制造活动中的价值地位,而知识经济又是继工业经济后的主体经济形式,所以智能制造就成为影响未来经济发展过程的制造业的重要生产模式。

1. 智能制造系统的特点

和传统的制造系统相比,IMS 具有以下几个特征:

①自组织能力。IMS 中的各种组成单元能够根据工作任务的需要,自行集结成一种超柔性最佳结构,并按照最优的方式运行。其柔性不仅表现在运行方式上,还表现在结构形式上。完成任务后,该结构自行解散,以备在下一个任务中集结成新的结构。自组织能力是 IMS 的一个重要标志。

②自律能力。IMS 具有搜集与理解环境信息及自身的信息,并进行分析判断和规划自身行为

的能力。强有力的知识库和基于知识的模型是自律能力的基础。IMS能根据周围环境和自身作业状况的信息进行监测和处理,并根据处理结果自行调整控制策略,以采用最佳运行方案。这种自律能力使整个制造系统具备抗干扰、自适应和容错等能力。

③自学习和自维护能力。IMS能以原有的专家知识为基础,在实践中不断进行学习,完善系统的知识库,并删除库中不适用的知识,使知识库更趋合理;同时,还能对系统故障进行自我诊断、排除及修复。这种特征使IMS能够自我优化并适应各种复杂的环境。

④整个制造系统的智能集成 IMS在强调各个子系统智能化的同时,更注重整个制造系统的智能集成。这是IMS与面向制造过程中特定应用的"智能化孤岛"的根本区别。IMS包括了各个子系统,并把它们集成为一个整体,实现整体的智能化。

⑤人机一体化智能系统 IMS不单纯是"人工智能"系统,而是人机一体化智能系统,是一种混合智能。人机一体化一方面突出人在制造系统中的核心地位,同时在智能机器的配合下,更好地发挥了人的潜能,使人机之间表现出一种平等共事、相互"理解"、相互协作的关系,使两者在不同的层次上各显其能,相辅相成。因此,在IMS中,高素质、高智能的人将发挥更好的作用,机器智能和人的智能将真正地集成在一起。

⑥虚拟现实是实现虚拟制造的支持技术,也是实现高水平人机一体化的关键技术之一。人机结合的新一代智能界面,使得可用虚拟手段智能地表现现实,它是智能制造的一个显著特征。

综上所述,可以看出IMS作为一种模式,它是集自动化、柔性化、集成化和智能化于一身,并不断向纵深发展的先进制造系统。

2. 智能制造系统的功能组成

从制造系统的功能角度,智能制造系统可细分为设计、计划、生产和系统活动四个子系统。

①设计子系统。在设计子系统中,智能制造产品的概念设计过程中受消费需求的影响;功能设计关注了产品可制造性、可装配性、可维护和保障性;另外,在对产品的模拟测试中也广泛应用了智能技术。

②计划子系统。在计划子系统中,数据库构造将从简单信息型发展到知识密集型。在制造资源计划管理中,模糊推理等多种类的专家系统将被集成应用。智能制造的生产系统将是自治或半自治系统。

③生产子系统。在生产子系统中,生产状态的获取和故障的诊断、装配的检验等工作中,将广泛应用智能技术。

④系统活动子系统。在系统活动子系统中,神经网络技术在系统控制中已开始应用,同时分布技术、多元代理技术、全能技术也将得到应用,系统活动子系统采用开放式系统结构,可以使系统活动并行进行,并可解决系统集成的问题。

由此可见,智能制造是建立在自组织、分布自治和社会生态学机理上的,目的是通过设备柔性和计算机人工智能控制,自动完成设计、加工、控制管理过程,以增强高度变化环境中制造的有效性。

3. 智能制造系统的应用场景

1)智能化产品设计

如今市面上有很多智能化家电设备,比如常见的智能电风扇。它的特点是引入手机 APP 控制功能,通过与手机联网或者通过蓝牙与手机连接,体现了现代产品的智能化。但是,这样的 APP 控制不是很有必要,况且在使用这类电风扇时还要安装 APP、联网,甚至由于网络的延迟会影响使用电风扇的体验。这些新的功能带来的体验甚至还不如传统遥控器带来的体验好。类似这种通过手机 APP 控制的产品非常多,像这样将智能技术生拉硬拽地应用于产品设计中,所设计出的产品并非我们所需要的智能产品。

智能化产品设计需要考虑如下几点:

(1)设计要以用户需求为中心

对于产品设计,无论是否为智能产品,以用户需求为中心是设计师公认的原则之一。产品设计是要为人类服务的,是为了满足人类物质与情感的需求。产品的设计是按照不同的需求而进行不同的设计,但是,有很多智能产品在设计时弄巧成拙,不尽如人意,偏离了“为了方便使用”的设计初衷。在设计智能产品时,应该不间断地进行市场和设计调研,以用户需求为中心,将现代的智能技术更好地应用于智能产品设计中,始终坚持“以人为本”,从而设计出真正的智能产品。

(2)遵循“化繁为简”原则

所谓的“化繁为简”,并不是指数量上的删减,而是采用用户便于理解和操作的简便方式。在保证美观的前提下,视觉上简洁明了,而且不能给用户留下整体符号混乱的印象。化繁为简符合以用户为中心的设计原则,使产品使用起来更符合用户的操作习惯。以简化操作流程为目的的进行交互设计的产品,给用户带来的是最基本的情感满足,用户不喜欢操作流程太过繁杂的产品。

(3)体现产品的亲和力

人类对精神世界的美好向往没有因为物质生活水平的提高而丧失。然而,科技的发展却让人的情感世界变得匮乏,人们开始提倡情感化设计。早在手工艺时代,设计师在设计产品时就已经开始注重基本功能的完善和造型的精美;后来在工业时代,产品设计非常注重功能和造型审美兼备;在如今崭新的智能时代,人类对情感的寄托依然存在,并且有增无减。未来的智能产品要能方便人的学习、工作和生活,人们更希望使产品成为生活的伙伴而非使用工具。如今在视觉上,产品或许已经发挥到了极致。这时,人们希望返璞归真,希望能与智能产品建立一种圆融的关系。

2)智能化工艺规划

不管是什么零件,也不管采用何种生产方式,都面临一个问题:如何在保证质量及精度的前提下,能低成本、高效率地加工出零件来。即使是同一个零件,由于生产方式不同,零件的加工工艺也不一样,所以工艺是零件加工的决定因素。如果采用智能加工的生产方式,那么零件的工艺规划与普通机床加工和普通的数控加工的工艺规划有所区别,具体表现在如下几方面。

(1)工艺过程发生改变

由于采取智能加工的生产方式,它是一种复合化及自动化的加工,零件的整个工艺过程缩短了,工序数目减少了,机床数量、占地空间及操作人员减少。从表面上看,购买柔性制造单元成本较大,但实际上,企业在效率、生产成本、管理成本等方面都降低了,关键是工艺过程发生了改变。

(2)工艺规划的形式发生改变

以往工艺规划都是根据《机械加工工艺手册》手工编写工艺,现在由于采取智能加工的生产方式,充分运用 CAM 和信息数据的通信功能,可以用计算机和 CAM 软件进行工艺规划并与机床联机操作。

(3)工序设计发生改变

①工序内容发生改变。由于采取智能加工的生产方式,零件的加工往往采取工序集中的方

法,提高了零件的加工精度(特别是形位精度),工序的工步多了,使用的刀具也多了。

②加工阶段、切削参数的选取及走刀方式的规划发生改变,采用计算机和 CAM 软件能非常方便地进行加工阶段、切削参数的选取及走刀方式的规划并通过仿真检验,对切削参数、走刀方式、走刀轨迹进行优化。

③在智能加工中,由于多数情况下要使用上下料机器人,夹具(不管是通用的还是专用的)要求是自动(液压或气动)动作的,这样才能适应柔性制造单元各部分的动作节拍和动作程序的要求。

④在智能加工中,大多采用在线自动量具,一般无须人为选择。

⑤在智能加工中,新的加工方法的出现(如铣螺纹、铣螺纹退刀槽、铣孔等)改变了工件工序的加工方式。

(4)成组技术

在智能加工中,尽可能采用成组技术(group technology, GT),这样可充分利用数控系统和 CAD/CAM 软件的功能。成组技术公认为是解决多品种、小批量生产的有效途径。成组技术是从制造工艺领域的应用开始,并逐步发展成为一种提高多品种、中小批量生产水平的生产与管理技术。目前,随着现代制造系统的发展,成组技术被认为是 FMS 及 CIMS 等先进制造系统的技术基础。从广义上讲,成组技术就是将许多各不相同但又具有相似性的事物,按照一定的准则分类成组,使若干种事物能够采用同一解决方法,从而达到节省人力、时间和费用的目的。长久以来,人们从经验中认识到,把相似的事物集中起来加以处理,可以减少重复性劳动和提高效率。这一类的例子可以在各类工作和生活领域看到,成组技术的核心和关键是按照一定的相似性准则对产品零件分类成组。

(5)工艺规划的方向

在将来的智能加工中"基于特征的数控技术加工工艺的决策支持"是工艺规划的方向。现有的数控技术加工工艺设计系统主要是提供一个可以进行数控技术加工工艺设计的人机交互式工具,并没有针对零件的特征信息提供一套计算机辅助的机制来对数控技术加工的工艺设计进行指导。这样就导致在当前的软件环境中数控技术工艺人员只能手工填写数控加工工艺,没有充分利用已有的数控技术加工工艺设计软件和计算机辅助的功能对数控技术加工工艺设计过程进行进一步的支持。从而导致数控技术加工工艺设计效率低下,而且数控技术加工质量完全依赖于数控技术工艺设计人员的水平,造成数控技术加工质量的参差不齐。在工厂实际设计零件的数控技术加工工艺中,由于零件大多形状复杂,导致数控技术加工设计复杂,如何减少数控技术加工工艺设计人员的劳动量,使得数控技术加工工艺人员可以将更多的精力投入创造性的劳动中就成为数控技术加工工艺辅助设计的重要研究课题。

4. 智能化生产过程

智能生产,即指生产过程的智能化。在智能制造体系中,智能工厂或企业必须完成生产方式由从厂商制造到用户个性化制造的转变。根据用户需求进行制造的智能生产方式将成为一种标准化制造方式,这种方式既可以节省制造成本,又可以减少制造时间,同时还能减少甚至抛弃库存,为制造商和用户带来更多方便。而传统的制造工厂必须完成向智能工厂的升级改造,才能达到这一生产方式的要求。

智能生产模式可以借助产品生命周期软件来优化产品生产流程,这也就促使企业改变原有的生产管理方式,并调整自己的组织结构。

从根本上说,智能制造之所以把智能生产与智能工厂视为核心发展内容,是为了在生产者和最终用户之间建立直接联系。若想实现这个目标,制造业应努力实现如下 3 个方面的目标。

(1)建立灵活的生产网络

灵活的生产网络,指的是与先进互联网技术融合的个性化生产体系。美国的"工业互联网"就此为重点研究对象,传统的 C2B 商业模式是先下订单再生产,而物联网发展成熟时,消费者则可以与工厂的智能生产线通过同一个大数据平台直接对接。

(2)实现工业大数据的价值

工业大数据的运用将为制造业带来巨大的商机。工业大数据的价值主要体现在 3 个方面:首先,大数据技术能提高工厂的能源利用率;其次,大数据技术让工业设备的维护效率实现质的突破;最后,大数据可以优化生产流程并简化运营管理方式。

(3)智能机器人与智能生产线得到广泛应用

智能机器人不仅有精准快捷的装配技艺,还可以实现 M2M 模式的"机器对话"。智能生产线将人、机器、信息融为一体,其中最主要的是让机器与机器之间能够"沟通"。假如前一台智能机器人加快速度,后一台智能机器人就会自动收到前者发送过来的信息。如此一来,两台机器人就可以灵活地改变工作节奏。这就立足于"机器对话"的智能生产,是对自动化生产的一次跨越式升级。

5. 智能化检测技术

在智能制造相关技术快速发展的环境下,人们需要认真分析智能仪器及测试技术在智能制造中的地位,深入思考智能仪器及测试技术在智能工厂建设中的作用。这是推动智能工厂建设的一项重要工作,需要提出智能仪器新的功能需求和测试技术发展的新方向,寻求智能仪器及测试技术在智能制造中新的应用前景。同时开展智能仪器、智能检测技术、故障预测与健康管理(prognostic and health management,PHM)在智能制造中的应用、试验与测试数据管理等核心技术的深入研究,扩大工程应用,积累经验,提升技术支撑能力。

①智能仪器功能设计与标准研究。按照工业 4.0 标准体系要求,加强智能仪器功能设计和标准制定的深入研究,系统解决制约智能传感器和智能仪器研发、设计、材料、工艺、检测和产业化等关键问题,研制、生产出能满足智能制造和智能工厂要求的智能传感器和智能仪器产品,积极推广数字化生产线改造、智能单元及智能车间建设等项目中的应用。微型化、智能化、多功能化、网络化将是智能仪器的主要发展方向。研制具有数据采集、存储、分析、处理、控制、推理、决策、传输和管理等多项功能于一体的智能仪器。研制体积小、功耗小、功能强,能够嵌入在生产设备、智能生产线上,便于灵活配置,能够提供面向移动互联的应用和程控操作接口,具有操作自动化、自测试、自学习、自诊断和数据自处理、自发送等功能的智能仪器,实现测量过程的智能化。

②智能检测技术方面将原有的离线集中式检测逐步转变为嵌入生产线内部、分布于智能设备内部、嵌入在生产线检测终端的实时测试方式,测试数据自动记录、存储、处理和管理。将智能测试技术与智能生产线的构建相结合,通过在生产线中引入红外/激光/可见光等机器视觉目标定位测试技术、可变接口的智能测试适配技术、分布式实时测试采集技术、非接触方式检测技术、自动化测试控制技术等,实现实时测试。开展满足智能制造要求的支撑性测试技术研究,进行分布式协同测试软件开发。

6. 智能化制造服务

制造服务是服务企业、制造企业、终端用户在工业4.0环境中围绕产品生产和提供服务进行的活动,主要表现为生产性服务关系和制造服务化关系。服务企业向制造企业提供的制造服务,对整个价值链上制造企业生产过程中的所有活动提供不同程度的服务,主要是生产性服务;制造企业向终端用户提供的制造服务,对整个产业链上运作过程中与制造企业相关的价值增值活动提供的服务,主要是制造服务化。生产性服务关系和制造服务化关系共同促进制造与服务的融合,制造服务的核心在于管理创新,制造服务的内涵随着社会发展和技术进步不断扩展。

智能化制造服务是将制造服务扩展到工业互联网环境中的制造服务,智能化制造服务具有制造服务的一般特征,更重要的是将制造服务资源虚拟化为智能制造服务,通过智能终端来运营制造服务。

在工业4.0环境中,服务企业、制造企业和终端用户将各自的制造服务抽象为制造服务问题,通过对制造服务问题描述和设计转化为制造服务软构件,对制造服务软构件进行封装,以Web服务的形成发布在互联网中,如果在制造服务软构件设计封装时考虑了工业互联网环境,满足各种技术配置条件,就形成了智能化制造服务。智能化的过程实质上是工业互联网技术的应用,随着工业大数据技术的突破,制造服务智能化的瓶颈就会克服,这样只要在互联网环境运行的制造服务软构件就很容易移植到工业互联网中,因此智能制造服务的难点在于技术和管理创新。

基于工业互联网的智能制造服务会更容易从技术上实现,而从制造服务到智能化制造服务更多的是研究智能终端上智能制造服务主体的网络接入以及智能制造服务的应用。随着智能制造技术的发展,智能终端和网络接入会变得更加便捷,即插即用也会实现。将制造服务基本概念推广到工业互联网环境,基于工业4.0的智能化制造服务基本概念体系如下。

①智能化制造服务。智能化制造服务是将制造服务资源虚拟化为信息化软构件,发布在工业互联网上的Web服务,其内涵是Web服务背后的制造服务活动,即智能化制造服务主体间基于工业4.0的智能制造服务关系。

②智能化制造服务主体。智能化制造服务主体是指已经接入工业互联网环境的服务企业、制造企业和终端用户。随着企业信息化不断深入,实现了互联网络支持的服务企业、制造企业和终端用户可以通过智能终端方便地接入工业互联网。

③智能化制造服务关系。智能化制造服务关系是指已经接入工业互联网的智能制造服务主体之间基于工业4.0形成的生产性服务和制造服务化,其本质和制造服务关系无异。

三、智能制造系统的应用

1. 案例一:数字驱动的工程机械智造与服务实践项目

针对复杂的工程机械而言,传统的生产方式主要是依靠人工劳动力,其工作环境以及工作任务都非常复杂。作为技术人员通常需要较长时间对机械设备进行掌握,这样对于工作人员的生命健康以及设备的使用都会带来不利的影响。由于人工操作过程中会带来很多的不稳定因素,不仅需要消耗大量的时间,同时也会对企业的生产效率造成一定的影响。通过智能化管理系统的应用,可以有效地解决人工生产过程中的问题,提高企业的生产效率,有利于企业生产简化以及加工方案的创新。目前,我国的一些工程机械生产厂家如三一重工,正依靠数字驱动的智能制造与服务,为自己铺设这条智造之路,构建了协同研发、数字制造的核心能力,输出智能产品,并为客户提供极致的智慧服务平台。

1）数据驱动的智能制造与服务

国内一些工程机械生产厂家持续推动信息技术与经营管理及产品相融合，坚持以数据驱动为源动力，创新业务模式、优化业务流程，从而以最高的经营效率适应外部环境与客户需求的快速变化，支撑全球化与一体化的战略发展之路，使数据驱动成为企业经营的核心竞争优势。在智能制造、智能产品、智能服务的产业创新和服务转型方面尝试的同时，也为行业和国家推动智能制造做出了尝试。

（1）智能制造

以某工程机械集团为例，为了科学地解决评估制造系统的合理性，通过虚拟现实和建模仿真手段，对生产线工艺布局、物流方案、生产计划等进行仿真验证，形成"先工艺仿真后厂房投建""同步规划车间信息化"两大指导原则。在后续的几年中，全国所有新建产业园都应用了数字化工厂预验证，使用机器人、数控机床、AGV、立体库等先进制造和物流装备，上线 WMS、MES、DNC等制造管理系统，相继建成了多处国内领先的汽车起重机数字化工厂。经过 5 年多的发展，已形成系统的数字化工厂规划解决方案及产品，为客户提供机加、焊接数字化车间规划和信息化解决方案。该集团也积极推进了车间物联网系统应用，通过自主知识产权的 DNC 系统和共同知识产权的 RFID 系统，研发适用于离散制造业的三维生产监控解决方案。通过结合物联网技术，开展智能码头规划解决方案研发。通过提供给客户的产品和附加的信息产品，带动下游企业的两化融合水平和产业升级。

借助智能制造建立全球先进的现代化数字工厂，实现了厂房内物流、装配、质检各环节自动化，一个订单可逐级快速精准地分解至每个工位。创造了 1 h 下线一台泵车，5 min 下线一台挖机的生产速度，同时还建立起贯穿全球流程的精细化管理体系，数字化工厂技术目前已在三一集团十多个业务单位得到应用，助推了公司生产模式的变革。

（2）智能产品

该集团通过自主研发，研制出了应用于工程机械装备中的传感、控制显示、驱动全系列的核心部件，形成了具有完全自主知识产权的产业链。特别是 SYMC 控制器，作为行业内第一款具备自主知识产权的控制器，在其各类产品中得以广泛应用。同时，为了实现与被控对象的深度融合，研制了适用于工程机械的传感器，这种传感器深入执行部件的内部，从而实现了关键核心执行部件的在线调整和设备状态的在线感知。

以泵车为例，除了位置，通过 ECC 系统能查看到液压、转塔、排量、换向、发动机转速等信息，也可掌握设备实时施工动态。设备一旦出现异常，用户将第一时间得知。更重要的是，设备的数字化还能极大"反哺"研发工作。例如，我们发现主要用于钢材市场装卸货物的起重机，虽然每次吊起的重量不大，但是速度非常快，因此出现臂架疲劳。后来，通过专项研发，加入高强度设计，解决了这一问题，更好地满足了客户的个性化需求。由智能零部件构建的智能产品如图 12-1所示。

（3）智慧服务

依托智能服务平台，创新服务模式，实现从"保姆式"服务、"管家式"服务到"一生无忧"服务。从 800 绿色通道、4008 呼叫中心到 ECC 企业智能服务平台，不断创新服务模式与管理手段。ECC 企业控制中心如图 12-2 所示。

图 12-1　由智能零部件构建的智能产品　　　　图 12-2　ECC 企业控制中心

　　通过 ECC 系统,可以有效地监控售出的每一台工程机械,全面掌握这台机械的运行工况、运行路径等。通过及时发现机械运行中的问题,能立即为客户提供远程维修诊断。并利用互联网、物联网、大数据等信息技术,打造智慧服务运营体系,创新行业"人人服务"模式,拓展产品全生命周期服务,提升国际市场竞争力。

　　2)技术创新,智能引领

　　针对离散制造行业多品种、小批量的特点,针对零部件多且加工过程复杂导致的生产过程管理难题和客户对产品个性化定制日益强烈的需求,以工程机械产品为样板,以自主与安全可控为原则,依托数字化车间实现"产品混装,流水模式"的数字化制造。并以物联网智能终端为基础的智能服务,实现产品全寿命周期及端到端流程打通,引领离散制造行业产品全生命周期的数字化制造与服务的发展方向。可以此为示范,向离散行业其他企业推广。贯穿整个数字化制造的业务架构体系如图 12-3 所示。

图 12-3　贯穿整个数字化制造的业务架构体系

（1）数字驱动的智能制造

从产品设计—工艺—工厂规划—生产—交付，打通产品到交付的核心流程。通过全三维环境下的数字化工厂建模平台、工业设计软件，以及产品全寿命周期管理系统的应用，实现研发的数字化与协同。通过多车间协同制造环境下计划与执行一体化、物流配送敏捷化、质量管控协同化，实现混流生产与个性化产品制造，以及人、财、物、信息的集成管理，并基于物联网技术的多源异构数据采集和支持数字化车间全面集成的工业互联网络，驱动部门业务协同与各应用深度集成；通过自动化立体仓库/AGV 智能小车、自动上下料等智能装备的应用，以及设备的 M2M 智能化改造，实现物与物、人与物之间的互联互通与信息握手。智能工厂数字化车间总体架构如图 12-4 所示。

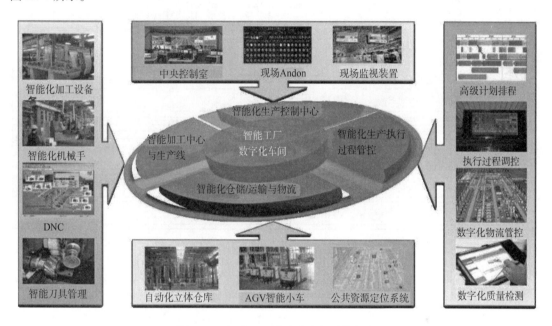

图 12-4 智能工厂数字化车间总体架构

①基于三维仿真的数字化规划。三维仿真的数字化规划通过对整个生产工艺流程建模，在虚拟场景中试生产，优化规划方案。在规划层面的仿真模型的实验过程中实现产能分析与评估，通过预测未来可能的市场需求，动态模拟厂房生产系统的响应能力；在装配计划层面的仿真模型中，通过仿真实验进行节拍平衡分析与优化，规划最优的装配任务和资源配置设置。

②基于软硬件集成应用的数字化制造。

a. 数字化设计。根据工程机械行业的实际需求，应用面向工程机械行业深厚背景知识的成套工业软件系统，形成包括基于三维图形平台的 CAD/CAE/CAPP/CAM/PDM 等集成化的解决方案，具备工程机械行业特点的知识库、模型库及单项工业软件产品间的接口规范和集成标准，能够提供产品研制过程的信息化支撑。公司的研发体系架构如图 12-5 所示。

以三维模型管理软件技术为基础，建立面向工程机械产品研制的计算机辅助设计软件、辅助制造软件、制造过程管理信息系统、零部件加工质量检测软件，以及各个工具软件与产品研制的信息管理系统的数据集成与信息共享接口开发包，规范数据集成与信息共享接口和相关标准，通过应用实施,提高集团的产品研制水平。

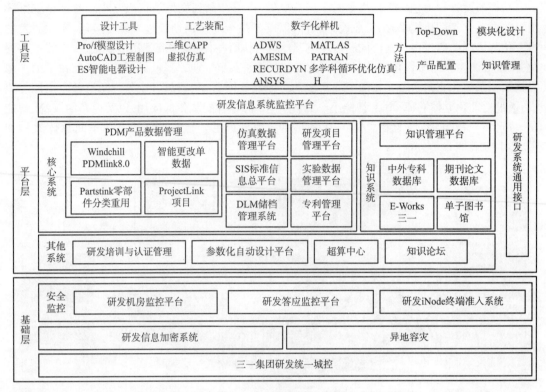

图 12-5　三一集团研发体系架构

b. 数字化制造。为了快速、准确地响应需求,提高产品质量和服务水平,必须借助物联网等现代信息技术与数字化技术,对全制造过程中人、机、料、法、环等数据进行采集与处理、分析及应用,从而打通企业信息化与制造装备、生产物料、人力资源等各种资源之间的联络通道,实现企业从数字化设计→数字化管理→数字化制造→数字化控制→数字化装备的闭环控制,使企业能有效地掌控自身的技术资源和制造资源,从而实现对复杂工程机械装备产品制造过程的集成管理与精确控制。数字化车间闭环的企业信息流及数据层流模型如图 12-6 所示。

● 智能装备。利用智能装备实现生产过程自动化,机器换人,提升生产效率。智能装备的应用如图 12-7 所示。

● 公共资源精细化管理。通过新技术的应用,实现在制品资源跟踪定位、叉车定位、人员定位、设备资源定位、数据采集、无线通信与数据传输平台。公共资源定位数据架构如图 12-8 所示。

● 仓储物流。依据先进先出原则,防止呆滞料产生;智能化的分拣、盘整指引;智能引导线边准时配送;转运车辆智能跟踪定位、调度与线边疏导;智能供应链物料园区疏导,以及准时配送。仓储物流应用架构如图 12-9 所示。

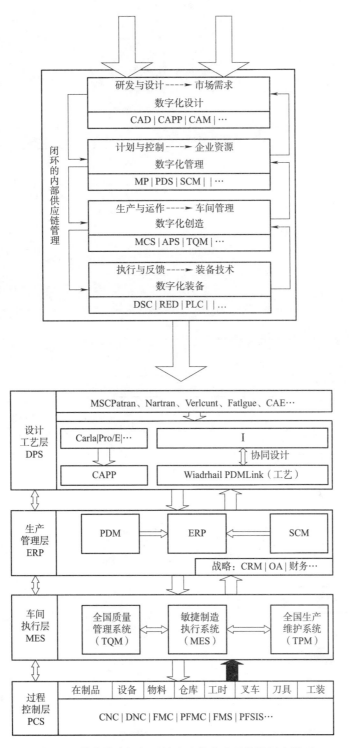

图 12-6　数字化车间闭环的企业信息流及数据层流模型

图 12-7 智能装备的应用

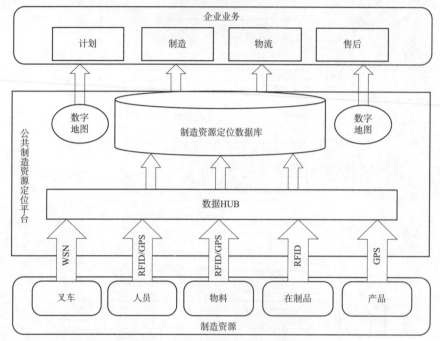

图 12-8 公共资源定位数据架构

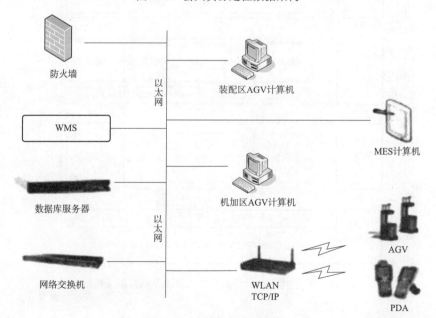

图 12-9 仓储物流应用架构

● 质量管控。利用信息系统,并借助与 PDA、平板电脑等移动设备支撑质量体系的建设;动用 SPC 分析,提升过程质量的监控,同时采集检测数据。质量管理体系应用范围如图 12-10 所示。

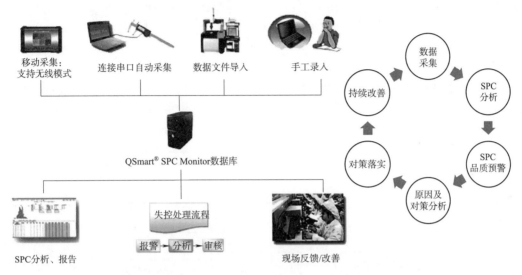

图 12-10　质量管理体系应用范围

● 生产管控中心。借助企业 ECC 的硬件平台(大屏、监控设备)及现场 PCC 生产中心设备,对生产现场进行集中管理与调度。PCC 生产控制中心构建原理如图 12-11 所示。

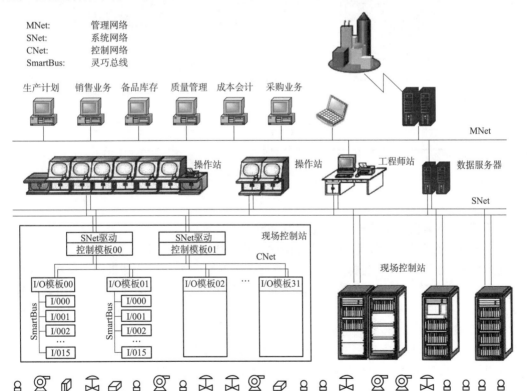

图 12-11　PCC 生产控制中心构建原理

（2）用户驱动的智慧服务

以业务现状和信息系统为基础，设计面向全生命周期的工程机械运维服务支持系统——智能服务管理云平台，并借助 4G/5G、GPS、GIS、RFID、SMS 等技术，配合嵌入式智能终端、车载终端、智能手机等硬件设施，构造设备数据采集与分析机制、智能调度机制、服务订单管理机制、业绩可视化报表等核心构件，构建客户服务管理系统（CSM）、产品资料管理系统（PIM）、智能设备管理系统（IEM）、全球客户门户（GCF）四大基础平台。

使用大数据基础架构，搭建并行数据处理和海量结构化数据存储技术平台，提供海量数据汇集、存储、监控和分析功能。基于大数据存储与分析平台，进行设备故障、服务、配件需求的预测，为主动服务提供技术支撑，延长设备使用寿命，降低故障率。大数据应用架构如图 12-12 所示。

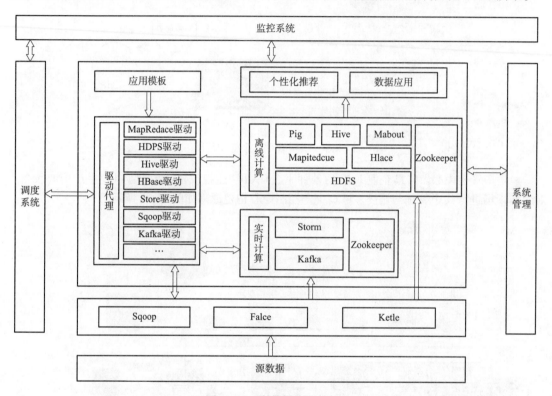

图 12-12　大数据应用架构

2. 案例二：双离合变速器装配测试数字化车间

双离合自动变速器（DCT）具有换挡快、省油、舒适等优点，是变速器行业主流发展方向，作为汽车动力总成的重要环节，已经成为国内外汽车行业竞争的焦点，自动变速器国产化和产业化是我国汽车行业的呼声，更是中国走汽车强国之路的探路石。双离合自动变速器（DCT）装配测试数字化车间主要包括总成装测线、主壳体装测线、轴系分总成装测线、液压模块（HCU）分总成装测线、总成下线数控测试线、生产过程数据采集与分析系统、生产制造执行系统（MES）、资源计划管理系统（ERP）等模块，车间通过集成应用工业机器人、自动拧紧机器人、智能识别系统、在线检测系统、智能传感器、PLC、信息化生产管理系统等关键智能单元，实现了产品多品种柔性共线生产，实现了制造过程现场数据实时采集与可视化，制造过程数据与管理软件实现高效协同与信息集成；采用数字化工艺规划仿真技术，实现了产品数字化开发、生产过程模拟仿真和验证、生产过程实时监控和产品质量追溯、在线智能检测、设备故障自诊断、智能防错/漏装、车间制造资源合理调配和车间精益生产管理等智能功能。实现了 DCT 产品的智能化生产,确保了产品一致性,提高了生产效率,降低了生产成本和资源消耗,促进汽车零部件制造业向智能化方向转型升级。加速我国智能制造装备产业的技术进步。

以某自动化装备有限公司为例,其主要业务涵盖汽车动力总成装测系统、汽车车身焊装系统及新能源汽车电驱动系统的研发、生产与服务等,为汽车、军工、航空航天、动力电池等行业提供先进的成套智能制造装备与产品支持。本项目为我国汽车主机厂建立数字化车间提供了借鉴,产品技术达到国际先进水平,填补了国内相关领域的空白。

1)项目背景

随着科技水平及管理思想的不断发展,当前汽车及零部件制造企业也在经历一场涉及工艺流程和管理方法的变革,伴随科技手段的快速引入,正在从传统的以经验为主的管理模式向以信息为基础的管理模式转型,即以信息化为支撑、追求可持续发展、坚持科学发展的两化融合模式。为提高生产效率、降低汽车零部件企业生产成本,同时满足我国汽车制造业产业升级的需要,高自动化、信息化、智能化的数字化生产制造车间将越来越多地应用在汽车关键零部件装配生产中。汽车自动化生产高端装备严重依赖进口。目前,国外汽车及零部件生产商大批进入中国,已经造成我国汽车零部件及高端装备市场被国外垄断的局面。据统计,近几年我国设备投资的 2/3 依赖进口,而轿车工业设备、数控机床的 70% 来自进口产品,这种现象在汽车自动变速器制造领域更是如此。

双离合自动变速器(DCT)技术的快速发展源于 20 世纪末,世界上首款量产的 DCT 产品为德国大众公司的 DQ250,于 2003 年开始投放市场,最初匹配在大众的 Golf 和奥迪 TT 上;世界上知名的整车厂和变速器厂都在积极开发 DCT,如欧洲的大众、沃尔沃、雷诺、菲亚特、格特拉克等;亚洲的日产、三菱、现代;北美洲的通用、福特、克莱斯勒等。DCT 产品仅问世不到 5 年的时间就能以难以置信的速度横扫全球,显示 DCT 产品强大的技术优势。DCT 与现有的 AT(自动变速器)、AMT(电控机械式自动变速器)、CVT(汽车变速器)以及机械变速器 Mr 相比具有以下优势。

(1)燃油经济性好

相同级别的车辆,DCT 的燃油经济性与 AMT 相当,高于 AT 和 CVT,各类变速器燃油经济性比较如图 12-13 所示。

由图 12-13 可以看出:相同级别车型中,DCT 的燃油消耗比 AT 低 10% 左右,比 CVT 低 5% ~ 8%,比 5 挡 MT 要省油 5% 左右。

(2)制造成本优势

据统计,相同产量情况下,7DCT 的生产成本较 CVT 和 6AT 都要低,7DCT 比 6AT 自动变速器的制造成本低 20% ~ 30%。图 12-14 所示为各类变速器的制造成本比较。

(3)国内外发展现状

在汽车产业发达的国家,双离合自动变速器已经成为标准配置。而国内自动变速器的配备还相对落后,自动变速器的自主研发能力不能匹配日新月异的汽车发展速度,同时我国 DCT 智能装配测试技术也落后于国外装备企业,缺乏自动变速器智能装配测试相关核心技术。

国外大众汽车公司迈腾、高尔夫、速腾、新宝来等多种车型都采用的 DCT 双离合变速器,预计未来大众其他车型都将装配此款动力总成技术,装配比例将达到 50%。福特汽车公司新一代福特福克斯、蒙迪欧、致胜、s-MAX、Kuga,沃尔沃 C30、XC60、S60 等车型选用的是 PowerShift 双离合器自动变速器。国外相关自动变速器生产企业在产品开发的同时,同步进行相关生产制造装备的开发,并形成了以德国蒂森克虏伯、AVL 为主的高端装备制造企业,积累了丰富的试验数据和装备开发经验,培养了一批一流的汽车自动化装备开发人才。

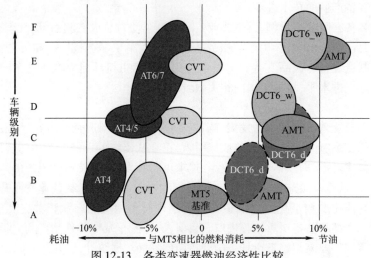

图 12-13　各类变速器燃油经济性比较

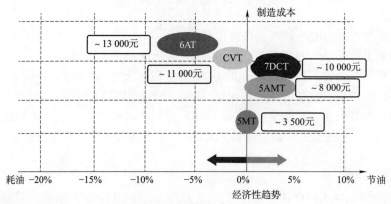

图 12-14　各类变速器制造成本比较

与国外相比,中国汽车起步较晚,目前在汽车整车和零部件产品品质与品牌力方面无法同国际品牌或合资品牌相抗衡,在手动变速器自动化装配领域中,当前已经形成自主装备与进口装备分庭抗争的局面,如安徽巨一自动化装备有限公司为六安星瑞齿轮、青山齿轮、聂齿提供的汽车变速器自动化装配生产线,具有生产节拍高、柔性好、自动化程度高等待点,已能部分满足自主品牌汽车生产企业的要求。但是,随着国内汽车企业的发展和壮大,国内汽车对生产节拍和生产线的高柔性也在向国际看齐,这样就要求国内装备技术必须跟上自动变速器批量化生产的需求,必然要打造出高自动化、高智能化的 DCT 柔性装配测试数字化车间,以满足变速器生产企业 SOP(批量生产)的要求。

2)双离合自动变速器装配测试数字化车间

(1)数字化车间的构成

双离合自动变速器(DCT)装配测试数字化车间按功能结构总体分为 ERP 层、生产管理系统MES 层和设备层,如图 12-15 所示。

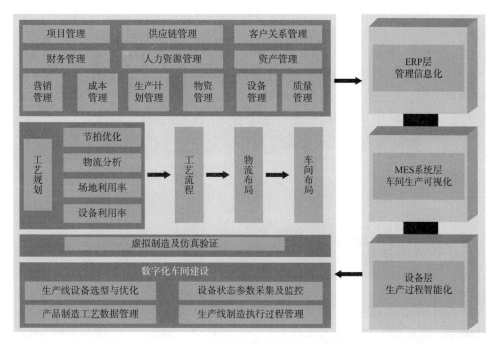

图 12-15　数字化车间总体功能结构图

　　双离合自动变速器（DCT）装配测试数字化车间包括总成装测线、主壳体装测线、轴系分总成装测线、液压模块（HCU）分总成装测线、总成下线数控测试线、生产过程数据采集与分析系统、生产制造执行系统（MES）、资源计划管理系统（ERP）等模块，主要功能包括 DCT 各组成模块装配生产过程中的上下料、输送、在线压装、拧紧、涂胶、检测、返修、部件及总成转轨、试验及下线等全部装配测试生产工作，车间现场如图 12-16 所示。

图 12-16　双离合自动变速器装配测试数字化车间现场

　　（2）数字化车间关键技术与系统

　　①高精度伺服压装系统。基于高精度压装力与位移压装工艺分析的基础上，采用了数控伺服压装技术来应对 DCT 输出 1/2 轴的轴系零件以及主壳体离合器铝合金壳体零件的压入装配。该设备技术特点是精度高、速度快、安全可靠性强、合格率高，具备防错/漏装、压装力-位移过程监控、重要数据的存储/管理/统计分析功能，高精度数控伺服压装机如图 12-17 所示。整机具有压装力-位移过程监控功能，采集伺服电缸力-位移信号，通过显示屏直观显示出力-位移曲线，控制

压装终止位置、过载保护以及设置压装过程评价窗口；具有防错/漏装功能，通过光电传感器、光纤传感器、接近开关、检取料确认开关、压头或工装仿形设计等实现防错漏装功能；拥有数据库管理系统软件，可以对压力-位移曲线、最大力-位移等信息进行存储和管理并具有进行质量管理的统计分析功能。设备设置 RFID 读写装置负责工位装配信息和零件信息读写并上传到服务器，以便产品质量追溯。

图 12-17　高精度数控伺服压装机

②智能垫片测量系统。智能垫片数控测量系统主要包括三轴高精度预紧力调整垫片测量设备、内输入轴垫片数控检测设备。三轴高精度预紧力调整垫片测量设备具备同时测量变速器主壳体中两输出轴、差速器轴的轴承孔底面至壳体分型面的高度，同时对轴系总成拼装上线的离合器壳体总成中两输出轴及差速器轴后端轴承外圈端面至分型面的高度进行测量；该设备主要包括工件进出辊道（含停止器）、RFID 读写装置、工件定位与装夹机构、可控变速旋转机构、锥轴承外圈伺服控制压力及行程连锁的压紧机构、壳体端面精密定位及轴承外圈扶正的定位机构、数控自动测量与控制及通信系统/识别系统、垫片自动选定系统、垫片复检防错机构等。

内输入轴垫片数控检测设备用于测量变速器的重要组成部件——双离合卡环垫片厚度，调整离合器安装空间，对于变速器换挡顺畅性有至关重要的作用，如图 12-18 所示。该设备由测量工装、垫片复测仪、智能料架、数控系统等部分组成。测量值将直接在工位 PLC 中保存并显示在HMI 上，HMI 开放式参数设备窗口，可实现温度补偿值更改、标定件数，实时显示装配信息和设备故障报错信息；垫片复测仪具备防压手功能，垫片复检精度为 0.003 mm；智能料架左侧测量工装可以实现自动标定功能，检测工装是否在位，根据测量结果指示选出垫片并确保拿取垫片的唯一性。

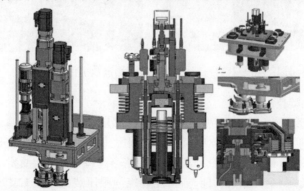

图 12-18　数控测量设备管件测量部件

③复杂多工位机器人集成工作站。多工位机器人集成工作站针对 DCT 输入轴总成、输出轴总成、差速器总成、同步器拨叉、喷射油管等进行拼装并送入变速器箱体。一般介于轴系分装线与总成装配线之间,起到零部件承接传递的作用,同时又有一定的装配功能,如图 12-19 所示。

图 12-19　复杂多工位机器人工作站

多工位机器人集成工作站主要由一个四工位回转台和一台机器人组成,四工位回转台在分度机构的驱动下绕回转中心旋转,在数字控制系统控制下,每次旋转 90°固定角度,旋转产生的角度误差在 ±10″之内,机器人的重复定位精度为 0.06 mm;机器人手臂前端配有专用夹具,将拼装后的轴系抓起,轴与轴之间的相互位置偏差不超过 0.5 mm;工作站配备数据库管理系统软件,可以对零部件的身份信息、分装过程需记录的质量数据等进行存储和管理,并具有进行质量管理的统计分析功能,设备设置 RFID 读写装置。

④高速智能桁架机械手。高速智能桁架机械手针对变速器从总装线到试验线的自动转线并完成变速器姿态的变化,在转线过程中将总成装配线产生的数据传递到试验线,保证整个装配过程数据的完整性和可追溯性,如图 12-20 所示。桁架机械手通过应用高效传动系统、高精度机械手抓手、长距离输送缓冲防振系统,使用自主开发的数控系统合理控制桁架机械手加速和减速,实现变速器从距地面 0.8 m 的高度提升到 3 m 左右的空中,然后平移 9 m 至另外一侧,平移过程中将零部件翻转 90°,再将变速器放到距地面 0.8 m 的位置。零部件在转线过程中的数据,通过电气控制系统自动上传至上位机,并传到试验线,设备设置 RFID 读写装置。

图 12-20　高速智能桁架机械手

⑤在线智能加载测试系统。在线加载测试系统配备自动换挡机构,按预定程序对换挡杆进行自动操作,并对换挡力和换挡位移进行测量;设备具有扩展性,装夹部分具有更换或调整功能,柔性强;具有故障诊断功能,可通过台架自带分析软件自动分析总成故障部位和 TCU 的自检功

能;具有 NVH(噪声、振动与声振粗糙度)振动噪声测试和分析系统,测试的目的用于寻找变速器装配中的错误,如错误的轴承、加工不好的齿轮、齿轮与轴的形状和偏心错误;能够实现试验检测过程中的电动机控制及加载应用分析,满足变速器空载、加载检测试验的要求;能够进行变速器常规故障的试验分析。

⑥生产制造执行系统。MES 系统主要采用主流的网页语言 HTML 5、前端脚本语言 JavaScript、Jquery,前后台交互数据结构 JSON 以及结合后台微软.NET 平台、数据库等技术进行开发实施。MES 系统功能主要包括生产计划与排程管理、变速器识别跟踪、品质管理系统(质量数据收集、SPC 分析、质量追溯)、生产过程监控、车间内物流信息系统、信息发布、系统维护等模块,如图 12-21 所示。

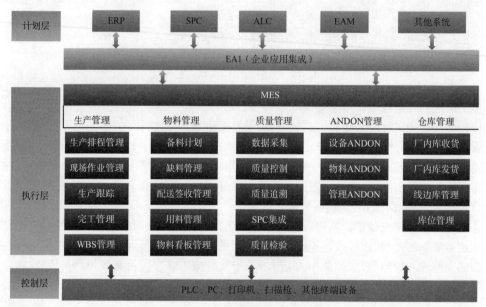

图 12-21　生产制造执行系统功能架构图

⑦企业资源计划管理系统。ERP 系统包括计划模块、生产管理模块、基础数据管理模块、采购管理模块、仓储管理模块、销售管理模块、财务管理模块等。

ERP 系统实现了与 SCM、MES、DMS、财务系统等的全面集成。计划管理模块中,生产订单的直送工位物料信息与 SCM 系统集成,实现生产订单拉动物料信息的传递;采购管理模块中,ERP 系统采购订单与 SCM 系统集成,实现 ERP 系统采购订单与 SCM 系统采购订单的集成,ERP 开票通知与 SCM 系统集成;销售管理模块实现与 DMS 系统的集成;财务管理模块中,实现金税系统与 ERP 系统集成,实现 ERP 应付系统与 SCM 系统结算信息集成。企业资源计划管理系统(ERP)架构与其他管理系统集成情况如图 12-22 所示。

(3)主要技术参数及先进性

①主要技术参数。项目自主研发了双离合自动变速器(DCT)装配测试数字化车间,替代进口,实现了 DCT 生产过程的智能化,满足年产 15 万台 DCT 生产制造的总体目标,提高了生产效率和产品质量。

项目主要技术参数如下:

● 生产纲领:15 万台/年;生产节拍:56 s/台。
● 设备开动率:90%。

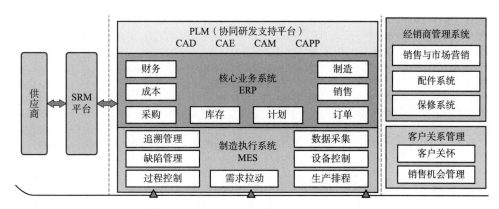

图 12-22 ERP 架构与其他管理系统集成情况

● DCT 生产线下线合格率：≥98%。

● 实现多个品种 DCT 产品混流生产，具备液压模块（HCU）总成下线测试及 DCT 总成下线测试功能。

● 产品装配过程实现在线检测、压力在线检测、故障自动预警等功能，同时具有智能识别功能，防止产品装配过程中的错漏装。

②技术先进性。项目集成应用了高精度伺服压装技术、高精度智能垫片测量技术、智能防错技术、复杂多工位机器人集成应用技术、伺服控制高速输送技术、在线加载测试技术及 ERP、MES 系统等，多项技术达到国际先进水平，大大提高了生产线的智能化程度。与传统变速器装测生产线相比，在技术指标方面有了显著进步。

（4）结语

继国内乘用车整车设计和制造技术实现自主开发、发动机总成设计和制造能力突破后，自动变速器已经成为中国自主品牌高档车型匹配应用的瓶颈，其产品竞争力主要源于产品技术及生产工艺、生产装备的先进性及生产过程的质量控制体系。双离合自动变速器（DCT）装配测试数字化车间实现了产品的智能化生产，提高了生产效率，降低了生产成本和资源消耗，具有良好的示范作用和巨大的市场空间。同时，依托数字化车间的带动作用，促进我国智能制造装备产业链的完善及其产业化，积极构建产品全生命周期的智能工厂，培育新的经济增长点。

思考与实训

1. 何为智能制造系统？有什么先进性？

2. 智能制造的关键技术是什么？

参 考 文 献

[1] 唐秀丽. 金属材料与热处理[M]. 北京:机械工业出版社,2008.

[2] 文西芹,陶俊. 工程训练[M]. 南京:南京大学出版社,2009.

[3] 禹加宽. 金属加工与实训:技能训练[M]. 北京:机械工业出版社,2011.

[4] 卞洪元. 金属工艺学[M]. 3 版. 北京:北京理工大学出版社,2013.

[5] 柳秉毅. 金工实习[M]. 北京:机械工业出版社,2006.

[6] 周伯伟. 金工实习[M]. 南京:南京大学出版社,2006.

[7] 刘亚文. 机械制造实习[M]. 南京:南京大学出版社,2008.

[8] 严绍华. 金属工艺学实习[M]. 北京:清华大学出版社,2006.

[9] 吴元徽. 热处理工:中级[M]. 北京:机械工业出版社,2006.

[10] 姜敏凤. 金属材料及热处理知识[M]. 北京:机械工业出版社,2005.

[11] 中国机械工业教育学会. 金工实习[M]. 北京:机械工业出版社,2004.

[12] 王英杰,韩伟. 金工实习指导[M]. 北京:高等教育出版社,2005.

[13] 谷春瑞,韩广利. 机械制造工程实践[M]. 天津:天津大学出版社,2004.

[14] 孙召瑞. 铣工操作技术要领图解[M]. 济南:山东科学技术出版社,2005.

[15] 张贻摇. 机械制造基础技能训练[M]. 北京:北京理工大学出版社,2007.

[16] 杨晋. 机械制造工程实践[M]. 兰州:兰州大学出版社,2006.

[17] 张树军. 机械基础与实践[M]. 沈阳:东北大学出版社,2006.

[18] 尚可超. 金工实习教程[M]. 西安:西北工业大学出版社,2007.

[19] 张木青. 机械制造工程训练教材[M]. 广州:华南理工大学出版社,2004.

[20] 吴鹏,迟剑锋. 工程训练[M]. 北京:机械工业出版社,2006.

[21] 葛英飞. 智能制造技术基础[M]. 北京:机械工业出版社,2019.

[22] 赖朝安. 智能制造:模型体系与实施路径[M]. 北京:机械工业出版社,2020.

[23] 辛国斌. 智能制造探索与实践[M]. 北京:电子工业出版社,2016.